國立政治大學臺灣企業史研究團隊 TBH

臺灣
企業史
叢書 05

紡古織今：臺灣紡織成衣業的發展

主編：溫肇東
出版者：巨流圖書股份有限公司
地址：802 高雄市苓雅區五福一路 57 號 2 樓之 2
電話：（07）2265267　傳眞：（07）2264697
發行人：楊曉華
總編輯：蔡國彬
責任編輯：張如芷
封面設計：Lucas
編輯部：23445 新北市永和區秀朗路一段 41 號
電話：（02）29229075
傳眞：（02）29220464
帳號：01002323
戶名：巨流圖書股份有限公司
E-mail: chuliu@liwen.com.tw
網址：http://www.liwen.com.tw
法律顧問：林廷隆　律師
電話：（02）29658212
出版登記證：局版台業字第 1045 號
ISBN：978-957-732-515-0
2016 年 3 月 初版一刷
定價：500 元

國家圖書館出版品預行編目（CIP）資料

紡古織今：臺灣紡織成衣業的發展 / 溫肇東主編. -- 初版.
　-- 高雄市：巨流，2016. 03
　　面；　　公分
ISBN 978-957-732-515-0（平裝）

1. 紡織業　2. 成衣業　　3. 產業發展　4. 臺灣

488　　　　　　　　　　　　　　　　　　105000917

紡古織今：臺灣紡織成衣業的發展

溫肇東 ------------- 主編

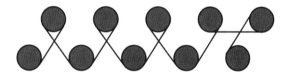

Development of
Taiwan Textile Industry

TiBH 臺灣
企業史
叢書 05

目錄 C O N T E N T S

chapter 1
全球價值鏈的形成與動態演變：
紡織成衣業全球化的歷史

chapter 7
產學研合作：
支援臺灣紡織業的相關機構 ················ 255

結語：走過貿工技，邁向設計與品牌 ············ 305

附錄 ····································· 310

主編序　溫肇東

　　政大企業史研究團隊始於 10 年前，由於幾位我的博班學生同時去修王振寰教授的課，我們都對臺灣產業發展及體制變遷的歷史有一些共同的興趣，接著剛好有資策會的研究案，又一起跨院、跨領域完成三年計畫。大家透過合作、互相學習，社群逐漸擴大成目前的十人左右，維持每個月有一次午餐會，交流溝通各自的研究心得。因企業史這類的文章少有適當的期刊可以發表，便決定以專書呈現我們的成果，過程中也都邀請同行學者專家審稿或參與討論，陸續出版了《家族企業還重要嗎？》、《百年企業·產業百年》（民國 100 年），在相關產學領域引起一些注意，之後也有企業洽詢過一些合作案，但我們都很謹慎，希望維持研究的獨立性。

　　二年多前，因緣際會有一筆研究經費供我們自由研究，我們決定以食、衣二個產業在臺灣的發展為研究標的，期望為這二個和民生比較攸關的產業史做一些守望與記錄。因過去工作的關係，就由我負責紡織業的發展一書，幾位老師依照自己的背景及興趣，選定研究主題。我們不只在意臺灣紡織產業經營者的觀點，也拉出全球的政經脈絡，臺灣的體制、政策的變遷，以及支持產業的周邊機構，還有走過「貿、工、技」，在品牌、通路之外，還有什麼機會。在本書成形的過程中，團隊成員藉由每個月的定期會議彼此檢視寫作進度、交換意見，從而激盪出許多思辨的火花，最終將這些往復琢磨後的想法形諸文字。

　　紡織業界的先進們在本書寫作的過程中，撥冗接受本團隊的訪問，不吝分享在紡織業界多年的心得，以及對紡織產業的期許。在此由衷感謝紡織產業綜合研究所白志中所長、中華民國紡織業拓展會黃偉基秘書長、遠東紡織蔡傳志先生、儒鴻企業洪鎮海董事長、薛長興工業薛敏誠總經理與黃玉玲副總伉儷、聚陽實業周理平董事

長、力麗集團林文仲副董事長、大宇紡織暨臺灣富綢張煜生董事長、遠東企業研究發展中心吳汝瑜執行長與褚智偉協理、宏遠興業葉清來總經理、臺灣時裝設計師黃嘉祥（Jasper Huang），以及西園 29 服飾創作基地林怡伶科長與玉美人（豐盈服裝）洪啟峰總經理，並銘謝艋舺服飾商圈發展促進會洪文和理事長接受團隊助理訪問，贈與本團隊相當稀有的《艋舺服飾商圈回憶錄》。業界諸位先進的實地訪問，充實了本書的內容，讓本書與業界現實更加貼近。

在此也要特別感謝參與「臺灣紡織成衣業的發展」專書寫作工作坊的各位老師：文化大學紡織工程學系邢文灝老師、交通大學人文社會學系潘美玲老師、紡織產業綜合研究所白志中所長、逢甲大學纖維與複合材料學系鄭國彬老師，諸位老師的評論意見讓本書篇章更為全面與精實，亦提供我們來自學研界的聲音。逢甲大學公共政策研究所陳介英所長，以及中研院臺史所謝國興所長在百忙之中也抽空擔任本書書面評論人，給予我們精闢的評論回應，於此特致銘謝。

期望本書之問世，能夠增補過往這領域研究不足之處，建構更為完整，且全面的臺灣紡織業發展歷程，並以研究與訪問之所見所聞，為臺灣紡織業界發聲，為年輕的下一代留下可供閱讀的歷史。

推薦序 　王振寰

見證臺灣產業發展史

　　這本書是戰後臺灣產業發展史的見證，敘述了臺灣工業化過程中，一個看似傳統產業的紡織業，如何從無到有、由盛而衰以及再度找到利基，並且在全球發光發熱的故事。紡織業與食品業是人類最古老的產業，因為它們所生產的東西都是民生必需的物資，所以從工業革命以來，這二產業都是任何國家在工業化初期發展的重點工業。而發展中國家在其工業化初期，也都會從紡織業和食品業開始推動，一方面解決民生必需品的需求，另方面可以創造大量就業，吸引來自農村和農業的人口。

　　臺灣的工業化階段也是如此。1950 年代臺灣的工業化除了承接來自大陸和日本時期的紡織業外，政府推動的代紡代織工業政策，開啟了二戰之後臺灣工業化的腳步，臺灣戰後初期出現的資本家，大多也是由此階段開始從事紡織業相關的業者，例如臺南紡織、臺元紡織、遠東紡織等等。1960 年代之後，臺灣的紡織成衣產業開始與全球資本主義緊密連結，啟動了臺灣為當時美國出現的大型零售業代工的階段，臺灣物廉價美的紡織成衣產品逐漸成為美國大型零售業商場內的主要供應商之一，這個階段一直發展到1980 年代中國大陸對外開放之後，才逐漸被其所取代。

　　中國大陸的市場開放也開啟了臺灣產業外移的不歸路。自此之後，「臺商」成為我們耳熟能詳的名詞，而最早成為臺商的就是依靠低廉工資供應美國零售業的紡織成衣業。他們到大陸，開始是以原料和市場都在大陸之外的生產方式，利用大陸的廉價勞動力生產，供應以美國為主的海外市場。但好景不長，當大陸本地的廠商興起，以低廉成本為競爭優勢的臺商只有兩條路可以走：一個是守勢──逐漸轉移陣地往東南亞移動或者退出市場；另一條就是攻勢──往技術門檻較高且具有競爭優勢的方向移動。

　　這些年來我們看到了大量臺商的移轉陣地，但同時也看到了為

數不少的臺商在臺灣戮力耕耘新技術，並且在全球市場上嶄露頭角，例如本書所討論的儒鴻、聚陽、薛長興等公司。本書的各章節書寫了臺灣紡織業如何在臺灣工業化的不同階段生根發芽，並且在全球化的高度競爭年代，採取新的升級策略，而能在全球維持競爭力。這也讓我們了解，沒有所謂的傳統產業或高科技產業之分，而只有具有競爭力與否的企業。這幾個具有競爭力的紡織企業，其獲利能力遠高於現今幾個知名的所謂高科技企業。他們的努力和耕耘，見證了臺灣紡織業的韌性和能力，也讓我們對臺灣經濟發展的動力，在中國大陸和東南亞廠商崛起的情勢下，重新燃起希望。

除了企業史的書寫之外，本書的另一重點，就是去問臺灣紡織業未來的發展：到底臺灣的競爭力能否從製造往設計和品牌方向移動？中國大陸龐大的內需市場，是否能夠讓同文同種的臺商，有機會創造品牌商機？臺灣這些年來也逐漸出現了新銳的設計師，具有國際競爭力的品牌，但能否利用大陸市場壯大，成為國際知名品牌？這本書的最後結論「走出貿工技，邁向設計與品牌」就是希望臺灣的紡織產業能從製造走向高階和品牌。這個期望是一個需要實踐來檢驗的命題，端賴企業家的企圖心和利用歷史機運，我們拭目以待。

最後，政大企業史團隊這些年來致力於規劃和書寫臺灣產業發展史，希望透過集體的力量，致力於收集和解釋臺灣企業發展的途徑和歷史過程。過去數年我們經常利用週末假期來討論和辯論，在繁忙的教學和行政工作中，持續關切臺灣企業的發展歷史和當今面對的挑戰。溫肇東教授更是我們團隊的靈魂，領導大家挑戰企業發展所面對的嚴肅議題。這本《紡古織今》從策劃到完成，更是由他領導和組織議題，在進行研究期間他不斷挑戰既有解釋，也從臺灣企業當今所面對的競爭角度，持續帶領團隊進行田野調查，從挖掘迪化街的歷史，直到對不同廠商進行訪談，都探詢臺灣紡織業的過去發展、出路和未來。我相信在他「以今訪古」的學術態度和嚴謹研究的要求下，這本書一定能讓讀者在當今瀰漫不確定的環境下，找到臺灣產業發展的新視野，看到臺灣產業的未來。

王振寰講座教授
國立政治大學副校長
於 2016 年元旦

推薦序　　施顏祥

鑑古知今，再創風華，啟迪後世

紡織業是非常古老的產業，位居「食衣住行」之列，是永續需求的行業。

臺灣紡織業曾是產業之首，歷經近百年風霜與轉折，浴火重生再現風華。臺灣紡織業已經成為全球機能性布料供應中心，更朝全球資源整合與品牌創新之路前進。臺灣紡織業見證產業必須不斷升級轉型，只要持續努力，重新策略定位與加強研究開發，一定會有出路。出路也許不同，有些在臺灣創新致勝，有些則在海外運籌帷幄，但對整體臺灣經濟與社會發展都有重大意義。

政大企業史團隊在溫肇東教授領導下，又完成一份精彩的臺灣企業史調查研究。政大團隊選擇臺灣紡織成衣業為對象，分別由全球價值鏈分工、環境與組織模式變遷、產學研合作機制與主要公司策略分析等面向切入，再佐以迪化街布市演變、人纖工業興起與中堅隱形冠軍企業角色等重點進行剖析，明確指出臺灣紡織成衣產業未來可行方向，鼓舞臺灣傳統產業勇敢向全球市場挺進。

本書引證資料齊全，又進行實務分析，是臺灣紡織產業發展不可多得的佳作。本書個案分析儒鴻企業、聚陽實業、薛長興工業、夏姿服飾與iROO通路品牌。有上市公司，也有選擇沉默的企業，但都面向國際，每個案例都有高度可讀性與啟發性。

本書又分析大型企業集團如遠東集團、力麗集團的發展與策略演變，可以提供企業經營者學習求變求新生存之道。本書也介紹崛起中的新銳設計師，更是臺灣迎向時尚紡織品牌的趨勢，也是臺灣紡織成衣與文化創意交會的希望。

本書見證產業是一個有機體，必須不斷適應環境變遷，才能持續發展。

　　臺灣紡織成衣走過「夕陽產業」的嘲諷，在關愛焦點集中資通訊科技產業的時期，能夠在全球市場中重新定位，積極朝「高質與高值」發展，實在值得欽佩。其中最重要的關鍵因素，應該歸諸於紡織企業家與專家的睿智與堅忍，值得臺灣社會給予應有的尊重與掌聲。

　　本書提醒我們，產業結構不斷改變，新興產業不斷崛起，但是民生產業有其不可或缺性，只要找對方向，努力投入經營，一定會有甜美成果。研究告訴我們：最擔心的是能量不足，又輕言放棄、捨本逐末、朝三暮四，則產業發展必然陷入困局。

　　感謝政大企業史團隊的努力，讓我們更認清方向，期盼臺灣產業同心協力再攀高峰。

施顏祥謹識

2015.12.3

總統府國策顧問、中原大學講座教授、前經濟部長、

前紡織產業綜合研究所董事長

推薦序　黃耀堂

　　回顧臺灣紡織成衣業 60 年歷史，是最典型的傳統產業，但對臺灣而言乃貢獻最大的外匯產業，主要由於政府投入石化業使臺灣紡織產業成為唯一上中下游最完整的產業。

　　不過由於臺灣出口紡織成衣因人工成本、土地及關稅諸多因素造成競爭力流失，許多廠商紛紛外移，大都移到越南、印尼、菲律賓、孟加拉及緬甸等地，這些國家除了成本優勢外，又享有紡織品進口大國的關稅優惠。WTO 取消配額後，紡織品成為自由貿易商品，價格競爭惡化，此外，中國大陸開放，廉價品走出國際市場，雪上加霜，加速臺灣的紡織成衣業外移。

　　本人與紡織業淵源甚深，我個人投入毛衣業擔任毛衣公會理事長、紡拓會、紡織所董事長以及後來成為國際成衣聯盟會長前後長達 15 年之久，深深關切紡織成衣的發展。尤其當年臺大求學期間，正是臺灣紡織成衣業開始走入鼎盛時期，除外銷興旺外，大稻埕迪化街永樂市場布商的內銷生意也不錯，本人學校沒課時就往迪化街跑，親眼目睹臺灣紡織業的興旺，當年迪化街布商獲利豐厚以取代進口產品的盛況，與現在真是不可同日而語。

　　這本書把從清朝時期開始，經日本統治及二戰後美援棉花後，將臺灣紡織成衣業的發展寫得非常詳盡，對於臺灣紡織成衣業全球化經過及所扮演的角色，記載得非常清楚，最後把臺灣紡織成衣業興衰過程分成萌芽期、發展期、成熟期及轉型期作深入分析，提出臺灣紡織成衣業未來將如何發展。

　　毫無疑問，利用高科技發展機能性紡織品是未來應努力的方向，惟回顧臺灣紡織成衣業，檢視現在，才得以展望未來的挑戰。本書除了敘述其發展經過外，也有相當多的論述與建議，值得我們紡織成衣業者參考，惟臺灣政府早日與臺灣紡織成衣較大進口國簽

訂自由貿易協議（Free Trade Agreement，簡稱為 FTA）才是正途，另外利用臺灣的機能性布料做少量多樣的產品，如產業用醫療用等特殊產品，並且在技術方面多與紡拓會、紡織所、工研院化工所合作開發，才能爭取生存空間。

　　本書得以出版，本人要藉此機會向溫肇東、張逸民、熊瑞梅、薛理桂、蔡淑梨教授，以及柯智仁、李杰恩、翁玲華、陳家弘、許映庭、陳慧娉等作者致以最高敬意！

黃耀堂謹誌

2015.12.09

前紡織產業綜合研究所董事長、

前中華民國紡織業拓展會董事長

作者簡介

溫肇東（前言、第四章、第五章、第六章、結語）
美國壬色列理工學院都市與環境研究博士，國立政治大學科技管理
與智慧財產研究所教授。
主要研究領域為創新育成、創業管理、科技與人文社會。

張逸民（第一章、第三章）
美國伊利諾大學企業管理（策略管理）博士，國立政治大學企業管
理學系教授退休。
主要研究領域為策略管理、策略規劃、產業分析、企業多角化。

熊瑞梅（第二章）
美國喬治亞大學社會學博士，現任國立政治大學社會學系教授兼系
主任。
主要研究領域為組織社會學、社會網絡、經濟社會學、勞力市場。

柯智仁（第二章）
國立政治大學社會學系碩士生。
主要研究為動物保護、非營利組織。

李杰恩（第二章）
國立政治大學國際經營與貿易學系碩士生。
主要研究為外匯市場之利差交易。

翁玲華（第三章）
國立政治大學企業管理學系博士生。
主要研究領域為策略行銷。

陳家弘（第四章、第五章）

國立政治大學歷史學系碩士，現任國立政治大學臺灣企業史研究團隊專任助理。

主要研究領域為企業史、宋代博弈文化史。

許映庭（第六章）

國立政治大學科技管理與智慧財產研究所碩士生。

主要研究為創新擴散。

薛理桂（第七章）

英國羅福堡大學圖書資訊學系博士，現任國立政治大學圖書資訊與檔案學研究所專任教授。

主要研究領域為檔案學、檔案選擇與鑑定、檔案編排與描述、國際檔案學。

陳慧娉（第七章）

國立政治大學圖書資訊與檔案學研究所博士生。

主要研究領域為檔案學、檔案編排與描述、後設資料。

蔡淑梨（結語）

美國壬色列理工學院科技暨管理博士，現任輔仁大學民生學院織品服裝學系教授兼民生學院院長。

主要研究領域為科技管理、創新與創業管理、策略管理、行銷管理。

前言

　　2014 年 6 月，在巴西舉辦的世界盃足球錦標賽，32 支參賽球隊之中，有 10 支國家隊穿著百分之百 MIT 的球衣。那些由臺灣生產製造，具有吸濕排汗等功能的機能性布料，瞬間成為全球市場矚目的焦點。法國《費加洛報》（*Le Figaro.fr*）專文指出：「2,300 萬臺灣人民已為自己贏得世界盃。不是在足球場上，而是在球員的更衣室。幾個國家隊穿著臺灣生產的球衣不足為奇。令人驚訝的是，這些球衣是用寶特瓶回收製成的。」[1]

　　拜世界運動風潮興起所賜，目前國際知名運動品牌所使用的機能性布料來源，高達 70%來自臺灣。立基於傳統紡織業，與現代尖端科技交織而成的機能性布料，成為今日臺灣紡織產業的新星，使臺灣之名在世界市場上發光發熱。

　　支撐這些機能性布料躍上國際舞臺的，是在臺灣深耕已久的紡織業。臺灣紡織業的發展，我們可以從清領時期開始追溯。清代由於臺灣特殊的移民社會結構，以及原料缺乏等因素，使得當時臺灣並無「紡織業」的存在，對紡織品的需求則由進口中國、西方的布疋來滿足。此一時期，臺灣經濟的重心漸次由南方的府城一路北移，最後確立了以大稻埕為水運、鐵路運輸中心，進出口貨物均於此集散，洋行林立，眾商雲集。

　　1895 年清廷割臺，臺灣成為日本殖民地。由於日本在明治時期快速「近代化」，生產的大量紡織品需要銷售市場，臺灣便成為日商紡織品銷售的最佳去處之一。日本政府引進資本到臺灣，取代

1　原文出自 Anthony Bleux, "Quand Taïwan fait des maillots de foot avec des bouteilles en plastique," *Le Figaro.fr*, 26 June 2014.
（http://www.lefigaro.fr/conjoncture/2014/06/25/20002-20140625ARTFIG00233-quand-taiwan-fait-des-maillots-de-foot-avec8230-des-bouteilles-en-plastique.php），陳家弘譯。

過去高度依賴中國及西方紡織品。臺灣北部經濟核心的大稻埕，於此時成為「布業」集散批發的重心，迪化街上布行林立，至今仍為布業批發中心的「永樂市場」也於此時出現。許多有迪化街布行經驗者，如南紡、新光、中和紡織等，在戰後成為臺灣紡織業發展的先鋒，迪化街也成為孕育紡織業的搖籃。

1945 年隨著日本戰敗，日人與日商資本均撤出臺灣，所留下的紡織設備與廠房，則為國民政府所接收。1949 年國民政府播遷來臺，隨政府撤守的除了大批軍民外，還有一些在大陸的紡織企業，如遠東、臺元、潤泰、六和紡織等業者。他們攜帶來臺的原料、機械，以及戰後接收的日人紡織設備，拼湊成為臺灣紡織業發展的根基。

1950 到 1960 年代，由於韓戰爆發，美國亟需在遠東地區圍堵日益崛起的共產勢力，因而扶植日本、韓國與臺灣等政府重建，並協助這些國家發展技術門檻較低，又同時能滿足就業、內需與外銷的棉紡織業。臺灣政府制定許多利於紡織業發展的政策與優惠，在美援物資湧入下，臺灣紡織業規模迅速建立，與食品業同為戰後臺灣最早起步的工業項目。所生產的紡織品不僅滿足國內民生需求，更有餘力銷往海外賺取外匯，一絲一縷地累積臺灣的經濟實力，也成為重要的創匯產業。由於臺灣紡織業擴張迅速，銷往美國市場的紡織品數量急速增加，引起了美國國內紡織業者的恐慌，促使美國政府對臺灣棉紡織品設立配額限制。加上 1965 年美援部分停止，衝擊臺灣蓬勃發展的棉紡工業，導致臺灣紡織業開始調整其體質，往當時尚未受限的人造纖維與成衣工業發展，開啟臺灣人纖紡織與成衣生產的大門。

1970 至 1980 年代為臺灣紡織業發展的黃金時期。1970 年代臺灣經歷了退出聯合國、與美斷交，以及兩次石油危機的衝擊，依然在風雨中站穩了腳步，紡織業也有長足的進展，大小紡織廠、成衣廠林立，紡織品產量及外銷創匯屢締新高。人纖工業也順著下游的紡織、成衣，中游的布疋、染整，逐步往上游纖維原料端發展，生產量快速擴增，也於 1984 年左右與棉紗產量出現黃金交叉，從此

臺灣以人纖工業為主。1980 年代中後期，許多日後不利紡織業發展的因素紛紛浮現。隨著環保意識覺醒，紡織過程中具污染性的染整業成為不受歡迎的對象，開始關廠或移往海外。勞力方面，勞工意識亦於此時期覺醒，開始爭取較佳待遇與薪資，要求雇主改善勞動環境，勞動力方面亦開始短缺。然而，此時期政府已將產業發展重心移往機械、電子等資本技術密集產業。經濟方面，1986 年左右新臺幣對美元匯率快速升值，不利於紡織產品外銷，加上東南亞國家紡織業興起、中國開放等因素，不利於臺灣紡織業發展的內外條件逐漸累積，直到 1990 年代後期衝擊才具體浮現。

1990 年代初期紡織業發展仍相當亮眼，於 1997 年締造了紡織品出口總值的歷史新高，創下歷年來最佳創匯。1995 年世界貿易組織（World Trade Organization，簡稱為 WTO）「紡織品與成衣協定」（Agreement on Textiles and Clothing，簡稱為 ATC）決議，在往後十年間逐步解除配額限制，於 2005 年完全回歸自由貿易體系。解除配額看似解除對紡織品出口的限制，但也意味著必須直接面對其他國家紡織品的競爭。1980 年代開始興起的東南亞國家與中國大陸，產能在這十年間陸續開出，以其低成本、大量生產的優勢，對臺灣紡織業造成相當威脅。臺灣紡織業者若非倒閉、改行，就是將設備廠房移往海外。仍將產業留在臺灣的紡織業者，則開始思考要如何調整紡織產業的體質，以面對各項條件都不利於紡織業發展的整體環境。

2000 年以後，經歷了 2005 年配額全面解除，回歸自由市場競爭，也經歷了 2008 年與 2012 年的金融風暴，臺灣紡織產業在逆境之中看見了一絲轉機。結合了高科技的機能性紡織品成為臺灣紡織產業得以耕耘的利基市場，朝「小而美」、具有高端技術應用與高附加價值的紡織產業邁進。利用臺灣過去擁有的紡織利基，結合超細纖維等高科技加值，成為機能各異的機能性紡織品，擁有發熱、涼感、吸濕排汗或遠紅外線、抗電磁波等特殊功效。在環保、養生與運動風氣高漲的今日，國際市場對這些機能性布料的需求日益增加。臺灣生產的機能性布料在品質與價格上皆受到國際買家信賴，

吸引 Nike、adidas 等世界知名運動品牌下單，甚至將設計、製衣程序委由臺灣廠商負責，因此才能造就 2014 年世界盃足球賽中，化腐朽為神奇的球衣奇蹟。

關於臺灣紡織產業的發展，學界中探討的文章、專書與報告其實也算不少，各公會出版的年鑑，及其 50、70 週年的紀念集，多從技術、進出口量價、政府政策等層面進行紡織產業分析，但較少在坊間流傳。本書在寫作過程中，這些前人的研究幫助甚多。黃金鳳的《臺灣地區紡織產業傳》（1999）為較早期系統性探討臺灣紡織產業發展的專書，依不同時期的紡織業，進行各分業「產品」種類與競爭力分析、書寫發展過程中重要人物與事件，以及國內外重要政策與法規等，讓我們對 2000 年以前臺灣紡織產業的脈絡有初步的理解。陳介英的《牽紗引線話紡織：臺灣紡織產業發展史》（2007）則重視紡織工業機械的演進與變化、紡織業者逆向整合的過程，以及紡織生產「聚落」的形成與特質，從更貼近產業的面向，補充黃金鳳總體巨觀的論述。中華民國紡織業拓展會（簡稱為紡拓會）出版的《建國百年臺灣紡織之茁壯與風采》（2011），一方面整理臺灣紡織業自 1895 年到 2009 年之間的發展簡史，一方面則收錄了國內紡織業界重要人物對臺灣紡織產業的見聞與期許，以及紡拓會對臺灣紡織產業的種種貢獻，也為本書寫作提供了來自業界的聲音。紡織產業綜合研究所（簡稱為紡織所）出版的《交織與軌跡：走過臺灣紡織一百年》（2012），則以斷代方式敘述 1912 年到 2011 年臺灣紡織業的發展歷程，其中又特別著重於對紡織原料、技術設備、重要人物、與學校科系等的更迭，為本書提供來自「學」、「研」方面的觀察。

本書主要從五個面向切入：（一）前人較少關注與紡織業鑲嵌的「全球化」政經脈絡。（二）紡織產業發展在國內經濟占比，以及政策變遷與企業的回應。（三）臺灣上市紡織企業之經營績效與策略布局分析。（四）不同年代代表性廠商經營案例。（五）從協調產業發展的公、協會，以及產學研機構在產業背後技術與人才方面的支撐。從這些不同角度，試圖呈現臺灣紡織業發展的動態歷

程，以及目前紡織業基於利基市場上的創新研發，得以在全球紡織供應鏈中仍占有一席之地。在時代分期上，因顧及各章節著眼層面有異，產業全球化、體制和組織回應、個別廠商經營、產業周邊機構技術和人才單位，故未強制「統一」時代的分期，留與各章節撰稿者就其觀點與資料數據的詮釋，可以為臺灣紡織業「演化」的基調上，佐以不同關注的變奏，在多方觀點解讀之下「還原」這個對臺灣發展重要的產業，探討臺灣在國際分工與全球紡織供應鏈中的角色及對本土經濟之重要性。

我們雖然曾經想更廣泛地理解「衣」這個民生必需品，在臺灣的經濟生活中能串出來的故事，例如：在沒有在地紡織業之前，老百姓衣服怎麼來？在最鼎盛時期對臺灣本土的就業有多大的貢獻？在這行業賺到的錢對未來的產業有什麼效果？紡織業只是臺灣發展過程中其中一個產業，有其特殊性。目前我們能做到的成果，就分成以下篇章呈現：

1. 紡織成衣業的全球化與動態演變

自工業革命以來，紡織業是最先受惠於機械生產的工業，同時也是最先全球化的產業，在先進國家追求便宜原料與市場動力下，逐漸向世界各地擴散。真正利用大量人力從事生產的紡織「成衣業」，則要到第二次大戰後才真正出現，而這波二戰後的紡織業全球化，以及臺灣紡織業的發展，則須置於二戰後美蘇對立的冷戰框架下來理解。

在冷戰架構之下，臺灣的紡織產業如何逐步發展？在世界市場中扮演何種角色？美國、日本等紡織先進國家的發展又如何影響臺灣的紡織業形貌？面對後冷戰時期，以及中國與東南亞國家的崛起，臺灣紡織產業又將何去何從？2005 年紡織配額制度解除，回歸 WTO 自由貿易體系後，領導跨國供應鏈的「國際連鎖」零售商與品牌商，如何調整其全球布局？臺灣如何在紡織產業的利基市場上，於全球紡織供應鏈中重新定義並調整自己的定位？這些問題將在由張逸民教授主筆的第一章〈全球價值鏈的形成與動態演變：紡織成衣業全球化的歷史〉中，一一予以解答。

2. 臺灣紡織業的動態變遷

接續前章以全球化角度觀察臺灣紡織產業的發展，本章由熊瑞梅教授執筆，從體制（institution）角度觀察臺灣紡織業的動態變遷。在臺灣紡織業發展至今的 60 餘年中，前後出現的紡織業者有如過江之鯽。在面臨不同時期產業環境與制度環境的變遷中，這些業者們如何因應？哪些業者得以在變遷中轉型而存活至今？哪些業者無法轉型而消失？順利轉型的廠商面對不同時期國內外經貿政策與環境的衝擊，又是如何做出相應的回應與調整？從對國內知名紡織業者的訪問記錄中，究竟看到哪些臺灣紡織產業發展不同時期的特徵？在紡織業全球化變遷的過程中，臺灣紡織業上、中、下游廠商如何維繫供應鏈的完整，尋求產業升級與轉型？

3. 臺灣紡織業上市公司策略剖析

本章著重於分析臺灣上市紡織公司的經營績效、產品事業與海外布局情況，並分析過去十年間上市紡織企業中領先及落後的公司，探討影響企業持續成長或持續無力的各方因素。由張逸民教授與其團隊執筆，將臺灣紡織產業 60 餘年之發展劃分為萌發、發展、成熟、衰退與轉型四期，呈現各時期出現之紡織企業特色為何？這些企業如何經營其產品？當臺灣紡織業自勞力密集轉向技術、資本密集之自動化生產時，各時期的紡織企業如何應變？在全球化生產與海外布局上，這些公司又有何異同？研發創新與高科技加值又對這些紡織企業產生何種衝擊與反應？領先與落後企業又呈現何種不同發展？又是哪些因素造成領先與落後企業的差別？

4. 臺灣紡織業個案分析

臺灣紡織業發展各個階段，曾經存在許多紡織業者，這些業者在他們的時代裡成為紡織業發展的重要動力。在此將以三章篇幅，由溫肇東教授與其團隊以各時期具重要指標意義的企業為案例，以四個部分分別代表臺灣紡織產業發展的不同階段，從個體角度描繪不同時期臺灣紡織業發展的獨特樣貌，以及業者們面對環境制度變

遷時的因應之道。

第一部分將探討臺灣紡織產業的歷史源流，從迪化街的布市傳奇開始。迪化街地區如何興起？在清代與日治時期有哪些不同的發展？對戰後臺灣的紡織產業意義？曾培養出哪些影響臺灣紡織產業發展的企業集團？（第四章）

第二部分探討戰後紡織業的發展，以及人造纖維工業的開展，此部分以遠東新世紀（遠東紡織）與力麗集團為對象，觀察此二集團的發展歷程，在何種機緣環境下走向多角化經營？在紡織本業方面，遠東與力麗集團如何走向人纖工業，如何與時俱進地升級轉型，以高科技加值讓紡織業歷久彌新？（第五章）

第三部分以新一代發跡的紡織企業為探討對象，這些廠商尚屬於中型企業，專注於紡織本業發展，並且重視技術研發，使這些紡織廠商以其機能性布料或全球運籌管理，獲得國際知名品牌廠商的信賴。此部分以儒鴻企業、聚陽實業、薛長興工業為例，觀察他們如何專注於紡織本業的提升，在研發與管理上如何創新突破？面對臺灣紡織業長期衰退之際，他們如何調整其策略與轉型，在其利基市場上持續深化，成為臺灣新一代紡織產業主力，成就低調的隱形冠軍？（第六章）

第四部分則自過去注重的生產製造，轉而聚焦於臺灣設計師品牌與通路品牌，以夏姿、iROO 與崛起中的新銳設計師為個案，探討夏姿是如何自眾多臺灣設計師品牌中脫穎而出，以「華夏新姿」躍上國際舞臺？iROO 又如何在跳過中間商，自行掌握通路的經營思維中擊敗眾多同質品牌，成功立足臺灣服飾業界，並進軍國際服飾市場？新銳設計師又如何從眾多設計師中獨樹一格，在臺灣市場與國際伸展臺上發光發熱？在崛起發展的過程中又遭遇到哪些困難？（第六章）

5. 產學研合作：支援臺灣紡織相關機構

臺灣紡織業發展過程中，除競爭主力的各家廠商外，亦有來自產、學、研三方面的各個組織，在背後提供紡織業者各項協助。本

章由薛理桂教授主筆，分為三節深入探討。第一節著重於紡織產研方面的合作，以紡拓會、各紡織公會、工研院材料與化工所（簡稱為工研院材化所）與紡織所為探討對象。這些機構在臺灣紡織產業發展的過程中，因何種因緣而成立？他們對於臺灣紡織產業的發展有何貢獻？在紡織產業邁向高科技加值的今日，這些機構又能對臺灣的紡織廠商提供哪些協助？

第二節探討紡織人才的培育，以國內紡織相關系所學科的發展歷程與變化趨勢，探討相關學科系所對紡織業各階段發展的貢獻。臺灣紡織相關科系於何時興起？隨著時代環境的變遷是否有轉變？學系所培養的紡織相關人才，對發展中的紡織產業是否有貢獻，學有所用？近年來，紡織相關學科在質與量上產生了哪些變化？

第三節則分析臺灣紡織相關的學術成果與研究趨勢，分析國內紡織相關論文的發表。從長時間來看，臺灣紡織相關的學術成果與研究歷年來呈現何種變化趨勢？紡織相關文章與刊物的大量出現，與臺灣紡織產業發展歷程有何種連結關係？

紡織為戰後臺灣最早發展之工業，引領臺灣產業與經濟發展，長期以來為臺灣外銷創匯無數，厥功至偉。過去探討臺灣紡織業發展相關的專書、期刊文章與學位論文雖有如汗牛充棟，多各自獨立探討臺灣紡織業發展過程、技術發展與廠商個案，中間似未存在有機性的連結，本書試圖補齊這個缺口。本書之特點，在於立足於前人研究的基礎上，結合近年紡織產業發展相關文章、數據資料，與研究團隊對紡織業界、相關機構的口述訪談，將臺灣紡織業放在全球化動態變遷之下探討，觀察政府政策與國內外環境對廠商的影響，個別廠商發展的利基與因應變化之道，以及國內紡織相關產學研機構間如何相互合作。

唯有當產、官、學研各界協力同心，制定利於紡織業轉型發展的法令，廣納業者、學界的諫言，在利基市場上持續深化，才能讓臺灣紡織業打破「夕陽」工業的迷思，再度「旭日」東升，引領臺灣在國際市場上如蓬勃時期一般發光發熱。

chapter 1

全球價值鏈的形成與動態演變：
紡織成衣業全球化的歷史

張逸民

全球化下的紡織成衣業

　　本章用全球價值鏈的分析架構來探討紡織成衣業的全球化過程。國際上對紡織成衣業全球化的研究主流是採用全球供應鏈架構，但是這些研究對成衣的全球價值鏈的參與國家和廠商如何加入全球供應鏈，全球紡織供應鏈如何演化，則過於簡單交待。本章研究紡織成衣業全球化的歷史，解釋是怎樣的外在環境因素塑造今日激烈的紡織業全球競爭，以及其演化方式與驅動力量。本章所揭櫫的是，驅動紡織成衣業全球化，也就是紡織業全球價值鏈布建的主要原因是戰後的貿易開放與經濟復興計畫。紡織業因為是初級經濟發展的主要產業，於是在戰後被開發中國家競相發展，促成紡織價值鏈的跨國移動，當然紡織進口國市場的演變也影響全球紡織價值鏈的量變、質變、與動態演化。全球紡織品的貿易量於是逐年成長，交易的紡織品種類變多，也造成全球價值鏈的複雜化。最後則造成今日所見的出口型紡織加工業的全球擴散，競爭加劇。本章點出，產業全球化雖帶來經濟發展，但沒有國家或企業能長期守住經濟發展的成果，因此須戰戰兢兢地面對不斷出現的新的價格破壞競爭者。臺灣有幸是產業全球化初期的受益者，能累積資本與經驗，也能在應付紡織業的全球環境變遷中找到一些成功的商業模式。但在大者恆大的世界，臺灣廠商有必要嚴肅思考如何快速擴大規模，方有機會長久立足於變化中的國際紡織成衣價值鏈。

一、緒論

　　目前世界的紡織成衣業[1]是一個最全球化的產業，是產業國際分工的典型代表產業。紡織成衣業的全球化程度很高，指的是紡織成衣廠普及世界各地，和龐大數量成衣的跨國銷售。2013 年世界的紡織成衣出口總值是 7,660 億美元（WTO 統計資料），美國是世界最大的成衣進口國，在 2010 年代，自約 100 個國家地區進口成衣，中國和歐盟則是世界最大與第二大紡織成衣出口地區。除了極端落後的未開發國家外，幾乎每一個國家都有紡織成衣廠[2]，任何一個未開發的經濟體要發展經濟，紡織成衣業總是首先選擇發展的產業之一，因為紡織成衣業所要求的投入資本相對較小，技術層級也很低。工業革命初期，紡織是最主要的快速發展工業之一；在現在，新興工業國要發展工業，也是優先選擇從成衣加工著手，並採出口取向的發展政策，鼓勵成衣廠外銷成衣。因此紡織成衣業是領先其他工業全球化的產業。

　　國際上對紡織成衣業全球化的研究主流是以 Gary Gereffi 研究團隊為核心的全球供應鏈（global supply chains）、全球價值鏈（global value chains）或全球商品鏈（global commodity chain）[3]研究，而成衣產業一直是研究焦點，被用來說明全球價值鏈的運作。他們由全球價值鏈的觀點來分解成衣業的全球貿易，討論成衣供應鏈中的參與國家與廠商如何面對競爭進行「升級」（upgrading）（Bair and Gereffi, 2003; Fernandez-Stark, Frederick, and Gereffi,

---

1　紡織成衣在本章裡指的是一般所說的紡織業以及成衣業。雖然傳統上紡織業總括紡紗、織布、染整、紡織品製造（包括成衣）等大業種，因此成衣業的確是屬於紡織業的一環，是紡織業的最下游。本章採用 WTO 統計對紡織商品的分類，將之分為兩大類：紡織與成衣，而在本章採用紡織成衣業來泛指整個紡織業。當紡織業或成衣業單獨在本章出現時，則特指範圍較狹窄的布料製造或成衣加工。

2　WTO 統計顯示，2013 年全球成衣出口超過 1,000 萬美元的國家地區有 108 個。

3　研究者對這三個名詞基本上是通用，全球商品鏈使用的歷史較久，商品的分地分工生產有限；全球供應鏈傾向注重在供應面或生產面的跨國分工，而全球價值鏈則是較包括跨國的產銷活動，最近也比較普遍使用。

2011; Gereffi, 1999; Gereffi and Memedovic, 2003）[4]。全球價值鏈是一項分析全球商品貿易的有力工具，取代傳統以國家地區為焦點的研究，這些研究討論成衣的全球價值鏈在過去的變化，但是對成衣的全球價值鏈的參與國家和廠商如何加入全球供應鏈，對於成衣全球供應鏈的歷史發展，則過於簡單交待。對於紡織成衣全球化的歷史研究，則是由歷史角度跨時期、跨地域的探討，現有的研究仍非常有限。例外的是 Rosen（2002）的著作專注在暴露成衣製造全球化所產生的血汗工廠的一面，其副標題是「美國成衣業的全球化」，雖然由美國成衣業的全球化也可一窺其他各國紡織成衣業的發展，但是對四小龍紡織成衣業全球化的敘述則非常簡化。Kunz and Garner（2006）記錄紡織成衣業的全球化，但偏重在數字資料的呈現，而不是由企業經營的角度切入。因此對紡織成衣全球化的整個歷史發展與現況，以及未來走向的分析，仍然有很大的研究空間。對全球紡織成衣業未來可能發展的預測，若無法根基於過往的歷史經驗則會過於猜測，而非基於推理。雖然歷史經驗有其限制性，但是不知歷史就無法建立預測的基準點。

　　本章以 Rosen（2002）的書為主要參考基礎，設法由企業經營的角度來剖析紡織成衣業的全球化過程，並追蹤各主要紡織成衣進出口國業者面對紡織成衣業全球化競爭的應付策略。在二戰以前（二戰當時民間的國際貿易幾乎凍結），全球貿易已有全球商品鏈的存在，但是大量生產的商品的跨國分工則是自戰後開始，進口的國家以美歐為主，出口國家則以東亞國家為主，因為這種研究的格局太大，以各國或地區為研究對象的研究資料無法一一掌握，本章的篇幅又有限，疏漏難免，多數的數字資料除 WTO 提供的和臺灣進出口統計資料以外，主要來自二手，故本章不偏重數字的呈現，而在描繪紡織業全球化的歷史發展的整個大影像。

　　任何商品由生產到銷售，總是經過一連串的價值活動，這些價值活動就構成價值鏈。紡織成衣業的全球化就表示由生產到銷售的

4　Gereffi 及其團隊專注成衣的全球價值鏈，因為成衣是典型的購買者驅動的產業。

價值活動分散在許多國家，整體的跨國價值活動就是全球價值鏈。紡織業或紡織成衣業其實包含許多產品品項的生產，但大致有幾個主要價值創造活動或生產階段，包括紡紗、織布、染整、剪裁、縫製，最後製成各種成衣或各種紡織製品，然後是打包出口，賣給服飾店或服飾批發商[5]。成衣大致可分男裝、女裝、童裝等，紡織製品包括襪子、手套、毛巾等個人用品，和床單墊、枕頭布套、窗簾、地毯等家庭布置用品。紡織所用的原料有棉花或動物毛的天然纖維和人工合成的人造纖維，製造人造纖維的主要原料是塑化原料，人造纖維的合成技術從戰後到現在有很大的進展，是紡織業科技創新的重要來源。

　　紡紗織布的機械化在工業革命時就發生，也催生了工廠這種體制，紡織的機械化生產使得二戰前的國際貿易以棉紗和織布為主，工業不發達的地區則進口布料來加工製作成衣和其他紡織品。紡織機械的發展是逐漸增加生產速度和採用自動化機器，在一個有現代設備的紡織廠，一個紡織工人可同時照顧好幾臺到幾十臺機器。在成衣縫製，本質上需要大量手工，19 世紀發明的縫衣機雖然取代許多人力，但是人體的彎曲外型使衣服縫製無法簡化，操作縫衣機還是需要人力，每個人體型的差異與對服飾的偏好，使縫衣機加工難以標準化，所以成衣生產一直是以傳統的小型家庭式縫製為主。雇用大量勞工大量生產的外銷型成衣工廠是二戰後才發展出來的成衣生產模式。二戰以前世界雖有織布的貿易，但在關稅與各種貿易障礙下，國與國間的紡織品貿易非常有限，大致是區塊內的貿易，例如大英國協會員國之間的貿易形成一個區塊，由英國輸出包括紡織品在內的工業品，以交易其他會員國的農產品或農業加工品。東亞則以日本為主，也自成一經濟區塊，由日本輸出包括紡織機與紡織品的工業品，日本殖民地和其他東亞、東南亞國家則向日本出口有限的農產品。成衣製造在二戰前非常在地化，主要由手藝型的小店量身定做以縫製成衣，成衣的跨國貿易微乎其微，例外的是西歐

5　整個紡織成衣的價值鏈的呈現，見本章第五節。

有出口成衣到美國、日本、歐洲殖民地，其市場定位鎖在高所得與高價位，但也不是以大型成衣工廠的模式在縫製成衣。

　　二戰後出現的外銷型成衣廠主要落戶在開發中國家，往往是開發中國家出口的最大宗產業，而已開發國家則是這些成衣廠的主要外銷市場。由於成衣縫製本質上的勞力密集，成衣的剪裁縫製難以機械化和自動化，面對的又是國際競爭，因此低所得、低工資的地區製作成衣有國際競爭優勢。戰後所有天然資源匱乏的開發中國家都設法發展經濟，這些國家總是以紡織成衣業的發展作為開始，因而造成紡織成衣業的國際競爭者不斷增加，也造成紡織成衣業的全球化。從成衣縫製到成衣零售，面對的是各地不同市場破碎的需求，因為文化、地理、人種、國情因素差異，各地成衣需求難以均質化。而單一地區的消費者對成衣的需求與式樣也相當多樣化，因此成衣業無法像電子 3C 業出現少數幾家大廠就可供應滿足全球需求的現象。相對的，全球數以百萬計的成衣廠互相競爭，設法生產不同成衣以滿足不同地區採購商的要求。各地的成衣零售業總是針對當地的內銷市場，主導當地或海外紡織成衣業的發展方向，之中有一些成衣零售商企圖建立全球品牌，但這些品牌多侷限在已開發國家和新興國家的主要都市，世界各國各地龐大的成衣消費者還是購買沒有品牌或當地品牌的成衣。

　　紡織成衣業對臺灣的經濟發展也曾扮演主要的角色。臺灣工業化初期的 1950 年代，優先發展紡織與食品，織布成為第一個外銷賺取外匯的主力，隨後不久紡織類（包括各類紡織加工和成衣產品）成為外銷的第一名。紡織成衣業屬於勞力密集產業，當臺灣因所得提高，工資上漲，紡織成衣的國際市場競爭力逐漸因難敵新興工業國，而被貼上夕陽工業的標籤，許多業者關門或工廠外移，留在臺灣者則努力轉型。雖然紡織成衣業的風光不再，但它對臺灣經濟發展有顯著的歷史貢獻，且目前臺灣還是紡織上游原料的重要出口國，因此有必要對它進行深入的分析。

　　臺灣紡織成衣業的發展成長與沒落轉型過程，密切受到外部國際環境變化的影響。臺灣過去對紡織成衣產業的研究有限，對全球

紡織成衣業的全球化與全球環境的研究本就闕如，故本章的目的在對紡織成衣業的外部大環境做一個完整的歷史回顧。本章要揭櫫的重點是：第一，紡織成衣業是產業全球化的領頭羊，由紡織成衣業的全球化可一窺產業全球化的發展與演化模式；第二，產業全球化是個動態的過程，可以由產業的價值鏈來解構，全球化將一地的產業價值鏈分解，讓整個價值鏈活動由不同地區的不同廠商協調完成；第三，紡織成衣業不斷全球化的過程帶來的衝擊是競爭者不斷增加，且競爭壓力不斷升級，每個紡織成衣出口國都須面對不斷增加的全球競爭者，各國業者面對動態的競爭環境苦思對策；而紡織成衣業在許多新興工業國家扮演經濟發展的推動者，即使在資深的新興工業國（如臺灣）和已開發國家，紡織成衣業也在就業與出口貢獻良多，政府不能輕言放棄，因此如何在高壓的國際競爭壓力下求得一席之地，是各國相關政府單位關注的問題。各國對紡織成衣業全球化的反應，或可提供臺灣業者與相關政府單位作為參考。

二、紡織成衣業全球化的初始

　　紡織成衣業的全球化在二戰後形成，而且可以說，成衣製造的全球跨國貿易推動了二戰後的貿易全球化。促成二戰後紡織成衣業的國際化，有幾個主要的驅動因子：一個是促成戰後的自由貿易環境的經貿因素，另一個是美國為防止未開發國家的赤化，所進行扶植經濟發展的外交政策。

（一）戰後自由貿易環境的形成

　　美國自開國以來一向實施貿易保護政策，以扶植自己的工業，但 1930 年代時曾考慮放寬自由貿易，以解救大蕭條。當時先進國家的政府普遍相信，過度保護的貿易政策會導致各國的經濟孤立與貿易量減少，因而造成大蕭條，甚至引發戰爭，因此為避免經濟蕭條和戰爭，就要開放國際貿易，降低貿易障礙。但隨後歐洲政治局勢的發展以及第二次世界大戰的爆發，令美國沒時間付諸實施貿易自由化政策。二戰後美國積極主動推動全球貿易的自由化，主要是

針對歐洲與日本的戰後重建，美國政府相信國際貿易能加速各國戰後重建經濟的過程。

戰後美國在遠東的首要任務是扶植戰敗的日本。美國原來的打算是，日本是一個工業基礎堅強的工業化國家，人口龐大，如能改造日本的政治，使之民主化，則日本將不會再與西方國家敵對，並成為美國在亞洲一個重要的盟友。欲重建日本，就要振興日本的經濟，而振興日本經濟的最快速方法是讓日本透過國際貿易賺取匱乏的外匯，以向海外購入所需之各種原料和機械，藉此重建被戰爭破壞的基礎設施與工業。

美國在西歐的「馬歇爾計畫」也是運用類似的邏輯，由美國提供金援來資助西歐各國重建其工業基礎，而重建的工作也維繫在一個友善的國際貿易環境。因此戰後的「關稅與貿易總協定」（General Agreement on Tariffs and Trade，簡稱為 GATT）對受戰爭蹂躪的各國，提供一個很有利的貿易環境。

在二戰後各主要工業國有待重建的氛圍下，國際貿易自由化很容易建立共識。國際貿易自由化的第一步是 1947 年美國和 22 國簽訂的 GATT，以統理全球商業活動。二戰後，同盟國各國檢討戰爭的起因，認為經濟因素是主因之一。戰前的貿易環境本就不平順，特別是 1930 年代的世界經濟大蕭條，各國提高貿易障礙以保護自己的產業，加劇經濟惡化。戰後各國聚會討論戰後世界新秩序的建立，除同意成立聯合國，以處理國際政治糾紛外，也同意為促進貿易而建立一套國際經貿機構，以處理各國間的經貿問題。各國協議在聯合國之下建構一個專門處理國際經濟貿易的特別機構，這機構起初被稱為「布列敦森林機構」（The Bretton Woods Institutions），下轄世界銀行（World Bank）、國際貨幣基金（International Monetary Fund），以及國際貿易組織（International Trade Organization，簡稱為 ITO）。ITO 憲章草案於 1948 年 3 月在哈瓦那舉行的聯合國貿易與就業會議就通過，但因美國國會反對 ITO

憲章草案部分條文[6]，以致 ITO 未能成立，但當時參與開會的 23 個
ITO 憲章起草會員國，曾參與 1947 年的關稅減讓談判，其結果是
龐大項目的貿易商品獲得參與國同意關稅減讓。雖然美國國會未全
同意 ITO 條文，與會各國同意以「暫時適用議定書」（Provisional
Protocol of Application，簡稱為 PPA）之方式簽署 GATT，建立關
稅談判的國貿架構。簽署 GATT 的各國承諾以降低對國內工業的
保護來促進貿易自由化，所以各國必須逐漸降低進口關稅、取消政
府對產業的補貼和資助。

（二）冷戰下的美國外交政策指導經貿政策

　　當代表盟軍的美國開始進行重建日本時，中國的政治情勢發生
驟變，加上韓戰的爆發，越南的共產黨崛起，讓美國警覺共產黨在
亞洲鋪天蓋地的立即威脅。為避免遠東與東南亞各國因骨牌效應被
不斷赤化，美國國務院擬定圍堵赤化的戰略。在這戰略下，美國國
務院決定將原本計畫扶植日本戰後重建的任務，擴大到扶植中國周
遭國家的經濟發展以對抗赤化，並且要加速進行。如何扶植日本以
及飽受赤化威脅的鄰近各國的經濟發展以避免赤化，成為戰後美國
國務院的首要政務，因此美國國務院與商務部密切合作，揭櫫以經
貿支持外交，以經濟發展預防赤化的方針。

　　本來重建日本經濟發展與政治民主化的目標，在透過經貿化敵
為友，扶植日本成為世界民主貿易圈的一員。但在冷戰的形勢下，
這目標變成快速發展日本經濟，使之成為美國在遠東最有力量的反
共盟友，並帶動亞洲其他國家的經濟發展，形成一個防衛蘇聯與中
國勢力擴張的反共體系，以避免東亞的赤化。

　　美國深信，向這些國家提供開放的貿易環境是快速發展經濟的
必要因素，通常未開發國家在進行經濟發展時，缺乏技術與資金，
技術可向國外購買，因此經濟發展的最原始障礙是資金。未開發國
家本來就窮，自然資金缺乏，許多國家雖有自然資源，但這些資源

6　ITO 是一種國際條約，需美國國會通過。

需轉成外匯，才能用外匯購買機器設備。因此鼓勵外銷以換取外匯就成為未開發國家變成開發中國家的捷徑。日本自然資源缺乏，但科技基礎紮實，其戰前的經濟發展主要依賴進口原料加工外銷來創造剩餘，因此扶持日本經濟重建的首要任務在於恢復和擴大外銷。中國周遭國家也和日本有相似的天然資源缺乏狀況，東南亞國家處於熱帶，其農產品有生產力，但是缺乏外銷市場。

於是防共的首務在經濟發展，美國要啟動一國的經濟發展，要先扶植這些國家的外銷。問題是扶植哪些外銷工業？優先選擇的應該是進入門檻低，可以在短時間內建立的製造業，美國為防堵共產擴張，正面對時間壓力，紡織與成衣這類的勞力密集產業自然是首選。日本和東亞與東南亞國家在發展紡織成衣業有不同的起跑點：日本在戰前已有根基雄厚的紡織業，其紡織業在戰前已是重要的外銷產業，替日本賺取大量的外匯。明治時代的工業發展，紡織業就被列為優先發展的項目之一，能帶動機械工業與下游成衣業的發展。即使戰爭的破壞，以日本已發展的高度工業能力，應能迅速恢復其紡織與成衣製造能力，因此紡織業是日本重建經濟最迅速的捷徑。占領日本的美軍總部也偏好選擇紡織成為優先發展項目，因為其他工業與軍事牽連較大，而美國當時的政策是極力將日本去軍事化。東亞與東南亞各國的工業發展落後日本很多，紡織能力有限，但農業人口很多，要迅速工業化，應選擇勞力密集產業著手，而成衣業就是勞力密集產業的典型產業。

當美國擬定紡織與成衣業成為日本和東亞與東南亞國家工業發展的首要產業，鼓勵這些國家外銷紡織與成衣產品，接下來的問題是銷往哪裡？當然只有先進國家有購買力和市場胃納，歐洲在戰後需時間重建，其市場購買力有待恢復；最理想的外銷市場當然是美國，美國人口眾多而且所得高，整體經濟未受戰火蹂躪。於是美國國務院向商務部遊說降低美國進口紡織成衣關稅，開放美國市場，以接納來自日本和遠東新興工業國的紡織成衣產品。但是，開放紡織成衣產品進口對美國原本受到高關稅保護的紡織成衣產業，卻是一項嚴苛的挑戰，它們在價格上不可能競爭得過來自日本的紡織成

衣業（戰後日本通貨膨脹並且日幣貶值）和遠東開發中國家低工資的成衣業，即使自海外進口紡織成衣產品要負擔運輸費用，而且美國人會懷疑進口成衣的品質。

於是在戰後的四分之一世紀，我們看到，一連串的外交反共政策與經貿自由化政策的連鎖反應，導致紡織與成衣業的全球化。一開始時，發動的力量來自美國原本就推動的貿易自由化政策，加上冷戰的形成，美國為防堵蘇聯與中國向世界赤化，擬定扶植反共盟國經濟發展的冷戰戰略。扶植經濟發展首要在推廣出口，紡織成衣工業容易扶植，紡織成衣產品的出口容易發展，美國率先開放國內市場做為表率，來接納反共盟國的紡織成衣出口。在紡織成衣的市場面，美國也敦促西歐各國開放國內市場，日本也逐漸開放國內的紡織成衣市場；在供給面，出口導向的紡織成衣業最先在日本發展，當日本發展受配額限制時，成衣商人轉向臺灣、香港、韓國設廠或下單，這樣的生產模式再擴散到東南亞各國。美國接著為避免中美與南美洲的赤化，也透過貿易協商，鼓勵中美洲各國發展紡織成衣業，就近出口到美國。西歐的關稅持續降低，也帶動地中海南部的成衣紡織業發展，就近供應西歐。東歐在蘇聯解體後，也開發或恢復其被共產黨執政時壓抑的紡織與成衣工業，成為出口西歐成衣市場的重要供應商。

三、紡織成衣業的全球化：價值鏈的構建過程

紡織成衣業的全球化在二戰後正式啟動，並快速地由一小地區逐漸擴散到全球，形成第一個全球產業，在擴散的過程中，全球紡織成衣的價值鏈逐漸跨國布建。紡織成衣這全球產業的供給面是全球各地的紡織成衣廠，其需求面則以已開發國家為主。因此，整個紡織成衣業的全球化與跨國價值鏈的布建過程，可以由供給面與市場面兩個角度來分析：

第一，在供給面是出口取向的紡織成衣外銷業的全球化。Bonacich and Waller（1994）就整理出太平洋邊緣成衣生產全球化

的演化過程：始作俑者是美國的服裝製造業。戰後百業興盛，平價市場興起，為取得廉價的成衣供應，腦筋動得快的成衣供應商將部分廉價產品移到亞洲代工，起初是向日本下單。日本成衣在 1950 年代中期開始輸美，為了構建大量外銷的產能，日本的紡織供應鏈開始擴大與細密的分工，沒多久美國政府為回應美國本土紡織成衣業的抗議，開始對日本進口成衣設限，加上日本戰後經濟復興，人口短缺導致工資上漲，於是臺、韓、香港和新加坡等四小龍的成衣業者接手為美國成衣進口商人代工，在 1960 年代，四小龍的產能逐漸拉出，外銷供應鏈形成，陸續成為成衣輸美主力。美國市場與遠東的紡織成衣供應鏈開始密切連結，走出了紡織成衣業全球化的第一步。為了讓成衣進口國的紡織與成衣產業能有適當的時間來反應廉價進口成衣的威脅，成衣進口國與出口國在 1974 年簽訂「多重纖維協定」（Multiple Fiber Agreement，簡稱為 MFA），採用進口配額制度管理全球的成衣貿易，四小龍的成衣業因為 MFA 的配額受限，開始轉型或尋找海外設廠。在 1980 年代，外銷型的紡織成衣業在東南亞各新興國興起，主要為馬來西亞、泰國和印尼，逐漸取代四小龍；1990 年代則擴張到中國（Kojima, 2000; Cutler, Berri, and Ozawa, 2003），2010 年代則是以越南為主的中南半島紡織成衣業的興起。在西半球，美國在 1980 年代首先在中美洲及加勒比海地區開始推行貿易自由化，於是這地區設立許多加工出口區以鼓勵外資，許多美國成衣製造業者前往投資成衣加工。在 1990 年代，美國與加拿大、墨西哥簽訂「北美自由貿易協定」（North America Free Trade Agreement，簡稱為 NAFTA），於是美國紡織成衣業者又大量至墨西哥設廠，享受輸美免關稅的優惠。

　　第二，美國國內紡織成衣相關業者如何回應紡織業全球化？美國開放國內市場以接納廉價的紡織品進口，原來是冷戰氛圍下的國際地緣政治考量，但卻因為國內購物需求的演變，廉價紡織品及其他低技術商品的大量供給促成折扣零售業的出現，而刺激大量需求，折扣零售的擴張也強化對廉價紡織品的需求，造成美國紡織成衣需求的量變與質變。美國在戰後的繁榮景氣與郊區化，中產階級

興起，使美國紡織製造業開始由東北移往工資較低、較無工會的南方，南方提供廉價的成衣以供應戰後擴張的消費品大眾市場。廉價服飾不斷降低售價的壓力，終於促使許多腦筋動得快的業者往海外尋找供應，但擴張的進口紡織成衣卻威脅美國現有的紡織成衣業的生存，逼迫更多業者往海外尋找降低成本的捷徑，於是美國紡織成衣商人到遠東尋找成衣供應來源變成一種潮流。原本在美國完整的紡織成衣供應鏈在遭受進口便宜貨的衝擊之下，被迫尋找生存之道，許多業者關門、出走、轉型或合併。

底下將詳細敘述各主要紡織成衣出口國的發展過程。

（一）日本紡織成衣業的振興

戰前的日本紡織業以絲為原料，但因在戰爭中美國大量使用尼龍，使得尼龍逐漸替代絲成為許多紡織品的原料，因此絲織品的市場不看好。要戰後的日本發展尼龍紡織也不可行，當時生產尼龍所需的煤炭與木材纖維的世界行情不便宜，因此日本要發展紡織業，只能選擇發展棉紡織。日本戰前自印度、東南亞與中國進口棉花，這些國家戰後卻無法供應棉花，一是與日本的關係因戰爭打壞，二是戰爭破壞出口設施。而美國剛好就是棉花的生產大國，而且在戰後美國的棉花生產過剩，因此美國可提供日本發展棉紡所需的棉花原料。於是美國駐日本的軍政府（Supreme Commander for the Allied Powers）安排美國的銀行金融界人士和商人，商討如何貸款給日本紡織業者來向美國南方的棉花生產戶購買棉花。

有了原料，還要有市場。戰前日本外銷工業品到其殖民地臺、韓、滿州與東南亞，在戰後這些國家都沒購買力進口日本貨，臺、韓、香港則也在發展內銷的紡織業，因此美國最適合購買日本的紡織產品，而且日本紡織品採用美國棉花，美國進口使用美國棉花的日本紡織品似乎很理所當然。於是美國政府支持進出口銀行提供日本購買美國南方棉花的美金貸款，當日本的紡織品銷美後，再將所收的貨款付清棉花購買貸款。因為韓戰的爆發，聯合國聯軍的需要增加，日本紡織業就此迅速擴充，同時也帶動日本其他工業的發

展。韓戰結束後，擴大的日本紡織業即須尋找新市場以收納其產
能。美國政府當然繼續支持日本紡織品外銷美國，美國的棉花業者
也因大量出口日本而受惠，因此美國也就繼續提供日本購買棉花的
貸款。

　　在冷戰持續發展的環境下，美國繼續對紡織品降低關稅。日本
在戰後對中國仍有貿易往來，中國的完全赤化使得美國採用經濟孤
立手段來圍堵。為彌補日本的出口損失，美國擴大開放國內市場給
日本紡織品。1954 年通過的一項法案，讓紡織品關稅每年持續降
低，其效果是日本進口美國的紡織品數量大增。美國也持續要求歐
洲一起降低關稅，並在 1955 年 GATT 接納日本成為會員，使日本
的外銷市場增加。1954 年日本第一批成衣，女裙 17 萬件，進口美
國。隔年，變成 400 萬打裙子進口（Rosen, 2004）。開始時，美國
進口商將他們在美國生產的成衣樣品或購自市場的成衣交給日本商
社，再轉交給日本的成衣廠，並教成衣廠如何製造美國市場要求的
成衣，如何打標籤、包裝和裝箱。美國向日本下單的第一批進口商
主要有五家，都是美國南方紡織成衣製造商，有四家是做女裝，主
要在美國市場供應廉價成衣，新崛起的日本供應來源讓他們較有動
機利用日本的廉價工資（Bonacich and Waller, 1994）。對日本成衣
（和其他日本進口品）的品質，美國消費者開始時也持懷疑態度，
但因為 1950 年代中日本進口的電晶體收音機讓美國消費者對日本
製品驚豔，也因而改變對日本成衣的產地印象（Bonacich and
Waller, 1994）。1957 年，日本輸美的紡織品在短短幾年內已成長
數百倍，開始對美國本土的紡織業造成衝擊，在美國紡織業保護主
義的抗議下，美國政府要求日本對出口美國的紡織品自行設限。在
每年數量有限制增加的情況下，日本紡織業者開始品質升級，生產
高單價的紡織品，也開始生產以人纖為原料的紡織品（Rosen,
2004）。美國的成衣進口商鼓勵日本成衣供應商往亞洲其他地區投
資或合資，並保證提供銷美訂單。同時期，香港、臺灣也都在發展
出口型的紡織業，吸引許多日本公司投資。

（二）臺灣紡織成衣業的發展

　　臺灣原是日本殖民地，但是在戰後飽受共產黨赤化威脅，為避免臺灣被赤化，美國對臺灣提供金援，這些金援有的是無償援助，有的是貸款，用以購買美國機器原料，以建設基礎工業。美國特別要建設臺灣，成為一個民主、自由、政治穩定、崇尚自由市場經濟的穩定社會，以突顯中國共產黨執政的經濟落後。

　　臺灣在戰前只有有限的紡紗與織布能力，並遭受戰爭空襲的摧殘。由於戰後民生疲弊、物資缺乏，政府鼓勵投資紡織工廠，原在中國大陸的許多紡織廠也因共產黨威脅而移轉至臺灣，於是臺灣在國民政府遷臺前後，紡織生產以倍數成長。但是發展紡織業初期，紡織原料依賴進口，製作成衣的布疋也因國內生產不足需進口，1952 年統計，紡織進出口貿易逆差占當年全臺灣貿易赤字的39.3%，因此發展紡織工業最具有節省外匯支出的功效（張忠本，1975）。臺灣政府在美援顧問的協助下，1953 年開始實施第一期四年經建計畫的進口替代經濟發展政策，將紡織業列為優先發展產業，政府招商獎勵僑資，許多原本是上海紡織商人的香港商人也來臺投資紡織業。當時政府對紡織業的發展方針是鼓勵進口棉花而不是進口棉紗或棉布。美國提供美援資金與物資，物資部分棉花占了兩成，政府於是建立棉花原料的分配機制，分配給紡織廠。於是紡織業者投資機械，美援則提供外匯融資。美援的棉花供應推動臺灣在 1950 年代棉紡業的快速發展，1950 年臺灣只有 200 家棉織布廠，但到 1953 年，已有 1,228 家棉紡織廠，棉布已能自給自足（陳介英，2005），成品主要為軍隊與學生制服（Gereffi and Pan, 1994），當年紡織業是僅次於食品加工業的第二大產業（Chen Chiu, 2007）。

　　1957 年政府進行第二期的經濟發展計畫，目標是透過工業化扶持出口產業，擴大就業，紡織業的目標是提升效率和改善品質。根據海關進出口統計，臺灣在 1956 年已開始出口棉紗棉布，1959年因為外匯改革，棉布外銷出現十倍成長，紡織品外銷值達 1,300多萬美元，占臺灣總出口總值的 12%，其中棉布即占七成之多，

主要出口美國和香港，成衣出口則還在萌芽階段，約有一成（陳介英，2005）。1963 年，棉布外銷已超過內銷，成為出口工業，而棉紗的外銷到 1971 年才超過內銷。臺灣在 1960 年代的經濟發展政策持續轉向出口導向的工業發展，並在 1966 年建立加工出口區以鼓勵外資，對原料進口加工再出口，予以免稅，並對外資獲利也有稅務方面的減免。獎勵投資與加工出口區的設立吸引主要是美日與華僑的外資不斷增加，有許多日本的成衣業者因其成衣輸美受限而在臺灣尋找代工或投資外銷工廠，產生技術移轉與技術擴散。1961 年臺灣成立成衣出口同業公會，於是臺灣的成衣外銷開始起飛。臺灣的成衣出口以棉製品開始，美援在 1968 年中止，臺灣因為不生產棉花，為了避免過於依賴進口原料，臺灣早在 1954 年就開始發展人造纖維，成立中國人造纖維公司，生產人造纖維與人造絲。1964 年其子公司聯合耐隆公司成立，生產尼龍；台塑也在 1967 年成立台灣人纖，生產人造纖維。其他人造纖維公司陸續成立，到 1970 年，已有 16 家（Chen Chiu, 2007）。1960 年代日本因為人纖產能過剩，透過日商社協助臺灣成衣廠生產人纖成衣外銷，以便銷售人纖原料與織布給臺灣，於是臺灣的人纖紡織製品出口逐漸在 1971 年超越棉紡製品（佐藤幸人，1992）。

圖1-1　女工與紡織廠見證了臺灣經濟的興起。（陳琮淵提供）

　　1970 年代則是臺灣紡織成衣外銷最旺盛的年代，成衣外銷由 1970 年的 4 億美金成長到 1980 年超過 40 億；1972 年紡織品出口為新臺幣 326 億元，紡織品出口值占全國總出口值的比率，由 1958 年 1.7%，增加至 1972 年的 27.3％（蕭峰雄，民 83：369）。雖然經歷兩次石油危機，1974 年 MFA 的實施，美國與歐盟開始對臺灣的人纖紡織品出口設配額，但是出口配額並無法阻礙臺灣紡織業的快速成長，主要是人纖原料與人纖製品的成長，銷售到其他國家。1970 年代臺灣的人纖原料與織布的出口業快速成長，不只出口到美日，也出口到香港和東南亞，由於許多開發中國家陸續發展紡織成衣，這些國家的出口使得臺灣的紗與布以及相關零件業持續出口成長，使臺灣逐漸成為東南亞的紡織原料供應基地（佐藤幸人，1992）[7]。面對配額所施加的成長限制，臺灣成衣業往高價成衣發展，在美國的高檔百貨公司逐漸有銷售臺灣製的成衣。這時期，臺灣紡織品外銷有 61%輸美（Gereffi and Pan, 1994）。1970 年代後期臺灣因機械與電子業的快速發展，逐漸出現勞動力不足，工廠找不足所需勞工，紡織業也由投資新進自動化機器進行升級。

（三）其他三小龍紡織成衣業的發展

　　戰後的香港恢復其轉口貿易的地位，中國赤化使得上海的紡織業者逃到香港，設立工廠外銷中國內地或東南亞，但是韓戰爆發與民主陣營對中國禁運，造成香港經濟受挫，又有中共侵港的威脅，於是許多香港商人將資金轉向海外，包括上海幫紡織商人受臺灣政府的招商，到臺灣投資紡織業。香港因對中國貿易受挫，轉而發展出口工業，由於上海商人的資本、技術與管理經驗，加上充沛的中國難民勞動力，配合美國成衣進口商因日本紡織成衣產品輸美的設限而將訂單轉向香港。香港也透過大英國協的關係，外銷成衣至英國及其他地區，香港的紡織成衣業於是興起，迅速成為香港最大的產業，雇用工人最多。1950 年代末，香港成衣出口已衝擊到成衣

7　1970 年代的石油危機刺激臺灣發展石化工業，確定臺灣走向人纖自給自足（佐藤幸人，1992）。

進口國如英、美、加的本土業者，被迫自行對棉製品出口設限。於是 1960 年代開始，香港成衣商人到沒有配額的國家設廠（當時臺灣輸美紡織品還沒設限，故有原為上海商的香港商到臺灣投資或與臺灣廠商合作），或開拓新的外銷市場，並調整產品組合，轉向非棉類製品（彭琪庭，2009）。香港紡織商人的應變策略讓香港紡織品的出口持續成長到 1970 年代（Young, 1992）。

韓國因為韓戰後的重建，在發展紡織業較臺灣遲約十年。1962 年國家開始規劃推動輕工業，紡織成為首選。1970 年開始採用出口帶動經濟發展的模式，成立加工出口區，鼓勵外資。韓國因為經濟發展較其他三小龍慢，是四小龍中薪資水準最低，但積極發展包括紡織成衣的各種出口產品，在 1980 年代紡織成衣出口已逐漸超越臺灣。

新加坡約在 1960 年代發展經濟，在政府有計畫的發展投資下，其紡織成衣開始外銷，因為新加坡政府同時發展煉油和電子，所以紡織成衣業未能發展成為重要就業產業，1972 年新加坡的紡織業到達高峰，開始被電子業取代（Young, 1992）。

（四）中美洲與加勒比海地區的紡織業發展[8]

中美洲與加勒比海地區因為地近美國，在 1960 年代許多美國紡織業南移美國南方時，已有少數美國業者在這地區建立成衣加工廠，利用美國關稅 807 條款，成品出口到美國。美國關稅 807 條款主要針對使用美國生產的原料進一步加工的消費品，當回銷美國時，只以海外加工的附加價值核定關稅，而非以整個成品的離岸價格（Free On Board，簡稱為 FOB）計稅。1970 年代美國已有很多知名品牌成衣大廠或百貨公司的供應商在中美洲與加勒比海地區投資成衣生產代工，產品主要銷美，但是規模不比美國自遠東的進口。雷根主政時期，為防堵共產黨或左派勢力（如尼加拉內戰）在這地區的擴張，並鼓勵美國紡織成衣業往海外投資，使其具價格競

8　主要參考 Ree and Hathcote（2004）和 Rosen（1994）。

爭力，可在國內市場與來自遠東的進口貨競爭。美國通過「加勒比海盆地專案」（Caribbean Basin Initiatives），提供中美洲與加勒比海地區國家的紡織品輸美的關稅減免。雷根政府堅持貿易自由化，對美國國內紡織業遊說的貿易保護建議，不願讓步，但設法鼓勵業者投資海外，並對業者自海外進口美國的商品擴大提供關稅減讓。中美洲與加勒比海地區被選為美商紡織業者的投資地點，主要因為地理便利，又能藉投資發展當地各國經濟，建立穩定政治，來降低共產化的古巴對該地區的影響。要符合美國的關稅減免條件的國家有幾個條件：應不實行共產主義、國營事業私有化、財務健全；關稅降低的商品項目也將這些國家的傳統出口產品如油、糖排外。

　　「加勒比海盆地專案」讓中美洲與加勒比海地區國家的出口業者可申請使用美國關稅 807 條款，利用進口美國原料加工，再回銷美國市場，並獲得關稅進一步減免。於是許多美國業者在這地區直接投資、尋找合作投資夥伴或找代工進行技術移轉。特別是美國成衣製造商如 Levi Strauss，原本就有生產牛仔布，可在美國生產布、裁剪，再運到這地區縫製成品、打包，最後輸美。由於這地區的地利之便，也有已達配額限制的遠東國家的紡織成衣業者在此設廠以避開配額，並可開拓中南美內銷市場。1980 年代末，有 82 家臺灣與韓國的成衣和電子加工廠在此地區投資；牙買加、哥斯達黎加、多明尼加三國有 103 家外銷成衣廠，其中 36 家的老闆是遠東人（Rosen, 2004）。1983 年，「加勒比海盆地經濟甦醒法案」（Caribbean Basin Economic Recovery Act）通過，對合乎 807 條款的使用美國原料的紡織成衣品輸美可獲特殊關稅減免，中美洲與加勒比海地區成衣出口美國有 3.6 億美元，到 1990 年，這地區紡織品輸美已成長到 19.7 億美元。成衣出口美國占這地區輸美總出口的 23%，占工業品輸美的一半（Rosen, 2004）。

（五）墨西哥紡織業的發展

　　與中美洲加勒比海地區相比，墨西哥更鄰近美國，更有地利之便。但是美國和墨西哥的關係一直不太和諧，主要是毒品與非法移

民的問題。墨西哥也有自己的成衣業，但本土的成衣廠品質不佳，雖也出口到美國，但美國一直無法成為其重要外銷市場。1980 年代初期，墨西哥出現經濟危機，貨幣貶值 57%，使墨西哥的工資變得有國際競爭力，於是外銷成衣廠數目增加，輸美成衣也大增。1988 年美國和墨西哥簽訂新的貿易協定，允許美國在墨西哥投資的工廠可使用美國關稅 807 條款，自美國進口原料加工的商品回銷美國時可獲關稅減免。1993 年，美國與墨西哥、加拿大簽訂 NAFTA，三國之間的貿易互相免稅，對紡織品則沒配額限制，於是墨西哥成為新興的外銷成衣製造基地，吸引美國紡織廠在墨西哥大量投資。鄰近美國邊境的墨西哥地區出現許多加工出口區，甚至「紡織城」，整個加工廠區都從事紡織成衣相關的生產。美國成衣廠成為墨西哥加工出口區的最大外資，許多美國公司或獨家或合作結盟，在墨西哥設立一條龍的生產線，將美國國內的生產線完全在墨西哥複製，並使用最新的科技、美國管理模式、資訊管理系統。不數年，墨西哥輸美的成衣總值已超越中美洲與加勒比海地區（Rosen, 2004）。

墨西哥紡織業的發展衝擊了中美洲與加勒比海地區的紡織業，畢竟墨西哥有進口美國免關稅的優勢，因此中美洲與加勒比海地區許多成衣廠關門，工人被資遣。投資在中美洲與加勒比海地區的美商希望美國政府能將該地區輸美關稅比照 NAFTA，但未被接受。

「加勒比海盆地專案」讓中美洲與加勒比海地區的成衣廠使用美國紡織原料，以獲得輸美關稅減免，等於替美國織布廠尋找銷售出路；墨西哥的成衣廠卻可使用墨西哥生產的紡織原料，其實不利美國國內紡織業的就業。雖然墨西哥有一條龍的紡織成衣生產，但仍掠奪不了遠東的紡織成衣業者的國際訂單，因為遠東的紡織成衣業者多以網絡型態的完整供應鏈體系在互相競爭和合作，提供國際買家「完整包裹」（full package）的服務，其市場反應的速度和顧客服務的品質還是優於墨西哥，以及勝過只加工一小部分的中美洲與加勒比海地區。

（六）其他地區

美國在 1991 年通過「安地斯山貿易優惠法案」（Andean Trade Preference Act）以鼓勵美國與安地斯山國家玻利維亞、哥倫比亞、厄瓜多爾和祕魯的貿易。此地區輸美的紡織成衣如果使用源自美國或此地區的原料可享受免關稅或低關稅。由於諸多因素，包括運輸成本與在地原料供應有限，此地區輸美的紡織品雖經歷快速成長，但能進入美國市場的還是非常有限。

美國也為了增強與撒哈拉以南的非洲國家的關係，在 2000 年通過「非洲成長與機會法案」（African Growth and Opportunity Act），希望這些國家能進行政治經濟改革，藉參與國際貿易以改善窮困。在這法案下，此地區製造的成衣輸美若使用美國紡織原料或本地生產的原料，則可獲免關稅和免配額的優惠。於是此地區輸美的成衣開始快速成長。在許多非洲次撒哈拉國家，成衣業是最重要的產業，提供大量的就業機會。2004 年美國統計顯示，此地區輸美成衣約占美國總進口量的 2%（Ree and Hathcote, 2004）。

孟加拉出口型成衣業發展於 MFA 簽訂的 1974 年後，之前孟加拉的成衣業非常落後，效率不彰，多是巴基斯坦人投資。1971 年孟加拉自巴基斯坦分離獨立，但是經濟一直不振，政府國有化成衣業，集合私人成衣廠合併成一家國營企業，但還是效率不彰。1977 年開放外資，南韓大宇與當地人合資成立孟加拉第一家出口取向的成衣廠 Desh Garment 公司，並將管理階層送到韓國接受六個月的現代紡織成衣生產技術與管理訓練。這些受訓者返回 Desh Garment 公司後，陸續離開公司自創外銷成衣公司（見 Desh 公司網站）。1980 年初期，孟加拉成立加工出口區，並將國營的成衣公司私有化，個別公司歸還原來股東，這些公司搭上成衣出口潮流，成為孟加拉成衣出口的主力。孟加拉在 2007 年成衣出口突破美金 100 億，2012 年出口約美金 150 億，90%的產出出口到美國與歐盟（McKinsey，年代不明）。孟加拉在 2013 年共約有 5,000 家成衣廠，雇用 400 萬人，多數是婦女工人，成衣出口的世界占有率超過 5%，貢獻 70%左右的外匯。孟加拉雖是低工資國，但生產

力不如中國，配額取消後，國際競爭加劇，過去 5 年的平均出口單價下跌 15%，公司獲利則普遍明顯下降，也影響工人的工作環境無法改善（Economist, 2013）。

四、各國紡織成衣業對紡織業全球化的反應

原本美國用貿易扶植日本與遠東各國反共的美意，用美國市場來胃納這些國家的紡織品出口，卻沒預料紡織品長期進口美國所帶來的衝擊。1950 年代末，進口紡織品只占美國國內零售額的 2%，到 1960 年代初甘迺迪總統執政時，遠東各國對美出口的紡織成衣製品已數量龐大，整體進口紡織品的市占已超過 10%，嚴重威脅到許多美國本土的紡織成衣業的生存（Rosen, 2004）。美國國內紡織成衣價值鏈由生產到銷售的所有業者，對紡織業全球化的衝擊有不同的感受，紡織品與成衣製造所面對的全球化是威脅，廉價的國際進口貨逐漸瓜分他們的紡織品與成衣市場；但是紡織成衣的全球化對下游的零售商卻是新的商機，廉價品刺激整個消費市場的成長，而市場成長又鼓勵更多的進口廉價品；類似的現象也發生在西歐。在成衣製造的全球化，一波一波的新開發國家加入成衣出口的國際貿易，其紡織成衣出口產業發展的時間雖有不同，但都會逐漸面對配額限制、工資上漲、不斷增加的全球競爭者的競爭壓力，被迫進行產業調整或轉型。早一波成為紡織品出口配額限制的國家，其成衣業者有的選擇往海外進行直接投資成衣製造，晚一波進入的新開發國家，有的則設法在本國進行策略與技術升級，其上游的紡織業者也為了因應下游成衣業的策略改變而調整策略，其結果是連鎖反應的全球紡織業結構的大變動。

本節詳細描述各國的紡織成衣業相關業者，面對連鎖反應的紡織業全球化如何回應。

（一）紡織品進口國：美國

由於成衣生產是勞力密集產業，美國首當其衝的成衣業者面對

進口貨競爭，尋求降低成本的應付之道。他們透過幾個手段來降低成本：將工廠遷往低工資的美國南方鄉下，雇用女工。由於面對排山倒海的進口貨競爭，美國成衣製造業的就業情況惡化，工資無法提高，甚至衰退（Rosen, 2004）。替百貨公司或流行服裝品牌製造成衣的業者，或許因季節流行的時效因素，而能在大都市的邊緣生存，製造標準品的業者則須發展自動化，降低工人的勞力需求，藉大量生產來維持競爭力。大部分成衣類項的製造無法自動化，美國的成衣製造業者在低毛利之下，無力投資研發，在惡性循環中，更無力與進口品競爭。這類業者如果無資源往上下游發展，則往往被淘汰。

　　美國的紡織業者也追隨成衣業者南移，利用南方的低工資降低成本、藉購併來追求規模。同時，這些紡織成衣業者也向政府施壓，希望政府提供協助，並限制便宜的進口品進口。美國政府鼓勵國內業者機械化，並提供加速折舊的稅優惠，希望業者能提高生產力；同時美國政府在自由貿易的政策下，不可能提供國內業者保護措施，但又要應付國會的壓力，只能折衷設法降低進口紡織品的成長率，於是開始對日本出口美國的紡織成衣製品的棉紡品設配額，限定每年成長率不能超過 6%，讓美國國內的業者較有時間設計反應策略（Rosen, 2004）。1960 年代在政府協助下，紡織業者公會也被安排參觀遠東紡織業者的工廠，讓他們看到國外競爭者的創新，認識政府的保護措施其實沒有長期效果，美國業者要思考如何突破轉型。他們發現，海外的競爭者迫於海外的競爭，日本已開始技術升級，使用新型快速的紡織機器，並轉向人造纖維的紡織品發展，因此美國業者也需調整生產方式與生產品項，方能有機會對付進口貨（Rosen, 2004）。

　　1970 年代，因為石油危機帶來油價高漲，使美國經濟停滯，購買力普遍下降，也造成成衣零售的衰退。面對不景氣，成衣業的價格競爭加劇，加速美國紡織成衣往海外尋找廉價代工，造就四小龍紡織成衣業一段繁榮的時期。1970 年代美國通過「加勒比海盆地專案」，開啟美國紡織業往海外直接投資的機會。對於留在美

國本土的紡織業者，美國政府提供財務協助以整頓工廠，提升自動化以降低勞力需求，機器的電腦控制化以降低所需勞工的技能。同時進行業者間的購併，企業透過合併可提高規模，有能力進行技術升級。其結果是在各種紡織項目的產業出現大型企業，產業集中度提高（Rosen, 2004）。

1988 年美國與墨西哥的貿易協定以及 1993 年的 NAFTA，讓美國紡織成衣業者大量往之投資設廠，再將完成品成衣回輸美國，美國後續與包括南美的許多國家簽訂優惠的貿易協定，其結果是美國紡織布料出口增加，而成衣進口也相對增加。美國紡織出口增加保住了紡織業的就業，而成衣進口增加則加速美國成衣工人就業的衰退。但是這樣的生產分工還是無法阻擋美國紡織業的流失，美國紡織與成衣業的就業在 2000 年後顯著下降，而在 2003 年的進口成衣的市場占有率已超過 75%（Seyoum, 2010）。

（二）紡織品進口地區：歐盟

戰後重建期間，西歐諸國有自海外進口織布與成衣，並開始對一些出口國如香港設限。自 1970 年代開始，西歐諸國也受到來自遠東的廉價進口成衣與紡織品的嚴重衝擊，石油危機後的經濟停滯使西歐的消費者支出平均年成長只有 0.9%，比 1960 年代的 3.9%降低甚多（Mytelka, 1991），但是廉價成衣卻非常暢銷。於是西德首先啟動海外生產的應變之道，採用「出料加工」（outward processing）的模式，將已剪裁好的半成品與零件，出口到低工資地區，生產組裝完畢後，再運回德國。「出料加工」的模式將勞力密集的生產活動外包給低工資國家，主要集中在有地利之便的地中海地區，如西班牙、葡萄牙、希臘，因為使用德國（西德）原料，所以回運德國時，進口關稅只對海外加工加值的部分課稅，並且還可保留「德國製造」的標籤。西德也因其機械製造能力而發展紡織機器，使得西德的布品很有國際競爭力，因此西德在 1970 年代已是世界最大的紡織出口國（Munford, 2004）。義大利則設法保留成衣製造業，因為義大利的紡織成衣業者以小企業為主，集中在某

些地區的工業區，有高度的水平與垂直分工，也有透過國內代工降低成本，並由提高效率著手。義大利成衣設計師品牌有國際流行領導者的形象，與上游成衣製造與紡織公司密切合作，走的是高檔路線，供應歐洲市場，也出口到美國與日本，在 1970 年代是世界第二大的成衣出口國（Graziani, 1988）。義大利的成衣零售商也是小型獨立商店，沒有賣廉價進口貨的需要。法國也有許多設計師品牌，主導世界流行服飾趨勢，因此也能支持其紡織成衣業。英國雖然是紡織機械化的發源地，曾是紡織品的出口大國，但也在 1970年代開始，遭受進口貨打擊，高價品競爭不過法國與義大利，而普通品則競爭不過進口品。英國設法提高自動化與機械化，並將工廠遷到低工資地區，如威爾斯或北愛爾蘭，1978 年到 1995 年間還能設法穩住生產產出率，但雇用勞工數已減半，到 1995 年以後，則出現明顯全面衰退（Kunz and Garner, 2007）。

　　雖然在戰後歐盟與歐洲共同市場的成立，使西歐的整體所得持續提高，但 1980 年代的歐盟已出現消費者支出成長轉負，造成整體成衣需求停擺，廉價成衣市場區隔則拜遠東的紡織成衣產能過剩的壓力，一方面廉價進口貨大量湧入，另一方面四小龍尋求產品升級[9]，遠東的中價位成衣對原來是西歐地盤的中高價成衣市場區隔，開始產生價格競爭壓力。面對進口成衣的競爭，歐盟各國加速紡織與成衣業的科技創新，政府也實施傳統產業現代化的輔導政策，貼補企業投資新科技。這時期的紡織業創新包括：自動化的裁剪機器、噴氣投緯織機（air-jet loom）、紡織成衣產製過程採用雷射電子偵測與定位以降低錯誤、自動化控制減少機械的閒置、電腦協助設計（Computer-Aided Design，簡稱為 CAD）、廣泛使用資訊管理於協調上下游生產。這時期也看到電子業者、機械人業者、紡織成衣業者的合作開發。這些創新效果是機械運作加快、失誤減少、可小量生產，於是歐盟成衣業者可專注在高流行、高品質、高

9　1974 年 MFA 實施，限制出口國對歐美進口的紡織成衣的成長，但配額只限量增，不限價值成長。

付加價值的市場區隔（Graziani, 1988; Mytelka, 1991）。

　　1990 年代，蘇聯瓦解，脫離共黨統治的中歐與東歐諸國開始與歐盟經濟整合，提供歐盟成衣公司大量外包的機會，其實德國在統一之前，西德就開始有業者將勞力生產部分外包東德（Deutsche Bank Research, 2011），其他西歐國家也曾試著委託中、東歐國家加工，但是共產國營企業配合度不大（Pickles and Smith, 2011）。中、東歐國家改革開放後，歐盟成衣公司對中歐與東歐諸國擴大採用出料加工的模式，並在產能受限時讓外包公司的產能吸收過剩的訂單，將供應鏈延伸到中、東歐國家，造成波蘭、羅馬尼亞、保加利亞成為成衣出口歐盟的主要國家（Pickles and Smith, 2011）。同時，歐盟的成衣公司開始購併，購併的對象有西歐、中歐與東歐諸國的成衣品牌商或通路商，其目的在瞭解並進入當地市場，或以為跳板進軍鄰近市場，也有購併的目的在利用被併公司的國際代工網絡（Graziani, 1988）。1990 年代西歐地區仍然無法阻止各種包括來自中、東歐國家、地中海沿岸和遠東進口貨的入侵，進口貨占有率十年內增加一倍，到 2000 年代結束時，德國的成衣製造產值下跌 80%，而紡織品產值也下跌約三分之一（Deutsche Bank Research, 2011）。也因為全球成衣的競爭激烈，甚至中、東歐國和巴爾幹半島的新會員國的成衣出口至歐盟的原始會員國（西歐），也自 2000 年開始出現衰退（Pickles and Smith, 2011）。

（三）進口國在紡織品貿易政策的反應

　　1950 年代初，美國紡織業對美政府要求保護的壓力，讓美國政府被迫對紡織進口採取行動，於是在 1957 年要求日本自行限制棉紡織品出口，以減緩進口紡織品對美國業者的生存衝擊。1960 年代這樣的雙邊談判演變成兩次的配額協議，由短期變成長期限制配額成長，美國並將這配額模式應用到其他大量出口棉紡織品至美國的遠東國家。但是配額只能限制現有的出口國，無法阻止新的開發中國家加入成衣輸美的行列，因此配額的緩衝效果很有限。配額開始時，只限制棉紡產品，於是受配額限制的出口國就轉向出口人

造纖維和毛纖維製品，這些非棉製品之後也陸續受到配額限制。1970 年初，進口成衣與紡織品在美國國內市場的占有率已超過 20%，男性的長袖襯衫還超過 30%（Rosen, 2004）。

　　當西歐諸國在經濟逐漸恢復後，也受到美國政府的鼓勵自遠東進口成衣，在 1960 年代末期也開始受到大量廉價進口成衣與紡織品的衝擊，影響許多工人與工廠的生計，於是在 1971 年採用類似的配額限制進口。一個有系統的解決之道是在 1974 年，進口紡織品的已開發國家聯合與出口紡織品的新興國家簽訂 MFA，這是一個管理國際紡織品貿易的架構，並定義各種紡織品交易的分類與術語。在 MFA 下，進口國（美國、加拿大、歐盟）與出口國雙邊談判，設立進口限制，某一出口國出口到某一進口國的某項紡織品都會訂有一數量的配額，年度出口量不可超過配額，年度配額則由前一年出口國與進口國的貿易量決定，每年只允許增加 6% 的成長量（Kunz and Garner, 2007）。

　　MFA 後來大約每四年持續修訂，使配額限制更加明確，受配額管理的紡織品項更為完整，但也變得嚴苛僵化。MFA 的本意是讓紡織成衣的全球貿易可在適當的管理下流暢進行，卻加速了紡織業的全球化，以及紡織成衣的全球貿易持續快速成長。為追求成長，進口國的採購商到無配額限制的開發中國家尋找供應源，而有受配額限制的成衣輸出國業者，則被鼓勵移往其他還沒有配額限制的國家設廠，製造紡織品輸歐美。沒有配額限制的國家一定是發展落後的低工資國家，因此 MFA 的配額限制，促使出口取向的紡織成衣外銷業的全球化。1980 年美國和 18 個國家簽訂紡織貿易雙邊協議，到 1990 年，已有 60 個國家和美國簽協議。1973 年，美國進口的紡織品值 23 億美金，到 2000 年，這數字是 680 億。1980 年代，全球有 100 個國家地區有紡織品輸美，這時期美國貿易逆差，主要來自成衣（Rosen, 2004）。

（四）紡織品出口國：日本

　　1955 年日本開始發展人纖，並在 1960 年代取代棉紡品成為紡

織品輸美的主力，但因人纖產能過度擴充，往海外尋找出路，在臺灣與東南亞找到新出口市場。日本人纖業者早在 1960 年代就開始到東南亞設廠，人纖廠因為投資金額較大，屬寡占性質，因此較有能力投資海外。東南亞這些地區本來就進口日本的布料，接著加工出口，日本的對外投資固然回應當地政府的經濟發展政策——讓當地發展織布工業替代進口織布，也企圖保護既有的市場。1970 年代日本整個紡織品輸美受到限制，日本政府於 1971 年又開始採用浮動匯率，加上國內經濟發展不順，造成日本紡織業上游經營困難，下游服裝業則因為日本消費者開始注重流行而變得重要，並講求設計。1980 年代，日本紡織品對美的貿易順差特別明顯，美國向日本施壓，希望日幣升值。1985 年後日本同意「廣場協定」（Plaza Accord）[10]大幅升值日圓，由一美元兌 250 日圓升值到 1995 年破 100 日圓，導致許多出口產業失去價格競爭力而出口受挫，日本的紡織品也出現出口衰退，而進口業者卻因貨幣購買力增強而受益，國內流行服飾市場蓬勃發展。日幣升值造成許多工廠倒閉或選擇外移，因此 1985 年後開啟了日本各產業投資海外的浪潮。

　　紡織業海外投資雖然占日本海外投資總量的比例不是最大，但案件卻最多（Yuasa, 2001），畢竟整個紡織業的海外投資還是相對屬於中小企業的小型投資。這也顯示這時期在日本產業中，紡織業是最全球化的行業。紡織業的上下游都有投資海外，但海外投資成衣製造的案件數明顯大於投資上游，顯示依賴勞力密集的日本成衣製造業，在日幣升值後受害最深，也最有動機將工廠移到海外，以利用海外的廉價工資。成衣製造本來就是中小型企業，其海外投資的規模因而也不會大。日本中小企業的紡織成衣業投資海外的模式是透過日本商社或成衣批發商的謀合和資金協助，海外工廠自日本進口原料，再利用當地廉價的勞力加工成成品，然後外銷回日本，或在當地銷售。

---

10 1985 年「廣場協定」，因為美國長年貿易入超，於是與許多主要是日本與西歐各貿易出超國談判，其共識是讓美金大幅貶值，而貿易出超國的貨幣升值。

　　1990 年代後，日本紡織業的對外投資轉向，主要落在中國。日幣持續升值不但造成大量廉價成衣進口，也造成高價且高檔的歐製成衣（如義大利成衣）大量進口，原本生產高價成衣的業者也受到價格競爭而被迫出走，主要轉到中國生產，然後回銷日本。但這時期日本上游紡織業也有部分金額投資在北美和歐洲，其性質與投資低工資地區不同，對先進國家的投資主要在接近市場，發展研發能耐，並在市場進行買賣原料的業務。例如日本人纖廠東麗（TORAY）就在英國購併一家紡織廠（Yuasa, 2001）。

　　日幣持續升值除了迫使日本紡織業者出走海外，也迫使留在日本的業者採取調整作法，以求生存。過去日本的紡織業上下游分工，分工的上下游業者各集結成群，可能由上游的纖維廠協調，或由下游的中盤商、經銷商主導行銷、協調生產與銷售到零售通路，出口則由商社或來自海外的採購商、進口商主導。以歐美為主的海外市場量大，因此屬大量生產性質，但以內銷為市場的業者，則以小量多樣生產為主，以應付破碎且多元差異的市場需求。1970 年代的出口成長受限逐漸對業者產生效率壓力，使日本紡織業上游出現整併，家數減少，雖然成衣業因市場旺盛且進入阻礙低，家數有增加，但同時發展的是業者專門化於單一價值活動以提高效率，而業者間的整合效率也被迫提高，為了快速回應市場需求的變化，中盤商和零售商逐漸介入成衣與織布設計而掌握主導權。整體而言，整個產業有生產力提高的現象。

　　在日幣升值後，上游紡紗業者放棄擁有大量市場的產品，轉向發展高科技的利基產品，並同時將大量市場產品的生產移到海外，一些人纖紡紗業者甚至進行多角化經營，進入其他行業，例如鐘淵紡織（Kanebo）進入化妝品產業。在生產力提升、開發新紡織材料的轉型策略下，上游的紡紗織布廠降低員工數、工廠數，但能維持營業不衰或甚至緩和成長（McNamara, 1995）。由於日本已成為高工資國家，而紡織業的機械化只能達到某種程度，機械化的策略很容易被其他紡織出口國所模仿，因此在日本，機械化大量生產以降低成本所產生的效果有限，除了工廠外移的策略外，只能發展靈

活且具彈性的生產方式，以應付快速變化而多樣化的流行服飾市場。而中盤商、經銷商也因萎縮的毛利，開始強化其設計與行銷的加值活動，這樣也壓縮原來就有設計和行銷的成衣廠，導致成衣廠被迫只做內銷的生產代工。

（五）紡織品出口地區：香港

　　根據研究（Loo, 2002），香港在 1960 年代也逐漸成為成衣出口的重要地區，外銷暢旺的還有電子和玩具，這股成長熱勁持續到 1970 年代。1975 年的石油危機使香港的經濟受到影響，但隨即恢復就業成長，成衣出口占總出口的比例在 1975 年達最高峰，約有 45%。1979 年中國實施開放政策，對香港的企業經營環境是件重要大事，香港紡織業由 1980 年代開始陸續轉移至珠江三角洲生產。港商利用其地理優勢，由初期「三來一補」[11]，加工貿易開始，協助中國紡織成衣業者的產品具備國際水準。1981 年世界景氣甦醒，香港紡織成衣業的就業開始下降，產業明顯外移，但成衣出口占香港總出口的比例並未出現明顯下降，而是波動在 30%以上。起初，就業人數的下降還算緩慢，但到 1990 年紡織成衣的就業出現激烈下跌，成衣業雇用人數由 1975 年約 17 萬降到 1990 年 4 萬以下，同期間紡織工人也由 9 萬不到降到 3 萬出頭，但成衣出口的比例則未出現顯著下降，反而在 1997 年亞洲金融風暴後，港幣貶值，而出現上升，在 1999 年達 50%。伴隨產業雇用人數減少，紡織與成衣公司的平均規模也萎縮，消失的工作主要是低技術性勞工，技術性工人的總雇用數也有減少，但是相對於低技術性工人的比例則提高。紡織業所需技術性高，逐漸依賴男性員工，但成衣業則是演變成以女員工為主力。在附加價值創造方面，1990 年以前的紡織成衣業還比所有製造業高，但在 1990 年以後，明顯出現產業獲利衰退。

　　Loo（2002）進一步分析香港的紡織成衣業的演化現象。照理

---

11 「三來一補」為中國改革開放初期實驗性地企業合作模式。「三來」指的是「來料加工」、「來樣加工」、「來件裝配」；「一補」指的是「補償貿易」。

當中國經濟開放後，香港業者將工廠外移到鄰近的廣東深圳，或成立新廠，以利用當地的低工資，但是留在香港的業者因為兩地的工資差異，勢必追求升級，以產生兩地分工。一項 1999 年的調查顯示，受訪的香港紡織成衣業者有 70% 有工廠在中國，並有四分之一以上的中國工廠雇用超過 500 名工人，相對香港工廠平均雇用不到 15 人（紡織業）和 20 人（成衣業）。但是香港紡織成衣業者並未在香港投資新科技，反而是發展成為國外採購商或零售商的採購代理，並且利用香港的配額，進行最終階段的成衣加工。香港成衣廠將來自中國工廠已裁剪和進行部分車縫，但未完成的半成品，在香港雇用工人進行最後的車縫製造完成品，然後檢驗、貼標籤、打包、出口。許多業者已轉型成接單辦公室，由香港接單，視訂單狀況，成品由中國或香港出口。進入 21 世紀，香港藉著鄰近的中國紡織成衣代工網絡，已在國際成衣貿易上建立廉價、高品質、交貨迅速、交期可靠的口碑，買家不必到處選購比價，就可在香港搞定所有訂單需求，因此香港一直維持其紡織成衣出口的重要地位。

　　香港面對的威脅是中國國內紡織成衣業，他們將設法與國際採購商接觸直接供貨，而跳過香港的貿易商。但是，香港既有的紡織成衣公司並未完全完成其技術升級，許多香港廠規模普遍小，無資源投資新科技，香港政府的放任政策也未提供指引和獎勵來引導升級。1995 年起配額逐漸取消，香港紡織成衣出口明顯減少，顯然許多訂單被移往中國，這對其未來發展將是一大隱憂。

（六）紡織品出口國：臺灣

　　1962 年美國開始對臺灣出口的棉紡製品設限，隨後 1965 年及 1967 年加拿大與英國亦分別對臺灣棉製品出口設限，臺灣則開始轉向人造纖維紡織品出口。1971 年，美國將臺灣紡織品出口限制擴大到羊毛及人纖產品，這年歐盟亦對臺灣設限。1974 年所有出口限制成為 MFA 配額限制。因為臺灣在 1970 年代發展石化業，使得臺灣的人造纖維業者可取得穩定且廉價的原料，臺灣在 1970 年代仍有持續的紗、織布與成衣的出口成長。但是到 1980 年代，

臺灣勞力短缺、工資持續上漲、土地成本又不斷升漲等問題一一浮現，1984 年通過《勞基法》，加上 1980 年後期新臺幣對美元升值，迫使臺灣許多中小型的成衣業者關門。1987 年臺灣政府開放海外投資，提出「臺灣接單，海外生產，外銷第三國」的三角貿易全球化模式，許多業者選擇外移，以降低生產成本，海外投資地點起初在東南亞，主要是馬來西亞、菲律賓與泰國，也有遠到加勒比海地區和墨西哥。1990 年代後期則轉向印尼、中國（Gereffi and Pan, 1994）。

　　1980 年中國開放外資投資，已有臺商透過香港或新加坡註冊公司，以港資或星資的名義轉投資中國廣東，也有以臺資與港資合資的方式到中國投資。初期臺資在中國的投資集中在勞動密集、技術含量低的下游行業，成衣是其中的大宗。臺灣政府於 1990 年正式公布《對大陸地區間接投資或技術合作管理辦法》，有條件開放臺商間接對大陸投資，促進了臺商對大陸投資的發展。由於中國與臺灣同語言文化，臺灣的海外直接投資過分偏向中國，中國的臺資企業仍然以「臺灣接單、大陸加工生產、產品外銷」為經營模式。海外的臺資成衣廠仍然延續臺灣工廠的策略，主要以委託製造代工（Original Equipment Manufacturer，簡稱為 OEM）方式替國際品牌或零售商代工，而且維持長期的商業來往關係，改變的只是在臺灣辦公室與國外買家談生意，在臺灣接單，臺灣辦公室再下單與調度原物料給中國的工廠，由中國工廠完成成品直接出貨給買家。因此初期臺灣出口中國許多紡織的原物料，臺灣的布料出口逐漸取代成衣出口。

　　在 1980 年代，成衣還是臺灣出口主力，到 1990 年代，隨著中國成衣業的迅速發展，臺灣布已成為外銷主力，中國逐漸成為布的主要市場，許多留在臺灣的成衣廠則擴大代工網絡，化整為零以求生存，主要是以國內內銷為市場。體質較健全的成衣公司，承受環境壓力比較強，雖設法留在臺灣生產外銷，但是到 1990 年代初也支撐不住，不得不外移或結束工廠。但這個時候，許多地區已不再歡迎成衣業的外資，其勞工成本也不低，這時期臺灣在海外的成衣

投資機會於是落在越南和柬埔寨。許多臺商乾脆放棄生產成衣，找海外代工廠合作，臺灣接單，海外委託代工，並在臺灣專注於上游的紡紗織布。也因為下游成衣廠的外移，中游的染整廠又因為環境汙染，也紛紛外移，造成上游的許多紡織廠被迫跟隨下游的客戶外移。設法留在臺灣的紡織廠則不斷藉機械化提高效率，並往專門化的高技術人造纖維產品發展。到 2000 年後，紡織的上游原料，布、人造紗、人造纖維則變成為紡織外銷的主力。

（七）紡織品出口國：新加坡

　　新加坡的成衣業興盛於 1960 年代，以 OEM 起家，並為新加坡當時出口的重要產業。1979 年新加坡政府開始以政策調升工資，在 1980 至 84 年之間新加坡的工資水平調升了 66%，造成新加坡的成衣業喪失國際競爭力，於是業者往主要是鄰近的馬來西亞和印尼進行直接投資。到 1990 年代薪資持續上漲和勞工短缺，加上新加坡政府推行產業調整與升級，使新加坡的成衣製造業在工廠數、雇用人數、產量與外銷量都出現衰減，但新加坡人所經營的成衣業，經過海外直接投資，已形成區域性的加工網絡，許多已成為區域型的大型加工業者。研究調查顯示（Grunsven and Smakman, 2002），有超過三分之二的新加坡成衣公司已不在新加坡生產，這些公司工廠外移，有的關廠而利用海外的代工廠，在新加坡生產的也逐漸降低產出。這些新加坡成衣公司多是中小企業，雇用不到100 名工人，其中較有規模的公司因較能掌握配額，也因美國和歐洲的海外買家偏好訂單集中，故大型公司較有優勢能夠外銷歐美，這優勢讓大型公司有能力在海外設廠，美國的客戶主要為品牌商和百貨公司，新加坡成衣公司與海外客戶都有十年以上的來往關係。而規模較小的無力輸美，則以鄰近地區為市場，他們自己代工生產或利用海外工廠代工，供應附近地區的成衣店或百貨公司，甚至有建立自己的零售店和品牌。在衣服類別方面，出口型成衣廠主要生產大量熱門品如 Polo 衫，地區型的成衣廠主要生產需要複雜工法的衣服，如戶外活動外套、女性流行服飾，這類衣服需要熟手，而

新加坡在這方面的人力很短缺。新加坡成衣公司所使用的原料來自臺灣、日本和中國，高級原料則採購自義大利或美國，有些買家還會指定原料。新加坡紡織業經歷工資上漲與成衣業者出走，可說已不再存在。

許多新加坡成衣公司在海外有生產工廠，也有銷售辦公室，新加坡的辦公室則負責管理、行銷和銷售、設計與預產。最普遍的銷售辦公室地點是香港，因為它也是海外買家的遠東採購辦公室最常選擇的地點。當馬來西亞和印尼也開始受到工資上漲與配額限制，新加坡成衣公司則進行第二波的海外投資，這次的地點選擇中國、錫蘭、毛利里斯和柬埔寨。對其在馬來西亞的投資廠，新加坡成衣公司不再擴廠，但會設法升級，生產高價商品。

面對工資快漲和國際競爭，新加坡成衣公司過去的發展除了外移低工資國家外，也同時設法提高生產力，提高生產品質與速度，往高端產品、高端客戶移動，並往價值鏈的高價值活動發展。在提高生產力方面的做法有：採用新機器、採用工業工程方法提高效率，有些財力雄厚的還能引進運輸帶、吊車鏈帶、電腦設計、電腦繪圖、電腦裁剪，並設法電腦控管流程，與買家和供應商的電腦系統連線，以提高反應速度和商品追蹤能力；在提升品質方面，則採用全面品管，並提高品質要求；品質提高讓公司有能力追求高檔客戶，如品牌行銷公司或高端百貨公司，並逐漸放掉追求價格的量販店客戶；在價值鏈移動方面，則是增加後勤服務以協調整個商品交貨，甚至發展地區品牌以分散國際代工的風險（Grunsven and Smakman, 2002）。

（八）紡織品出口國：中國

中國紡織業的全球化是遲發者，中華人民共和國建國前 30 年的發展是掙扎以求自給自足，但也有限量的外銷，也從不是蓬勃發展的自由世界紡織成衣貿易的一員。第二個 30 年中國通過改革開放，以及華人貿易圈在國際貿易與工廠管理的技術協助，正式進入全球紡織成衣貿易體系，並迅速成為織布與成衣的雙料世界冠軍。

　　中國的紡織業在戰後共產黨政權成立（1949 年）後的 30 年內，是以自給自足的目標為發展綱要。面對國外的經濟封鎖，國內的戰後敗壞，中國政府努力迅速恢復紡織工業生產，使之可自主獨立於外資與外國技術。在計畫經濟之下，所有紡織成衣業都成為國營企業。面對原料不足，中國政府進口棉花，統一棉花供應，同時擴大棉田種植。在許多地區發展紡織工業，以改善過去紡織工業過度集中在沿海少數城市的畸形格局，並發展紡織機械，設法自行生產所需機器。1958 到 1960 年的「大躍進」運動和自然災害，導致糧食大量減產，中國政府決定以紡織品出口創匯來換取進口糧食。1961 到 1963 的三年間，紡織工業在統一規劃與生產調度下，紡織品出口創匯達 15.6 億多美元，外匯收入占國家外匯總收入的 30% 至 36%，為出口商品第一位，但造成中國國內紡織品供應緊張。這時期中國沒有服裝的消費市場，女性想穿別緻的衣服會被指為奇裝異服，是受到資產階級思想侵蝕而遭受公眾指責。大躍進造成棉花產量急劇下降，迫使紡織工業部門發展人造纖維，並引進英日的技術設廠，生產人纖。1966 年「文化大革命」開始十年的動亂，紡織工業的發展遭受大挫折。但是人纖則因政府大力支持而發展出人纖布，因為棉布供應的持續短缺，人纖布在 1970、80 年代成為風行一時的衣服布料。

　　1980 年代中國改革開放，中國紡織品進出口公司找香港商人合作出口中國製成衣，開啟了「三來一補」的貿易形式：外資（開始時主要是港資）在接近香港的內地地區開辦工廠，中國政府提供土地，外資提供設備、廠房、和人員培訓，工廠進行加工生產，原料進口和產品外銷則全由外資負責，外資只需付加工費。當時由於中國製成衣的品質與設計落後，效率差，無法進入國際成衣外銷市場，因此依賴有國貿經驗的外資協助。當時適逢四小龍的紡織業輸歐美受限，中國紡織品出口剛好填補這空檔。改革初期，中國將廣東省深圳、珠海、汕頭及福建省廈門四個地區改制為對外經濟特區，鼓勵外資投資，最初是以港資（其實有許多臺資）占最大比重。整個 80 年代，在外貿帶動和國內消費的雙重刺激下，中國紡

織工業的規模增長快速，發展出完整的從上游基本原料到下游成衣加工出口的完整體系，成為中國第一大出口商品。1988 年中國已成為世界第五大紡織品出口國，1995 年則躍居紡織品和服裝出口總額的雙料世界冠軍。

1980 年中美紡織品協定初簽，美國對中國的八項紡織品設限。之後，美國陸續增加設限項目，到 1983 年，設限已達 34 項。歐盟與加拿大也與中國簽訂類似的出口限制（王麗萍，2007）。儘管設限，中國紡織品輸歐美還是年年快速成長。2001 年，中國正式成為 WTO 會員國，中國的紡織品可以銷售全世界，但是外國的紡織品也可進入中國市場，中國紡織品出口依然強盛，2003 年和 2004 年的出口成長都超過 20%，對歐美的紡織成衣出口成長也超過 30%（王麗萍，2008），2013 年中國紡織成衣總出口成長 11%，2000 年到 2013 年的總成長超過五倍（WTO 統計）。

五、跨國的紡織成衣供應鏈：新的工業生產分工模式

本節由產業供應鏈的架構來分析紡織成衣業跨國代工網絡的擴散以及演變，發展成一個複雜的全球價值鏈。為進一步分析這樣一個龐大且複雜化的跨國供應鏈，整個紡織業的全球價值鏈或價值網絡在此呈現（圖 1-2）。這個價值鏈包括五個價值階段的網絡：原料網絡、零件網絡、成衣製造網絡、出口網絡、行銷網絡。每一個階段的價值活動都有很多國家的業者參與，因此每一個階段的價值網絡就是跨國網絡，而整個紡織業的價值鏈就是一個全球網絡。

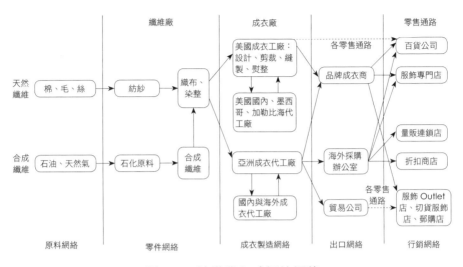

圖 1-2　紡織業全球價值網絡

資料來源：Appelbaum and Gereffi（1994），頁 46，作者整理繪製

在紡織業全球價值網絡，每個業者參加一個或數個不同的供應網絡，每個供應網絡都有至少一家企業擔當管理和影響整條供應鏈，與協調物流、資訊流，甚至提供金援的角色。由於協調的需要，並為了主導價值鏈，以掌握最大的利潤分配，於是跨國紡織成衣供應鏈就逐漸演化出大型的領導企業（lead firms）（Gereffi, 1999; Azmeh and Nadvi, 2014）。成為領導企業，往往是規模較大的企業，也往往在創新有突破，而能快速成長。在銷售端，領導企業由品牌商與連鎖零售商扮演，取代了大盤商和進口貿易商；在供應端，則可能由中間商或某一階段的代工製造商扮演。

（一）跨國紡織成衣供應鏈跨國分工的浮現與擴大

歐美日等工業國在戰前都已有完整的紡織成衣業價值鏈，產業也有成熟的分工。價值鏈成員主要有成衣的盤商、成衣縫製商、織布商、紡紗商，以及其他支援的協力廠如染整廠、零件廠，各司其職，形成一個完整的供應鏈。其他依賴進口布的國家，其紡織成衣供應鏈則尚未完全發展出來。

　　當美國對日本成衣開放進口，美國成衣製造商到日本找廠商代工，一個新的工業生產分工模式浮現，開始了初級紡織成衣業的國際分工，原來日本成衣供應鏈的盤商這一端就銜接到美國的成衣進口商[12]這類買家，成衣進口商則再將成衣轉賣給美國各地的成衣盤商或零售商，這樣一個跨國的紡織成衣供應鏈，由原料端到零售端跨國連線而形成。開始時，參與這分工模式只包括需求端的美國成衣商人和供給端的日本的紡織成衣供應鏈。接下來，這樣的一個跨國的紡織成衣供應鏈就在新興工業國不斷複製和擴散，並將這些工業發展中國家納入全球紡織代工體系。這種跨國的國際分工模式後來傳散到其他產業，促成許多產業的全球化，因此紡織成衣業的國際分工是日後全球化的領頭羊，紡織成衣業的國際分工模式也被其他產業採用。

　　基本上從一開始，這供應鏈往兩個方向持續擴張和膨脹。第一個方向是跨國擴散，最能代表跨國擴散的就是「雁行模式」（Flying Geese Model）（Akamatsu, 1962）──紡織代工在遠東的地理擴散。「雁行模式」是日本學者赤松要研究遠東國家的經濟發展模式所命名的，首發者是日本，日本的經濟復甦就是以成衣代工出口起家。第一波紡織成衣業的跨國分工由美日這條線開始，然後自日本擴散到臺灣、韓國、香港和新加坡這四個新興工業國，主要是日本與美國的商人將大量製造成衣與外銷美國的 know-how（技術、知識）帶到四小龍；開始時，四小龍的上游原料和部分零件自給有限，因此需自外進口，而進口來源通常是日本，因為日本的紡織價值鏈發展較早而且完整，於是開始出現跨三國的紡織成衣價值鏈。第二波則自四小龍擴散到西太平洋區的新興工業國，包括馬來西亞、印尼和泰國，這些國家有日資，也有來自四小龍的投資；第三波則是擴散到中國，而往中國投資的紡織成衣業，主要來自香

---

12 最初的美國成衣進口商是美國成衣製造商，有五大家，到日本尋找廉價貨源（Bonacich and Waller, 1994：82）。不久出現專職的美國成衣進口商，將進口成衣賣給零售商。這樣的現象代表分工的細分化。

港、臺灣和新加坡；第四波則是遠東的紡織成衣業轉往越南、柬埔寨，或到孟加拉、斯里蘭卡投資。這種以代工為主的經濟發展模式，在工資和幣值上漲後，被移轉到地理位置接近的下一波新工業發展中國家，當這些新加入者又因經濟發展而所得提高，於是國際代工的經驗和 know-how 又傳承到另一批新興的工業發展中國家。在擴散過程中，跨國投資與採購的商人逐漸多國化與多元化，於是全球紡織成衣的價值鏈就不斷演化和複雜化。

在這成衣加工的擴散過程，也促成紡織供應鏈的跨國網絡化。同時，紡織成衣價值鏈也在跨國分解，往往一件成衣由原料生產到最後包裝出口，是由超過三個國家合作完成。剛發展紡織成衣業的新興工業國家首先是建立或擴大成衣加工產能，並朝上游的織布發展。其發展初期，需依賴其他國家進口上游原料和零組件，因此日本、臺灣、香港往往供應紗或布至東南亞各國和中國。於是成衣出口的擴散就逐漸出現「三角製造」（triangle manufacturing）（Gereffi, 1999），就是四小龍的製造商在本國接代工的訂單，然後將製造工作轉到第三地生產，而生產地所用的物料與零件，可能又來自其他國家，一個複雜的跨國代工網絡的供應鏈於是成形。

加勒比海地區與西歐的來料代工則是另一種代工模式。遠東代工業在一開始就是出口完整成衣，代工廠承包布料採購、剪裁、車縫、打標、包裝、裝船的全部活動，這樣的代工稱作「全包模式」（full package model），就是做到成衣方便打包與運輸的最後階段。相對於這種全包模式的，就是狹義的 OEM 代工，只做勞力最密集的車縫和包裝，也稱作「來料加工」模式[13]。當加勒比海地區發展成衣產業，主要運作模式是美國品牌廠將其本來國內完整的供應鏈分出一段車縫的工作轉到此地，工人將以裁剪完成的布料加工成成衣，然後運送回美國，美國品牌廠在打上價格標籤後，配銷到各地。西歐的模式，類似加勒比海地區，也是將裁剪完成的布料與零件運往國外低工資地區進行縫製加工，但最終的加工與打包可能

---

13 從委外代工國家的角度，是出料加工；由接受代工國家的角度，是來料加工。

在本國完成，如此才能保留本國製造的標誌。當香港成衣商人初到珠江三角洲地區投資代工廠，或委託代工，也是採用這樣的出料加工模式，有的成品直接由中國出口，有的則轉回香港打包，以香港製造的標籤出口。當中國發展紡織業上游，並吸引外資前來投資，紡織的完整供應鏈逐漸在中國構建成形，這個在中國來料加工的模式就逐漸被全包模式取代。

第二個方向是成衣代工由棉紡擴散到各類紡織成衣產品。紡織成衣業的國際分工開始只針對棉織的女裝與童裝，當棉織品在1960年代首先被納入配額限制後，製造商就轉向發展其他棉織品和其他利用天然纖維的成衣，然後發展人造纖維。最終國際代工的品項納入各式各樣的天然與人造纖維的紡織品與混紡品，由內衣到外衣，由服飾到家庭布置、廚房用品，甚至包括最複雜的傳統手工製作的男士西裝上衣。人造纖維也因為創新，往機能性與技術性發展，被廣泛應用到各式各樣的運動衣物和工業用途，也成為全球紡織代工網絡的一環。紡織成衣業的國際分工開始時只針對有大市場的標準品，但隨者整個國際代工產業的擴大，原本非標準品手工訂做的服飾（像男士西裝外衣），也因總需求量大到可納入生產線生產，並以少量多樣的生產方式供應。原本以廉價品為主的跨國代工，因為生產規模的擴大，所有原料零件供應的價格不斷持續下降，也演變成中價位商品的全球代工。

（二）跨國紡織成衣供應鏈的複雜化與動態演變

當跨國紡織成衣供應網絡在全球不斷擴大，參加這全球加工網絡的國家與廠商不斷增加，但是進口市場的成長有限，因此增加供應國家的衝擊使得競爭變得越來越激烈。紡織成衣的全球競爭不只是國與國間的競爭，也是一國之內的同業競爭。一張成衣出口訂單，往往採購不同國家的不同布料和零件，並在不同國家進行不同階段的加工縫製、包裝、打標、出貨，因此原本單純的一條只跨供需兩國的供應鏈，已演化成多國參與的跨國供應鏈網絡。為了應付競爭，價值鏈的每個成員都設法尋找自己的生存定位或利基，最大

化自己的效率，發展自己的生存策略，也造成跨國紡織成衣供應鏈的複雜化。紡織先進國的業者往科技創新與自動化提升產品價值與品質，較資深的紡織出口國業者則設法學習與模仿，強化其較專長的產品，有些則透過垂直整合部分價值活動以求快速反應或成本控制。整個紡織成衣業因為市場需求的多樣性與多變性，使得紡織成衣業還是屬於破碎型產業，有的業者講究垂直分工但又密切合作，有的講究成本與準時交貨，以靈活應付市場的變化。

　　以下就由動態演變的角度，並借用（圖 1-2）的網絡參與者，零貨商、通路業者等，來分析價值鏈的各類成員如何因應動態的市場變化而不斷演化。

1. 零售商

　　美國紡織成衣產品的零售在戰後因為郊區生活圈的發展，產生如 Sears 和 JC Penney 這類全國型連鎖「雜貨百貨公司」（General merchandiser），以廉價的商品與都市內的百貨公司區隔，1960 年代則見到折扣商店的崛起，1965 年到 1975 年則是購物中心的快速擴充期，也是連鎖雜貨百貨公司的繁榮期。在連鎖型的百貨公司，紡織成衣產品銷售的比重很大，目標市場選定中低收入階級，故能快速成長成為大型企業。1960 年代末期也開始出現流行服飾專門店，包括 Ralph Lauren（1967 年創立）、Calvin Klein（1968 年創立）、GAP（1969 年創立），從此開啟流行服飾連鎖專門店的興起，在購物中心興起後進駐。1975 年以後的不景氣造成百貨公司與購物中心成長受阻，使之進入成熟階段，開始彼此競爭激烈，這樣的局面迫使各種成衣零售商為了在成長停滯的市場繼續擴張或只求生存，發展出市場區隔與定位等複雜的競爭策略。1976 年 Liz Claiborne 成立，推出職業婦女、專業婦女、管理層婦女的流行女裝，在百貨公司專櫃熱銷，從此百貨公司開始引進由品牌商提供的流行服飾，加強流行服飾的產品線，知名的流行服飾品牌連鎖專門店也紛紛受邀進駐百貨公司。中低價位的各種紡織成衣零售商，則紛紛向海外尋找貨源，促成遠東四小龍紡織成衣出口在全球普遍不

景氣下快速成長，也加劇美國生產商的生存壓力。剛好這時候美國政府鼓勵美國製造商往加勒比海地區與中美洲投資，對美國紡織原料加工的紡織成品提供關稅減免，於是許多美國製造商紛紛將產能外移。這樣的採購出走或生產出走趨勢，其結果是廉價進口紡織成衣商品的大量供應，最後連提供大眾流行服飾的品牌商也向遠東採購，使得成衣的零售價不因通貨膨脹而上升，並且多出許多販賣廉價紡織成衣品的零售通路，例如，販賣家用雜貨的折扣連鎖店本來有銷售家庭用基本紡織品，開始開闢成衣商品區，並模仿領先流行的百貨公司與流行服飾專門店的服務，推出流行商品。因為流行服飾的銷售不再是百貨公司主導，百貨公司的反應策略是推出自家品牌（私品牌）的流行服飾，結果是不同類通路間本來區隔的競爭，也變得沒有區隔而嚴峻。

到 1991 年，美國成衣銷售通路大致可分成五大類：百貨公司如 Neiman-Marcus、品牌商或成衣連鎖專門店如 GAP、連鎖雜貨百貨公司如 Sears、雜貨折扣商店如 Wal-Mart、和其他服飾 Outlet 店、廉價切貨服飾店、郵購店。無限的海外供應在競爭有限的美國消費者荷包，於是整個成衣零售的利潤在 1990 年代跌到 3%以下（Appelbaum and Gereffi, 1994）。類似零售通路的結構性調整也發生在西歐，原來為成衣零售主力的獨立成衣店消退，取代的是連鎖服飾通路如 H&M、Zara 和大型的量販店超市如家樂福（Carrefore），造成成衣的平均售價持續下跌，量販店的成衣平均售價在 1980 年代末期到 1990 年代中期下跌 30%，而獨立商店則只下跌 13%（Dunford, 2004）。

自海外採購無法阻止成衣零售的毛利持續下跌，零售商持續在供應鏈施壓降低供應成本，其後果是出現紡織成衣供應鏈的動態變化，供應鏈不斷進行重組。零售商降低供應成本的一個策略是自己直接與供應工廠打交道，不再透過進出口貿易商這樣的中間商（Gereffi and Frederick, 2010: 36）。大型全國連鎖流行服飾專門店、折扣商店、百貨公司、品牌商也傾向自己成立海外採購辦公室（Gereffi and Frederick, 2010: 36），小型的則多家集合投資成立海

外採購辦公室。這些海外採購辦公室利用龐大的購買量殺價，主導交易的條件，才能在零售市場勝出，也才能變得更大，更能殺價，促成供應商大型化，具備供應大型訂單的能力。另一個策略是主導整個供應鏈的效率提升，買方要求快速反應（quick response），快速且準時交貨，以回應因競爭所造成增多的銷售季節，也可降低庫存和滯銷的風險。於是訂單逐漸由多量少樣變成多樣少量（但是零售商的每季訂貨量仍很龐大），複雜化的訂單只能由電腦化解決，以降低供應鏈各環節物流的錯誤。於是 1980 年代的電腦革命使資訊科技在紡織成衣供應鏈普及，演化出供應鏈管理這項顯學。這樣的科技引用使得本來互相獨立的交易關係成為資訊科技相連的供應鏈，買賣雙方成為共生的關係，買方的採購策略已不是在市場尋求最低價的賣方，而是與既有的供應商合作來產生適價、適量、適質、適時的交貨。大型零售商因為有能力投資資訊系統、主導對市場品味的研判，自然成為整個供應鏈的領導企業，也使成衣業變成買家驅動（buyer-driven）的產業（Gereffi, 1999）。

　　成衣進口市場的整體成衣零售業的發展趨勢顯示，各地的成衣零售市場有集中現象，連鎖經營勝出；跨國零售品牌全球布局，集中度提高；連鎖量販店也跨國經營，並衝刺服飾的營業額。總之，零售端會變得大者恆大，而造成整個價值鏈的壓力。

2. 成衣製造商

　　起初，美國成衣製造商有的將工廠搬往美國南方以降低生產成本，但是搬遷不久後競爭壓力還是不斷增加。演化的結果是生產標準家用品（如毛巾、內衣）和工業用紡織品（如地毯）的垂直整合工廠可透過高度自動化留在美國，其他成衣廠或紡織消費品工廠則不是關門就是遷往海外。通常成衣製造商會使用一些代工廠，代工廠提供外帶產能，負責吸收需求的波動，當需求波動變大，價格壓力惡化，於是出現成衣製造的代工承包商，負責替成衣製造商尋找代工廠，交付成衣成品給製造商，讓成衣製造商免去經營工廠管理工人的麻煩。這裡所謂的代工廠可能是迷你小廠，雇用十人以下，

甚至是家庭式工廠。承包商扮演代工班長的角色，擔任交付待加工之物料或半成品，並將完工之半成品轉交到下一工序的代工；有的承包商會雇用許多獨立的代工班長，有的代工班長也有經營自己的代工廠。承包商最後會將成品打包，等待成衣製造商的代表（可能是貿易商）來提貨。成衣代工這樣的生產模式自先進國家開始，隨著紡織成衣貿易的全球化，複製至海外。無論在先進國家或開發中國家，代工網絡已脫離正規製造體系，往往成為政府管理的死角，因為政府單位無人力控管。美國的代工網絡沒有工時限制、沒有保險、沒有最低工資、更沒有工會，因此不時出現血汗勞工被非法壓榨的狀況。美國在都市邊緣的代工廠能設法生存，主要因為高檔的百貨公司需迅速對消費者品味做反應，進口商品的快速反應速度還是比不上在地生產（Rosen, 2002）。在開發中國家的代工網絡，血汗勞工的勞動情況往往更糟。

　　許多美國成衣品牌大廠本來就有垂直整合，從紡紗織布到生產成衣，他們本來賣給各種零售通路。為應付競爭，他們進入零售、強化品牌行銷、開辦直營的 Outlet 商店，並將成衣加工部分轉移到海外自己的工廠或投資廠，例如加勒比海地區，也有的乾脆放棄製造，全數委外代工；網購興起前，他們開啟郵購店，網購興起後，則開設網購店（如 Levi's 牛仔褲）；許多還經營 Outlet 購物中心（如 VF 公司）。

　　當遠東的成衣出口代工廠面臨工資上漲、貨幣升值，一個應變生存之道，就是將工廠化整為零，並將訂單的工作打散，交付給在地的代工廠或個體戶，形成代工網絡；另一個反應則是往海外低工資的新興工業國家投資，建立較具規模的工廠，海外的工廠因土地與勞工價廉，故可雇用數千或數萬人不等，等於擴大產能，甚至建立垂直整合的生產體系。中國在經濟發展的早期，和其他新開發的低工資國類似，其成衣工廠多是以來料加工的代工為主，規模大者雇用千人甚至萬人，可以將布料一條龍加工成成衣，規模小的家庭代工，則只加工整個成衣加工流程的一個工序。中國的代工廠有私人企業，且有港、臺的資金，也有公營。許多四小龍的成衣代工廠

選擇雙管齊下，國內外都建立代工網絡，並進一步演化成跨多國的代工網絡，可能在不同國家擁有幾個工廠，或有幾家合作的代工承包商，這些直屬工廠或代工承包商又有各自的衛星工廠和代工網絡。

香港成衣工廠的轉型就提供很好的例子，中國開放使得香港成衣工廠搬遷到臨近香港的中國珠江三角洲，建立完整的紡織成衣代工體系，留在香港的工廠則遣散工人，只留少數，並大量利用遣散工人從事家庭代工，主要工作是將中國工廠轉來需最終加工的半成品做成成品出口，充分利用香港的配額或較優的產地形象。香港的溢達集團（Esquel Group）就成長為垂直整合的代工體系，由香港接單出貨，而整個生產都在中國完成（Cao, Zhang, To and Ng, 2008）。另一個例子是臺灣的年興紡織，以牛仔褲代工為主要業務，從紡紗、織布、染整到成衣都自己做，工廠散布在美（墨西哥、尼加拉瓜）、非（賴索托）、亞（越南、柬埔寨），產品主要銷往北美牛仔褲與休閒品牌客戶如 Levi's、GAP，以及大型連鎖折扣商店通路如 Wal-Mart。

世界各地的成衣加工廠傾向聚集在一個地區，例如中國珠江三角洲就有牛仔褲鎮、中南美有紡織城。2013 年 4 月 24 日孟加拉首都達卡的八層大樓突然崩塌，確定死亡人數達 1,127 人、另有約 2,500 人受傷，該大樓內有數家服飾工廠，主要代工出口，是明顯的成衣加工聚落。

到 2000 年，全球的成衣代工已演化出兩種代工類型（Seyoum, 2010）：一種是地區化的供應網絡群，通常是基於優惠貿易協定，例如中南美的成衣代工廠供應北美，地中海地區和中東歐供應西歐；另一種是供應全球各地的跨國供應網絡，而主要以東亞、東南亞的代工商為主。區域型的供應商還是以來料加工為主，替原本就是垂直整合的成衣製造商和品牌商代工；但東亞與東南亞和中國的供應商已發展完整的全包代工（full package production），他們已有垂直整合能力或具備垂直整合服務，能調度散居各地的產能來快速供應，並能以委託設計代工（Original Design Manufacturer，簡稱為 ODM）供應高檔產品。

3. 中間商

本來在美國的紡織成衣零售商和海外的成衣工廠之間，有幾層的中間商，至少包括一或多層的批發商、進口商和出口商。但是全球紡織業演變的結果是去中間商化。

一個趨勢是成衣零售商自己設立海外採購辦公室，海外採購辦公室是美國成衣零售商與成衣品牌商的子公司，負責替美國母公司在海外採購成衣，他們直接跟工廠下訂單，並擔任出廠後的檢查與後勤，或向海外的成衣貿易商下單，由他們負責檢查和運輸，這樣的安排是由零售商（海外採購辦公室為其代理）主導整個紡織成衣的跨國供應鏈，通常零售商具備市場分析與設計能力。但是全球紡織成衣市場太過龐大，也提供成衣貿易商生存的空間，他們替小規模成衣廠與小型成衣零售商服務。

海外的成衣貿易商負責替成衣工廠將其產品賣給自海外採購成衣的零售商，並負責成衣的進出口庶務。小型的成衣工廠往往無能力進行國際貿易推銷，因此依賴成衣貿易商進行國際銷售；許多小型利基型或區域型的成衣零售店也自海外進口，但缺乏處理所有進口庶務能力，因此依賴成衣進口商或貿易商，這樣的安排顯示美國的成衣進口商或海外的成衣出口商這類的中間商有其生存空間，可以主導由小型加工廠到小型零售商整個跨國供應鏈的運作，他們為客戶提供的價值在提供市場趨勢資訊、協助代工廠技術升級，並調派產能以滿足各種訂單要求。成衣貿易商未必只做國際成衣銷售，他們往往也做其他商品貿易，例如替成衣工廠進口生產機械、織布與成衣零件，當然，他們也做紡織服飾以外的商品貿易。日本和四小龍發展成衣出口時，日本大貿易商社就提供很重要的國際行銷服務。成衣貿易商如香港的利豐也可以大規模發展，其 2013 年營業額有 213 億美金，在全球超過 40 個國家地區有超過 400 個辦公室和配銷中心（利豐年報，2013）。

六、後配額時代的全球紡織業

WTO 成立後，1994 年 WTO 的烏拉圭雙邊貿易談判，MFA 到期而以「紡織品成衣協定」（Agreement on Textiles and Clothing，簡稱為 ATC）取代。ATC 決定在 1995 年開始的十年內，分階段逐年取銷 MFA 和出口配額，結束於 2005 年 1 月 1 日。MFA 原意是保護進口國的勞工，卻導致成衣生產全球流竄，造成全球有超過 130 個國家地區有成衣製造，在許多國家成衣出口是最大宗出口，是雇用最多勞工的產業。

紡織成衣的國際貿易原就因出口國的增加而變得很競爭，配額完全取消後，結果就是紡織成衣貿易的自由化：零售商可自世界任何地方進口成衣，而成衣供應商可在任何地區生產成衣，原來很有生產效率的國家，因配額限制了其出口成長，在配額完全取消後，就可發揮其競爭優勢擴大生產出口，增加國際市場的占有率；沒有效率的出口國和工廠會損失訂單，尤其是新進入成衣代工的窮國。

（一）全球競爭的趨勢

因為配額的取消，成衣加工的進入阻礙降低，全球成衣加工的競爭熱化會促成幾個趨勢：一是大型零件商的崛起（Appelbaum, Bonacich, and Quan 2005），這是很自然的，任何產業的發展會出現大者恆大而小公司被淘汰的現象，且配額取消所帶來的價格競爭，將使有能力靠大量採購降低成本的大型成衣零售商更加成長。進口國的進口成衣平均單價的價格波動一直低於物價指數，這樣的現象有利於低價零售商。也因為成衣品牌商同樣使用價格當競爭武器，低價零售商被迫推出私品牌迎戰，因為零售商的成衣商品開發能力在先天上不如成衣品牌商，因此零售商更需成衣供應商提供完整的價值服務，這樣的需求會造成成衣供應商的升級（Gereffi and Frederick, 2010）。

二是成衣競爭的質變（Azmeh and Nadvi, 2014），成本價格與生產效率一向是競爭武器，但是作為流行的表現物和個人品味的宣示品，成衣消費也重視流行，而且流行意識由原來的高收入族群逐

漸擴散到中產階級與一般庶民，正所謂「平價的流行」，價格定位本來較低的成衣零售商或量販店，自然也採用流行當作一種競爭構面。由於流行有壽命，每年每季可能改變，因此成衣零售商要最佳化每季流行的營收，自然講求快速回應，於是出現「快速流行」（fast fashion）。成衣零售商快速回應的需要，促使上游供應商在各生產與供應環節也要快速回應。快速流行產生的連鎖反應是成衣零售商以少量多樣競爭，要大量銷售少量多樣快速流行服飾的成衣零售商，逐漸因內部管理變得過於複雜，只好專注在行銷與銷售管理和市場趨勢的掌握，而將原來負責的協調上游供應鏈和後勤的活動委託給供應商，並發展出長期的合作關係。

　　這樣的安排也促成另一個趨勢，就是成衣供應商的能力升級與大型化（Appelbaum, Bonacich, and Quan 2005）：成衣零售商專注成衣銷售與行銷，並將複雜的全球採購簡化，他們希望供應商能提供完整，而有效率且順暢供應鏈的服務，並且不希望跟過多的供應商交易（Gereffi and Frederick, 2010）。供應商要能肩負後勤供應、物流各階段的存貨控制、發展與設計，甚至提供資訊系統服務，才能成為成衣零售商的長期供應夥伴。而且，隨著許多成衣零售商的全球布局，他們希望供應商在各種市場都能供應各種完整產品線的多元商品。供應商同時面對動態的競爭，因為成衣款式是年年更新，但不是所有供應商都能升級，於是自然淘汰的結果是大型成衣零售商將只和少數的大型供應商合作，並一起發展資訊系統整合、分享資料，一起預測市場和科技變化趨勢，一起決定當季的服裝產品線。由於整個供應鏈系統需不斷改進和演化，自然發展出成衣零售商與供應商的長期合作關係。

（二）世界工廠的中國

　　當配額取消後，代工廠面對競爭，勢必要演化與改善能力。以來料加工為本的地區型供應網絡，因為製造能力基礎低且缺乏資金，其能力升級非常有限，同時他們面對的客戶如果是進口國的織布或成衣製造商，有指定的布料，他們擴充價值活動的空間則會受

到限制；即使他們有機會能力升級並且擴充供應鏈中的價值活動，也需要時間，但是時間並不站在他們這邊。亞洲（東亞和東南亞）供應商則因歷史因素，已發展出完整的紡織成衣上下游供應網絡，具備完整的 OEM 代工能力。亞洲供應商更演化出有垂直整合整條供應鏈的能力或具備垂直整合服務能力（Seyoum, 2010），並跨國生產，充分利用地利因素，建立三角生產網絡，能調度散居各地的產能與製造能力來快速供應全球，將在配額取消後成為贏家。

最能代表亞洲（東亞和東南亞）紡織成衣供應商在國際競爭的，就是中國供應商。在成衣出口的國際競爭方面，中國以其廉價勞力、優質又龐大量的勞工、完整的紡織成衣上下游生產體系、有效率的基礎設施、以華人為主的大型跨國成衣商人從中協助、刻意壓低人民幣的國際匯率，證明已能自後配額時期獲大利。資料顯示（參見本章附表 1-1），中國的紡織成衣出口的世界占有率在 2000年後持續增加。2000 年中國紡織品服裝出口總額達 522 億美元，約占世界的 14.8%，2013 年中國的成衣出口 1,744 億美元，占世界 38.6%，紡織品出口 1,066 億美元，占 34.8%，年度成長率是 11%。印度、孟加拉、越南也因新進入者低工資的競爭優勢，而土耳其則會因低工資與地利，而增大紡織成衣出口，在 2013 年已是世界前十大成衣出口國；其他以來料代工為主的國家，例如墨西哥和中南美國家，已出現競爭不過這些國家而衰退的跡象，像是紡織成衣工人大量失業。配額取銷的結果將是紡織成衣生產的集中度提高，國際紡織成衣產業再一次洗牌。

進入 2010 年代，中國紡織成衣業的隱憂也慢慢浮現。中國紡織工業面臨幾個明顯的問題：首先，其紡織產業多數還停留在以製造、加工為主的低階價值活動，憑藉廉價勞動力發展勞動密集型的製造加工業，行業整體盈利能力較低，低端產品產能過剩，創意相對薄弱。第二，由於中國中西部的開發，內地工人不再到東部尋找工作，東部產業缺工嚴重，更找不到人才進行升級。第三，工資上漲、缺工、勞動條件的嚴格化，造成紡織服裝外資企業逐漸撤離中國，轉移投資東南亞等勞動力低成本的國家。自 2012 年開始三資

企業進出口家數轉變為負增長，2013 年紡織服裝進出口三資企業家數也出現減少（中研網，2014）。同時，政府為紓解產業發展困境，已鼓勵產業西移和產業升級，鼓勵東部紡織工業發達地區走專業市場、產業集群化的路線，並由低端加工轉向中高端品牌升級，開拓歐美日以外的外銷市場如中亞和俄國，也開拓內銷市場。由於中國在加入 WTO 後須開放國內市場，外國品牌自高至低已進駐，因此中國成衣廠欲發展內銷品牌也有其難度。中國紡織企業也向海外投資發展，已有中資在如越南、柬埔寨、印尼等投資成衣廠，也有中資企業設法在日、美、歐投資或購併，建立成衣品牌。

七、紡織成衣價值鏈的全球演化與臺灣紡織業的未來

　　本章的目的在對臺灣紡織成衣業過去發展的外部國際環境，做一個完整的歷史回顧，並採用價值鏈的架構來分析紡織成衣全球化所代表的意義。本章整理出的外部環境因素重點是：

　　第一、紡織成衣業全球化的原因：戰後各國重建經濟的需求與冷戰的形成，促成美國培植遠東紡織成衣業的發展。遠東紡織成衣業在國際市場的成功，也間接促成世界其他各落後國家發展紡織成衣業，做為工業發展與經濟成長的第一步，同時也壓迫先進國的紡織成衣業將部分價值鏈往海外移轉。對所有新開發國家，出口型紡織成衣業進入阻礙較低，領先其他商品的出口，雇用大量的勞工，可創造顯著的外匯，是重要的出口型產業，因此競相鼓勵外資協助發展紡織成衣業。紡織成衣價值鏈因容易跨國建立與擴張，造成紡織成衣業的全球化，而成為第一個全球化的產業，目前世界有超過100 個國家有出口型的紡織成衣業。因此，紡織成衣業的全球化可當作一個產業全球化的發展與演化模式，而這模式逐漸被其他產業模仿，變成全球化產業。

　　第二、紡織成衣業全球化的過程：產業全球化是個產業價值鏈跨國移動的動態演化過程，全球化往往是從分解先進國家中一個地區的產業價值鏈開始，部分勞力密集的價值活動跨國移往低工資的

地區，隨著新發展中國家加入紡織成衣的國際貿易，紡織成衣業價值鏈的跨國移轉逐漸變成多國參與的加工網絡，而原來第一批的紡織成衣出口國就往上游的紡織原料發展，造成整個紡織價值鏈的全球化，每項價值活動由不同國家的不同地區的不同廠商協調完成。本章在第五節就分析紡織成衣業全球供應鏈的演化。

　　第三、紡織成衣業全球化的衝擊：紡織成衣業不斷全球化的過程所帶來的衝擊有三方面，其一是紡織成衣業提供就業與經濟發展，在新興工業國家一向扮演經濟發展的推動者，即使在資深的新工業國（如臺灣）和已開發國家，紡織成衣業也在就業與出口貢獻良多，不能輕言放棄，因此面對升級的國際競爭，各國都盡全力設法保存其紡織業。其二是永不停止的競爭升級，每個紡織成衣出口國都需面對來自全球各地不斷增加的新進入供應商的競爭，各國業者面對動態的競爭環境苦思對策。由於整個全球成衣市場龐大，消費者的服裝需求多元差異，紡織成衣供應鏈的參與者也自然呈現多元差異，各自尋找生存的利基。其三是跨國交易量不斷爬升，其動力逐漸被跨國化與規模化的成衣零售公司所接手，在大者恆大的世界，紡織成衣供應鏈的成員除了彼此競爭，也會不斷受到來自需求端的議價能力的壓力。

　　本章也整理遠東早期發展成衣出口國家的應變策略，顯然環境的變化必然迫使廠商應變。紡織成衣出口國經歷配額限制到 WTO 自由貿易架構下的配額取消，再一次衝擊紡織成衣業的競爭策略。資料顯示，中國將以其產業供應鏈完整發展、廣大的腹地、龐大又廉價的勞工，在後配額時代稱霸全球紡織成衣貿易。

　　臺灣在經濟發展的早期，自紡織成衣業全球化的初期獲利，成為全球化的紡織成衣價值鏈的最早一批參與者。搭乘紡織成衣業全球化的順風，紡織成衣業成為臺灣最大的出口產業，創造外匯與就業。隨著全球紡織成衣業的動態演變，臺灣逐漸喪失成衣加工的價格優勢，被迫出走投資海外，或留在國內而往上游的紡織原料和人纖布發展，於是臺灣轉型成為人纖原料與人纖布的重要出口國。目前許多臺灣人纖廠持續走科技創新上游原料的路，已能研發科技密

集的紡織原料，在機能性布料上建立難以模仿的利基。由於臺灣的跨國經營成本高，臺灣廠商在海外投資的紡織成衣廠無法自僅單純提供廉價的代工獲利，因此有需自供應鏈管理層級追求較大利潤。本書對臺灣上市紡織公司的個案研究發現，臺灣已出現許多成功的紡織業商業模式，其策略重心在於賺取跨國供應鏈管理的「管理財」，這類商業模式或許可提供其他紡織企業策略轉型的參考。

　　本章對全球紡織成衣業的演化分析發現，產業全球化雖帶來經濟發展，但沒有一個國家或企業能長期守住經濟發展的成果，因此需戰戰兢兢地面對不斷出現的新的價格破壞競爭者。臺灣發展紡織業，曾有一段光輝的時光，但也終於需面對後進國家的挑戰。臺灣廠商在應付紡織業的全球環境變遷已找到一些成功的商業模式，但這些模式是否能永續，仍是一個待思考的問題。臺灣先天國內市場有限，國內消費者也迷信先進國的品牌，因此開發國內市場還依然是條長遠的路。也因國內市場有限，連帶跨國經營的臺灣紡織廠也缺乏規模，而全球紡織成衣的未來演變明顯是往大者恆大這方面發展，因此臺灣的跨國紡織業者應嚴肅思考如何快速擴大規模，方有機會長久立足於國際紡織成衣價值鏈。

附表 1-1　世界主要紡織成衣出口國的出口金額與市場占有率比較

		1980出口	2000出口	2013出口	80-13成長率	00-13成長率	1980佔有率	2000佔有率	2013佔有率	2013世界排名
世界	紡織	54,990	154,784	305,898	5.56	1.98				
	成衣	40,590	197,635	460,268	11.34	2.33				
日本	紡織	5,123	6,994	6,841	1.34	0.98	9.32%	4.52%	2.24%	10
	成衣	488	534	487	1.00	0.91	1.20%	0.27%	0.11%	
台灣	紡織	1,771	11,891	10,246	5.79	0.86	3.22%	7.68%	3.35%	9
	成衣	2,430	3,015	888	0.37	0.29	5.99%	1.53%	0.19%	
香港	紡織	1,771	13,441	10,718	6.05	0.80	3.22%	8.68%	3.50%	8
	成衣	4,976	24,214	21,937	4.41	0.91	12.26%	12.25%	4.77%	4
韓國	紡織	2,209	12,710	12,043	5.45	0.95	4.02%	8.21%	3.94%	7
	成衣	2,949	5,027	2,100	0.71	0.42	7.27%	2.54%	0.46%	
新加坡	紡織	367	907	891	2.43	0.98	0.67%	0.59%	0.29%	
	成衣	427	1,825	1,272	2.98	0.70	1.05%	0.92%	0.28%	
中國	紡織	2,540	16,135	106,578	41.96	6.61	4.62%	10.42%	34.84%	1
	成衣	1,625	36,071	177,435	109.19	4.92	4.00%	18.25%	38.55%	1
馬來西亞	紡織	180	1,270	1,851	10.28	1.46	0.33%	0.82%	0.61%	
	成衣	150	2,257	4,586	30.57	2.03	0.37%	1.14%	1.00%	
印尼	紡織	46	3,505	4,632	100.70	1.32	0.08%	2.26%	1.51%	
	成衣	98	4,734	7,692	78.49	1.62	0.24%	2.40%	1.67%	
泰國	紡織	330	1,958	3,874	11.74	1.98	0.60%	1.26%	1.27%	
	成衣	267	3,759	4,100	15.36	1.09	0.66%	1.90%	0.89%	
菲律賓	紡織	75	297	172	2.29	0.58	0.14%	0.19%	0.06%	
	成衣	279	2,536	1,558	5.58	0.61	0.69%	1.28%	0.34%	
越南	紡織		299	4,786	-	16.01	0.00%	0.19%	1.56%	
	成衣		1,821	17,230	-	9.46	0.00%	0.92%	3.74%	6
柬浦賽	紡織	-	13	54	4.15	0.00%	0.00%	0.01%	0.02%	
	成衣	-	970	5,095		5.25	0.00%	0.49%	1.11%	
墨西哥	紡織	86	2,571	2,446	28.44	0.95	0.16%	1.66%	0.80%	
	成衣	2	8,631	4,530	2265.00	0.52	0.00%	4.37%	0.98%	
洪都拉斯	紡織	14	4	8	0.57	2.00	0.03%	0.00%	0.00%	
	成衣	6	2,275	4,011	668.50	1.76	0.01%	1.15%	0.87%	
土耳其	紡織	343	3,672	12,157	35.44	3.31	0.62%	2.37%	3.97%	6
	成衣	131	6,533	15,408	117.62	2.36	0.32%	3.31%	3.35%	8
埃及	紡織	259	411	1,489	5.75	3.62	0.47%	0.27%	0.49%	
	成衣	22	313	1,365	62.05	4.36	0.05%	0.16%	0.30%	
印度	紡織	1,306	5,593	18,907	14.48	3.38	2.37%	3.61%	6.18%	2
	成衣	673	5,965	16,843	25.03	2.82	1.66%	3.02%	3.66%	7
巴基斯坦	紡織	876	4,532	9,341	10.66	2.06	1.59%	2.93%	3.05%	
	成衣	3	2,144	4,549	1516.33	2.12	0.01%	1.08%	0.99%	
孟加拉	紡織	414	393	1,893	4.57	4.82	0.75%	0.25%	0.62%	
	成衣	2	5,067	23,501	11750.50	4.64	0.00%	2.56%	5.11%	3
義大利	紡織	4,158	12,040	13,459	3.24	1.12	7.56%	7.78%	4.40%	5
	成衣	4,584	13,384	23,735	5.18	1.77	11.29%	6.77%	5.16%	2
德國	紡織	6,296	10,850	14,910	2.37	1.37	11.45%	7.01%	4.87%	3
	成衣	2,882	7,320	18,409	6.39	2.51	7.10%	3.70%	4.00%	5
法國	紡織	3,432	6,664	5,424	1.58	0.81	6.24%	4.31%	1.77%	
	成衣	2,294	5,414	11,046	4.82	2.04	5.65%	2.74%	2.40%	10
英國	紡織	3,299	4,644	4,358	1.32	0.94	6.00%	3.00%	1.42%	
	成衣	1,806	4,136	7,524	4.17	1.82	4.45%	2.09%	1.63%	
西班牙	紡織	698	3,032	4,321	6.19	1.43	1.27%	1.96%	1.41%	
	成衣	312	2,084	11,543	37.00	5.54	0.77%	1.05%	2.51%	9
美國	紡織	3,757	10,952	13,924	3.71	1.27	6.83%	7.08%	4.55%	4
	成衣	1,263	8,629	5,859	4.64	0.68	3.11%	4.37%	1.27%	

資料來源：WTO 統計資料庫（WTO Statistics Database），http://stat.wto.org/Home/WSDBHome.aspx?Language=，作者整理

REFERENCES

1. 中研網，2014，〈外資加速撤離中國紡織服裝產業〉。取自：中研網。http://www.chinairn.com/news/20140609/090102598.shtml，取用日期：2015 年 7 月 30 日。

2. 王麗萍，2007，〈我國紡織品服裝進出口貿易發展歷程（一）〉。《紡織科技發展》（6）：5-6。

3. 王麗萍，2008，〈我國紡織品服裝進出口貿易發展歷程（二）〉。《紡織科技發展》（1）：23-24。

4. 佐藤幸人，1992，〈第一節，纖維產業——工業化的棟梁〉。183-195，收錄於谷浦孝雄主編，《臺灣的工業化：國際加工基地的形成》，人間臺灣政治經濟叢刊系列④。臺北：人間出版社。

5. 林忠正，1996，〈臺灣近百年的產業發展——以紡織業為例〉。469-504，收錄於張炎憲、陳美蓉、黎中光編，《臺灣近百年史論文集》。臺北：吳三連基金會。

6. 袁喬，2009，〈「衣被」中國——中國紡織工業 60 年〉。取自：《中國經濟》。http://business.sohu.com/20091023/n267672597.shtml，取用日期：2015 年 7 月 30 日。

7. 張忠本，1975，〈臺灣紡織工業的成長與發展〉。《投資與企業》480：67。

8. 張滄漢，2000，〈加入 WTO 臺灣紡織業之因應策略〉。發表於「第二屆全國紡織會議」，臺北：中華民國紡織業拓展會主辦，2000 年 8 月 10 日。

9. 陳介英，2005，《臺灣紡織產業的技術發展軌跡與社會文化變遷》。臺北：國立科學工藝博物館研究報告。

10. 彭琪庭，2009，《香港僑資與臺灣紡織業 1951-65》。臺北：國立臺灣師範大學歷史學研究所碩士論文。

11. 黃金鳳，1999，《臺灣地區紡織產業傳》。臺北：中華徵信所。

12. 蕭峰雄，1994，《我國產業政策與產業發展：臺灣的經驗》，臺北：遠東經濟研究顧問社有限公司。

13. Akamatsu, K., 1962, "Historical pattern of economic growth in developing countries." *Developing Economies*, 1: 3-25.

14. Appelbaum, R. P., E. Bonacich, & K. Quan, 2005, "The end of apparel quotas: A faster race to the bottom?" Recent Work Series: University of California, Centre for Global Studies Santa Barbara. https://escholarship.org/uc/item/40f8w19g

15. Appelbaum, Richard P. and Gereffi, Gary, 1994," Power and Profits in the Apparel Commodity Chain." Pp. 42-62 in E. Bonacich, L. Cheng, N. Chinchilla, N. Hamilton, and P. Ong eds., *Global Production: The Apparel Industry in the Pacific Rim*. Temple University Press: Philadelphia, PA.

16. Azmeh, Shamel and Nadvi, Khalid, 2014, "Asian firms and the restructuring of global value chains." *International Business Review,* 23: 708-717.

17. Bair, J. and Gereffi, G., 2003, "Upgrading, uneven development, and jobs in the North American apparel industry." *Global Networks* 3, 2: 143-169.

18. Bonacich, E. and Waller, D. V., 1994, "Mapping a Global Industry: Apparel Production in the Pacific Rim Triangle." Pp. 21-41 *in Global Production: The Apparel Industry in the Pacific Rim,* edited by Bonacich, Edna, Cheng, Lucie, Chinchilla, Norma, Hamilton, Nora and Ong, Paul. Philadelphia, PA: Temple University Press.

19. Cao, Ning, Zhang, Zhiming, Man To, K and Po Ng, K, 2008, "How are Supplied Chains Coordinated: An empirical observation in textile-apparel businesses." *Journal of Fashion Marketing and Management,* 12(3): 384-397.

20. Chen Chiu, L-I . 2009, "Industrial Policy and Structural Change in Taiwan's Textile and Garment Industry." *Journal of Contemporary Asia,* 39(4): 512–529.

21. Deutsche Bank Research, 2011, "Textile and Clothing Industry:

Innovation and internationalisation as success factors." https://www. dbresearch.de/PROD/DBR_INTERNET_DE-PROD/ PROD0000000000275381/Textile+and+clothing+industry%3A+Inn ovation+and+inte.PDF

22. Dunford, M., 2004, "The changing profile and map of the EU textile and clothing industry." Pp. 295-318 in *European Industrial Restructuring in a Global Economy: Fragmentation and Relocation of Value Chains,* edited by Faust, Michael, Voskamp, Ulrich and Wittke, Volker. Goettingen: SOFI Berichte.

23. Economist, 2013, "Bangladesh's Clothing Industry: Bursting at the Seams." 26. http://www.economist.com/news/business/21588393-workers-continue-die-unsafe-factories-industry-keeps-booming-bursting-seams

24. Fernandez-Stark K., Frederick S. and Gereffi G., 2011, "Skills for Upgrading: Workforce Development and Global Value Chains in Developing Countries." Research Report: Duke University, Center on Globalization, Governance & Competitiveness.

25. Gary Gereffi, G. and Frederick S., "2010, The Global Apparel Value Chain, Trade and the Crisis: Challenges and Opportunities for Developing Countries." Policy Research Working Paper 5281: The World Bank.

26. Gereffi, G., 1999, "International trade and industrial upgrading in the apparel commodity chain." *Journal of International Economics,* 48(1): 37-70.

27. Gereffi, G and Pan, M-L., 1994, "The Globalization of Taiwan's Garment Industry." Pp. 126-146 in *Global Production: The Apparel Industry in the Pacific Rim,* edited by Bonacich, Edna, Cheng, Lucie, Chinchilla, Norma, Hamilton, Nora. Philadelphia and Ong, Paul. Philadelphia, PA: Temple University Press.

28. Gereffi G. and Memedovic, O., 2003, "The Global Apparel Value

Chain: What Prospects for Upgrading by Developing Countries?"
Sectoral Studies Series: United Nations Industrial Development
Organization.

29. Graziani, G., 1998, "Globalization of production in the textile and
clothing industries: The case of Italian foreign direct investment and
outward processing in Eastern Europe." BRIE Working Papers
Series: Berkeley Roundtable on the International Economy,.

30. Kojima, K., 2000, "The ''flying geese'' model of Asian economic
development: Origin, theoretical extensions, and regional policy
implications." *Journal of Asian Economics*, 11: 375-401.

31. Kunz, G.I. and Garner, M.B., 2007, *Going Global: The Textile and
Apparel Industry*. NY: Fairchild Publications.

32. Mytelka, L.K., 1991, "New modes of competition in the textile and
clothing industry: Some consequences for third world exporters." Pp.
225-246 in *Technology and National Competitiveness: Oligopoly,
Technical Innovation, and International Competition,* edited by
Niosi, J.. McGill-Queen University Press.

33. Picklesa, John and Smith, Adrian, 2007, "Delocalization and
persistence in the European clothing industry: The reconfiguration of
trade and production networks." *Regional Studies*, 45(2): 167-185.

34. Ree, K. and Hathcote, J., 2004, "The U.S. textile and apparel industry
in the age of globalization." *Global Economy Journal*, 4(1): 1-22.

35. Rosen, E.I., 2002, *Making Sweatshops: The Globalization of the U.S.
Apparel Industry*. Berkeley, CA: University of California Press.

36. Seyoum, B., 2010, "Trade liberalization in textiles and clothing and
developing countries: an analysis with special emphasis on the US
import Market." *The International Trade Journal*, 24(2): 149-181.

37. Young, A., 1992, "A tale of two cities: Factor accumulation and
technical change in Hong Kong and Singapore." *NBER
Macroeconomics Annual*, 7: 13-64.

chapter 2
臺灣紡織業的環境與組織模式變遷

熊瑞梅、柯智仁、李杰恩

變遷中的臺灣紡織產業

　　臺灣紡織業在臺灣的經濟發展史中,始終扮演賺取外匯的重要角色,對臺灣的對外貿易貢獻很大。在 1949 年到 1965 年間是臺灣紡織業開創期,政府政策採進口替代;1966 年至 1973 年間政府採出口導向的財經貿易政策,臺灣紡織工業快速發展及創造外匯。1974 年至 1987 年間臺灣紡織業廠商從國外零售商接單與國際市場接軌,開啟了臺灣在全球商品鏈的技術位置,學習追趕技術的發展軌跡;臺灣的紡織業廠商在技術上往上游人造纖維技術發展,故此段時期是臺灣紡織業的鼎盛期。1987 年後新臺幣快速升值,以及面對 1990 年代隨著中國市場改革開放,臺灣紡織業快速移往中國大陸。此時中國大陸快速成長,成為世界上紡織業創匯最重要的國家,而臺灣僅有上游人纖原料和機能性布料的創匯還是持續成長。且臺灣廠商在這段時期,也產生了一些強調技術創新和全球運籌管理的中堅企業老闆,他們在機能性布料上和品牌廠商共同合作,讓廠商在全球生產鏈中提升到委託設計代工的位置。在 2000 年以後,全球自由貿易零關稅的制度盛行,貿易的配額制度也取消,臺灣廠商的組織模式朝向兩個方向發展:在管理上,朝向垂直整合產銷統籌;技術創新上,則和品牌廠商及消費者顧客,進行更有效的合作聯盟。

　　臺灣紡織業隨著政治經濟環境變遷，經歷了最完整的產業發展史及組織模式的變遷。臺灣紡織業從國民政府於 1949 年遷臺以來，由大陸來臺的紡織業和大稻埕的布料批發中心，成為整合臺灣紡織業的兩股企業力量；加上美援時代，進口棉花，外銷美國棉布的國際貿易，及政府扶植紡織業的國家經濟政策，讓紡織業在臺灣的企業發展史上，成為產業發展的領頭羊。紡織業是一個包括上游紡紗和纖維、中游織布到下游成衣服飾的完整產業鏈，但因為產業生產市場全球化，紡織業的國際貿易市場制度、法規的變化及技術的發展，也隨之不同，而紡織業公司的因應能力也有所差異。本章的分析重點，放在每段時期，廠商適應制度和技術環境變遷較佳的公司組織模式；並呈現不同的產業環境變遷階段，這些相對能適應環境的優勢廠商，其主要的組織模式。

　　社會學家相信東亞國家在經濟發展初期，主要是靠國家政策的扶植。從 Hamilton and Biggart（1988）在《美國社會學刊》（*American Journal of Sociology*）的論文中，呈現了臺灣、日本和南韓的經濟發展受到國家、市場和文化威權結構影響的機制。但這樣的理論很難解釋一個產業的消長模式。社會學家在分析產業場域的消長方面，有其學術傳統，特別是 1983 年 DiMaggio and Powell（1983）於《美國社會學刊》發表的論文，強調產業場域在某些特殊的時空環境下，企業組織的管理模式呈現趨同的管理制度與組織模式。組織社會學家在研究資本主義的經濟組織行動變遷時，會強調某一類產業場域（例如：紡織業或電子業）在不同歷史發展階段中，場域中盛行的企業組織模式（Chandler 1961; Dobbin and Dowd 2000; Fligstein 1990, 1996, 1997, 2001）。

　　本章在探討臺灣紡織業的不同發展階段，廠商盛行的組織模式的變遷；亦即以國民政府 1949 年來臺以後，觀察臺灣紡織業 60 多年來的企業發展史。有關日治時代的臺灣紡織業歷史描述，可參考林忠正（1996）的論文。本章將觀察紡織業廠商，在面對不同時期的制度環境與技術環境的變遷時，其生存之道及轉型成果。本章第一個部分將使用政府官方檔案的統計資料，分析臺灣紡織業長時間

的產業生態變遷。第二個部分是廠商在不同時期面對的本國和國際經貿政策制度的環境變遷；如何詮釋當時對於產業發展的制度條件。第三部分則是呈現不同時期全球的技術和市場環境競爭的技術環境變遷；技術和市場競爭的環境，則從深入訪問廠商及紡織所或紡拓會等的訪問謄稿中，整理不同時期的技術環境特徵。第四部分則是從深入訪問的謄稿記錄中，整理不同時期紡織業廠商上、中、下游廠商向上升級，及存活廠商因應環境的組織模式。從制度環境、技術環境到廠商的因應組織變遷模式，深入訪問資料使用代號呈現，請參考本章附表 2-1。結論會簡單摘要臺灣紡織業在不同時期，所面對的制度環境、技術環境和廠商因應這些環境，產生的主要組織模式。

一、臺灣紡織業 60 年來的產業生態

紡織業是一個上、中、下游分界明確的生產鏈，紡織業包括紡紗和織布，而下游則是成衣服飾業。在 1987 年，新臺幣的升值使得紡織業無法生存，大量廠商快速倒閉，從臺灣過去有關紡織業發展史的文獻中，可以歸納出紡織業發展由盛而衰的時間點是 1987年（林忠正，1996；陳介英，2005；瞿宛文，2008）。

（一）企業家數和員工數的組成和變遷

圖 2-1　臺灣紡織、成衣企業家數變遷

資料來源：經濟部統計處

　　紡織業包括上游的紡織業和下游的成衣服飾品製造業（圖
2-1）。本章企圖盡量搜尋早期的廠商數目，但儘管臺灣近百年來
的紡織業發展史相關論文（林忠正，1996）中，有提供 1952 年到
1993 年期間紡織業的廠商數量，但由於該資料與經濟部統計處的
廠商家數出入很大，也缺乏資料來源的附註，故本章並未採用該文
獻資料，圖 2-1 僅提供從 1979 年以來的官方統計資料。

　　1980 年代時，臺灣紡織業雖然面對國際貿易配額政策的壓
力，廠商數仍然成長快速，十年間增加了 2,159 家，且於 1988 年
達到 4,993 家廠商的高峰，而後便開始下滑至 2012 年的 3,106 家紡
織企業。由此可見，1987 年的新臺幣升值應是導致臺灣紡織業的
成本大增，生存競爭困難的關鍵因素。成衣及服飾品製造業的起伏
則相對較小，在 1987 年的極盛時期也只有 1,942 家廠商，近期則
剩下 1,000 家左右的廠商存活下來。

（二）紡織業的產值在臺灣工業產值與外銷和外匯的貢獻與變遷

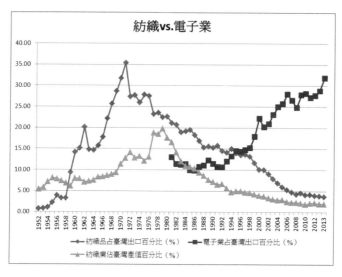

圖 2-2　紡織業與電子業創匯資料，紡織業占產值比重

資料來源：財政部、林忠正（1996）、經濟部統計處

　　從以上資料來看，臺灣紡織業在遷臺初期對於臺灣創匯的貢獻很小（圖 2-2），1952 年時只占了臺灣出口的 0.75%，但在 1950 至 1970 年代分別有兩波成長快速的時期，1971 年最巔峰的年代占了臺灣出口總額的 35.43%，對於臺灣經濟貢獻非常大。若從深入訪問的資料報導中，可知 1956 年到 1962 年臺灣處於美援階段，進口棉花，再加工紡織製成棉布等加工產品大量外銷。1964 年到 1972 年則是紡織業占出口比例的巔峰期，但從紡織業和電子業占臺灣的整體產值比例來看，黃金交叉大概發生在 1987 年，此後電子業占臺灣的產值比例便開始超越紡織業，到了 2013 年，紡織業占出口的比重降到 3.83%。從圖 2-2 也可看出，直到 1995 年以前，臺灣紡織業出口占臺灣所有出口產值的比例始終都高於電子業。電子業在 1995 年正式超越紡織業在出口上的份額，並逐年拉大與紡織業的差距，到了 2014 年出口額約為紡織產業的 10 倍之多。

　　圖 2-2 將紡織創匯比例與其對臺灣產業產值貢獻比重一起比較，來臺初期紡織業占臺灣生產比重約 5%，到了 1970 年代末期一度成長到 20%，而後比重因其他產業的興起而比重逐年降低，2013 年只占臺灣產值 1.9%。值得一提的是，紡織業占創匯的比重從 1959 年首度超越其占臺灣產業產值的比重，意指紡織產業對於臺灣創匯的貢獻其實大於其對產值的貢獻，也顯示紡織產業以出口為導向的特性，此趨勢一直到現在都沒有改變。

表 2-1　匯率衝擊前後比較表

年分	匯率（元）	產值（億）	廠商數	創匯比例
1985	39.85	2,618	4,194	19.53%
1987	31.77	2,887	4,951	16.88%
1989	26.4	2,886	4,807	15.62%

資料來源：臺北外匯經紀股份有限公司、經濟部統計處、財政部、行政院主計處

　　表 2-1 為 1987 年新臺幣大幅升值對紡織產業衝擊前後比較表，從匯率來看，新臺幣不但在 1987 年開始大幅升值，其升勢延續到 1989 年更為明顯，在四年間升值幅度達 33.75%，對於出口導向的紡織產業影響很大，紡織業占臺灣創匯比例則延續先前逐漸下降的趨勢（圖 2-2）。在廠商數目的部分，從 1979 年迄今，數量達到最高峰時就是 1988 年，而從此以後廠商總數持續減少，到 2012 年只剩下 3,106 家（圖 2-1）。

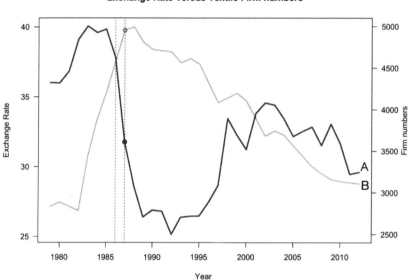

圖 2-3   匯率與臺灣紡織廠商數的比較

資料來源：臺北外匯經紀股份有限公司、經濟部統計處

　　圖 2-3 為匯率與臺灣紡織廠商數的比較表，圖中 A 線表示匯率走勢，其對應數值標示在左側 y 軸，而 B 線代表廠商家數，對應數值在右側 y 軸，途中兩條垂直虛線分別代表 1986 及 1987 年。由兩條折線交叉比較後，我們可以發現新臺幣在 1987 年大幅升值後，廠商家數來到高峰後，便逐年下滑。

（三）臺灣、大陸於世界出口產值比重的比較

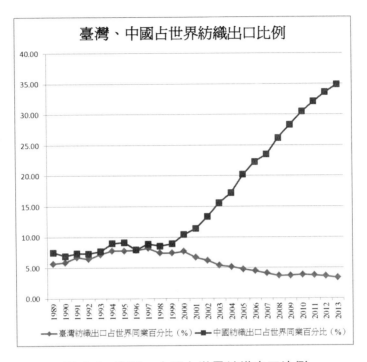

圖 2-4　臺灣、中國占世界紡織出口比例

資料來源：WTO database

　　圖 2-4 顯示從 1996 年以後，臺灣和中國大陸紡織出口占世界的比例開始呈現相反的趨勢。臺灣紡織業在 2000 年以前，占全世界紡織出口的份額其實是跟中國大陸相當的，最高曾經占世界出口值的 8.19%，但 2000 年後中國紡織業大幅擴張，臺灣的份額便逐年減少，到了 2013 年只剩 3.35%，而此時中國的份額已大幅攀升至出口比重的 34.84%。這樣的發展趨勢和 1987 年新臺幣快速升值有關，使臺灣紡織業無法生存；再加上 1990 年，中國改革開放政策更明顯，臺灣紡織業加速移往大陸，也造就了中國大陸紡織業快速的發展和創匯。

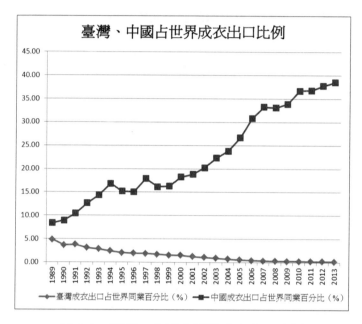

圖 2-5　臺灣、中國占世界成衣出口比例

資料來源：WTO database

　　圖 2-5 指出在成衣業的部分，臺灣占世界同業出口的百分比持續下降，從 4.86% 下降到 2013 年只剩下 0.19%，在成衣出口的份額極小，反觀中國從一開始的 3.38% 快速成長到現今已經占了世界成衣出口的 38.55%，成為成衣製造生產的重要基地。

　　從以上紡織和成衣占世界出口的比例而言，臺灣成衣業的衰退發生得更早，主因在於臺灣在 1980 年代有國際貿易配額政策的壓力，然而此時臺灣石化業興起，促使許多紡織廠商朝向上游人造纖維原料產品發展，故臺灣的紡織比成衣相對有競爭力。

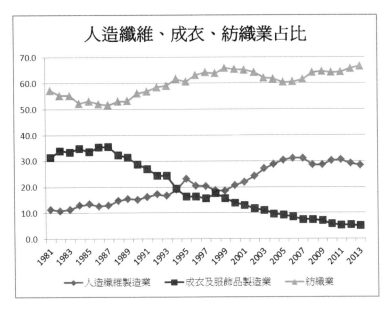

圖 2-6　臺灣紡織和成衣產值變化

資料來源：經濟部統計處

　　紡織業整體包含紡織、成衣和人造纖維三部分，為了更進一步
呈現紡織和成衣在臺灣紡織業長期發展的貢獻，圖 2-6 呈現有關臺
灣紡織、人造纖維與成衣業占所有紡織業產值的百分比趨勢變遷。
從紡織與成衣的產值比來比較，紡織業始終都比成衣業產值比例
高，且比例持續成長。圖 2-6 從產值的角度切入，我們可以發現，
紡織業從 1981 年開始約為成衣業產值的兩倍，並在 1987 年前稍微
下降至一點五倍後開始逐年上升，到了 2013 年紡織和成衣的產值
差距已達 13.1 倍。而後續的質化分析顯示，相對於成衣業的衰
退，紡織業能維持高產值比重的主因在於，臺灣紡織業朝向上游原
料技術的研發及升級，故持續提升國際競爭力。

　　既然臺灣紡織業的競爭力在上游的原料研發，本章更進一步蒐
集人造纖維製造業占整體紡織業的產值資料，並計算其占紡織業產
值的比例（圖 2-6）。臺灣紡織業不斷轉型，從最初的勞力密集轉
向資本密集，到現在的技術導向，人造纖維製造業占整體紡織業的
比重逐步提高，30 年來比重成長了近四倍之多。

圖 2-7　原油價格變遷

資料來源：Datastream 資料庫

　　總之，若從臺灣紡織業發展史的文獻來看，可看出臺灣紡織業是從成衣加工到紡織，往上游發展到資本和技術更密集的人造纖維業。過去文獻對臺灣紡織業從國民政府來臺之後的發展階段的分段方式不同，有強調產業發展的生命循環階段的分段法（陳介英，2005；林忠正，1996）。潘美玲（2001）針對紡織業在國際環境變遷中的角色來分發展階段，本章觀察會影響紡織業全球化競爭基本條件的兩個因素：外匯及原油價格後，認為此分段方式較能反映紡織業發展的制度和技術環境的變遷，因此本章參考其時間分段再加上 2000 年代的觀察時段，並進一步蒐集相關資訊，將分期的意義作更進一步的說明：1949 年至 1965 年的進口替代；1966 年到1973 年的出口導向，1966 年新臺幣外匯兌換率大幅貶值，有利棉紗出口；1973 年面臨第一次石油危機（圖 2-7），紡織業出現短暫衰退；1974 年至 1987 年出口導向的頂峰期，從前面多項圖表看出這是臺灣紡織業的產業升級和頂峰期；1987 年的新臺幣快速升值，使臺灣紡織業大量倒閉，並開始往大陸遷移，開啟了 1988 年以後的海外擴展期。

二、紡織業面對的制度環境變遷

（一）1949－1965 年：進口替代

　　1949 年國民政府遷臺、百廢待興，政府扶植在大陸已經有基礎的紡織業。在當時，臺灣本身缺乏紡織原料，國民政府接受美國援助，並在美國的要求下使用美援購買美國的棉紗原料，加工成棉布出口到美國。政府的進口替代政策鼓勵臺灣生產加工紡織布，美援相關單位辦理棉花、紗、布分配工作，行政院頒布法規限制針織毛巾及毛紡織工廠設立，限制棉布進口。主要目的就是鼓勵臺灣使用美援提供的棉紗，加工出口棉布外銷到美國。從廠商回顧可以得知，當時政府如何方便廠商取得棉花，讓廠商在自家的倉庫中設保稅倉庫，可以取得棉花進口原料及保稅優惠（受訪者 A）。

　　在 1960 年代期間，臺灣已有棉紡織和成衣加工技術，故開始鼓勵紡織業出口。1965 年新臺幣對美元大幅貶值，且美國戰後經濟復甦，故紡織品出口大幅增加。這段時期美國對臺灣棉紡品進口開始設限，但臺灣在此時，石化業開始興起，人造纖維紡織品迅速發展而取代棉織品的地位，故仍能使臺灣紡織品出口持續增加。

（二）1966－1973 年：出口導向的經濟與貿易政策

　　這段時間政府從多方面形塑有利於出口的政策環境。1965 年行政院頒布「第四期第四年經濟建設計畫」，1966 年經濟部成立「紡織工業發展小組」，後來改組為「紡織品外銷輔導委員會」。1972 年經濟部核定「紡織工業現代化綱要」，1973 年財政部頒布《輸出品退稅法》；不論是政府成立的組織還是設計的財經法規政策，對於促進紡織發展和外貿都是有利的制度環境。而在此時，臺灣的企業也被政府激勵，進行機器設備的現代化更新。此外，政府也開始進行和美國更多貿易協定，促進臺灣外銷美國的紡織品。例如：1970 年代初這段時間，中美也簽訂棉紡品和人造纖維羊毛等貿易法案。

（三）1974－1987 年：出口鼎盛期及貿易限額

　　這是臺灣紡織品成長更加快速的時期，除了更多貿易協定的制訂外，輕油裂解廠的成立促進了臺灣人造纖維技術的開發成長，並加速了紡織工業的技術升級。1979 年政府推動「紡織工業促進會」的成立，推動紡織工業的自動化和技術升級。1970 年間兩次紡織業高度成長的結果（圖 2-2 和圖 2-3 紡織業外匯出口比例），造成臺灣對美國和歐洲的貿易赤字，美國以棉紡織業為主的州面臨很大的生存競爭壓力，故美國提出紡織業出口限制配額。

　　政府為了因應國際貿易配額對臺灣紡織業廠商的壓力，故1975 年由政府和外貿協會提出構想，讓紡織業的核心廠商組織成「紡拓會」財團法人，包括了遠東紡織、中興紡織等業界大老組成紡拓會，統籌配額配置及出口事宜。反觀當時的電子業，國際貿易是零關稅，故可以達到很高的創匯，使 1980 年代電子業的外匯開始快速成長。

　　這段時期，臺灣也面臨兩次石油危機及通貨膨脹。但紡織業仍處於高出口時期。紡拓會在協助廠商因應貿易限額的壓力，產生了相當大的功能。受訪者回憶 1970 年代，美國為首提出的紡織品限額政策：

> 　　美國提出限額政策，主要是因為 North Carolina（美國北卡羅來納州）和 South Carolina（美國南卡羅來納州）還有相當多的紡織業。當時最大的是 Burlington 工廠。還有一個最大的製造商叫 VF（VF Corporation），VF 現在所有的工廠都遷到其他地方。所以當時美國紡織業者還期望他的關稅可以保護，讓紡織業者可以受到關稅保護，在美國市場可以享受到紗、布料、成衣。美國生意人，對那些大的 retailer（零售商）來講，總覺得美國工資越來越貴啊！還不如到亞洲去生產，南韓、臺灣、香港、新加坡，這個當時所謂的亞洲四小龍，是受到美國紡織業生產移往亞洲之惠。（受訪者 B）

（四）1987－2000 年：廠商大量外移期

在 1987 年新臺幣快速升值，造成紡織業的出口成本高、利潤低。故這段時間，紡織業開始倒閉和外移。紡織業在 1980 年代中期以後，面對最嚴重的問題是新臺幣升值產生的巨大影響，紡拓會的受訪者回憶當時產業環境的惡劣狀況，及產業外移的壓力：

> 14 個月之內，一塊（美元）對 42 塊（新臺幣），變成一塊對 26、25 點多。成衣廠就關廠，那釋出來的這些勞動力，其他工業就吸收，什麼電子業、紡織業這些老闆後來就往外移到菲律賓、馬來西亞。這也是臺灣紡織業外移最強的時候。也有些廠商留在臺灣，追求升級。（受訪者 B）

中國 1978 年開始改革開放，招商外資，1980 年代臺灣已有廠商偷跑到大陸投資；1992 年鄧小平南巡，定調中國大陸走社會主義市場經濟，各地方政府積極對全球招商。低廉的勞動力和廣大的消費市場吸引臺灣廠商快速西進。

臺灣廠商在面對全球化時，經常流行一句話「不去海外或大陸，現在死；去了海外和大陸，晚點死」。臺商在 1990 年代的機會是最好的，在很短的時間內臺商西進和南進，但也快速將技術移轉，帶動大陸的升級，臺灣廠商隨之在後續管理的階段缺乏能量，故也漸漸讓大陸廠商老闆崛起。之後，大陸廠商快速抄襲、模仿、學習，迫使臺灣紡織業無法在臺灣生存，更加速外移。

（五）2000 年以後：取消配額，國際間自由貿易期

長期的貿易保護主義影響國際貿易，故在 1990 年代末到 2000 年初，國際上開始推動自由貿易、零關稅、回歸零配額，紡織業的配額政策也取消。紡織業可說是臺灣首先全球化的產業，並帶動原料、技術升級。配額時代廠商分散工廠到多個國家，後配額時代則漸漸朝向垂直整合。

2000 年以後臺灣紡織業的配額限制取消，受到國際貿易朝向

更自由化的政策影響，各國政府之間進行協商談判。有關於國際貿易組織，如世界貿易組織推動各國間關稅談判協議，及臺灣和大陸簽訂的合作貿易協議，如「兩岸經濟合作架構協議」（Economic Cooperation Framework Agreement，簡稱為 ECFA）等，從紡拓會和從某些廠商的觀點來看，這樣的制度環境對廠商的好處，有不同的看法。

　　紡拓會認為 ECFA 對臺灣紡織業發展利大於弊，且 ECFA 於 2011 年簽訂，並逐步對紡織品實施零關稅，若臺灣紡織品的上游人造纖維和相關原料及紡織品以零關稅外銷到中國，則臺灣獲利可觀。但若從前面臺灣與中國外銷占世界的比例來比較，可看出 2008 年政權移轉及兩岸關係改善，並沒有改變臺灣紡織在和中國大陸競爭下，繼續下滑的趨勢。

　　臺灣政府近年來提出的紡織業願景政策，鼓勵廠商從成衣走向家飾與工業用的紡織品；紡拓會也努力扮演半官方推動品牌和設計的制度環境的角色，但廠商卻抱怨配合政府推動的政策虧損連連。廠商認為政府的政策是唬人的，臺灣沒有足夠的市場和設備，政府只想聽好聽的話，聽不進廠商的建議。紡拓會的相關人員提出他們對臺灣紡織業的制度環境規劃，如下：

　　1.品牌可先從華人特色品牌做起，例如唐裝旗袍等。2.臺灣優勢在於科技，各種機能性布料的研發，提高附加價值，運動機能性布料臺灣仍領先十年。臺灣的時尚成衣可藉著 ECFA 與中國沿海的省份合作，尋求銷售管道。3.紡織品市場仍在成長中，紡織業不是夕陽產業，大家誤會了。（紡拓會）

　　此外，紡織所人員也提出他們對臺灣紡織業的研發政策，提出觀點如下：

　　1.要建立國家形象，讓人覺得 MIT（made in Taiwan，臺灣製造）就是好。2.臺灣中堅企業的競爭力來自法人的科技專案，

這點經濟部做得不錯。但電子業補助太多，技術又不自主，紡織業技術自主，卻沒什麼補助。（紡織所）

也有廠商反應政府提出來的政策觀點，在市場上未必產生如政府的預期。一位受訪廠商主張：

ECFA 和東協對臺灣的影響已經不大了，因為廠商幾乎都出走。臺灣可以利用產學合作、科技專案，臺灣紡織業的廠商認為他們技術自主，但缺乏政府的補助。（受訪者 D）

三、紡織業面對的技術環境變遷

一般而言，組織社會學家將技術環境，定義成市場的技術競爭密度和技術利基。臺灣紡織業從 1950 年代沒有紡織機及相關生產技術，到能自主發展高科技的人纖紡織原料及機能性布料的技術，及未來計畫開發智慧型機能性布料的技術。這樣的技術發展軌跡可歸納成以下階段：

（一）1949－1965 年：技術和訂單高度依賴外資

在 1950 到 1960 年時，臺灣紡織業原料缺乏，技術落後，還是依賴美援棉花，才能織成棉布，外銷美國。但實質上紡織業開始發展快速，應該是在 1960 年代加工出口區，引進很多日商和港商紡織成衣業的資金、管理和技術，及日本商社引進大量訂單和由日本進口的紡織機器。一位經歷過 1950 年代的紡織業廠商提到：

當時的商社的網絡很廣，全世界都有。他情報也不給你，甚至他下單到哪裡也不告訴你。臺灣在發展初期，沒訂單，沒外匯。和國際市場的連結，主要靠日本商社。在初期快速發展期，商社扮演尋找訂單，及監控臺灣加工和代工品質的角色。但後期，技術監督則由外國品牌客戶來擔任。（受訪者 C）

（二）1966－1973 年：織布技術多元成長，上游人造纖維技術的 開發

臺灣紡織業除了以棉紗為生產技術利基外，也引進現代化紡織機。這段時間最可貴的是石化業興起，帶動臺灣人造纖維原料的生產，促成臺灣紡織業上游原料來源的技術開發。最大的技術自主來自臺灣開始發展石化業，故臺灣化工人才得以往紡織業發展，人纖原料的技術開發也就緣起於此段時間。高雄左營中油廠分別於1968 年和 1975 年成立了一輕和二輕油裂解廠。中國人造纖維及台塑在這段時間，也積極投入人造纖維的原料生產，當時台塑投入壓克力和聚酯纖維。一位紡織所的受訪者，也提及自己是在這個時期大學畢業，正逢臺灣人纖業大量需要化工人才，強調他們當時投入人纖產業，就如同今天的台積電一樣，是高科技產業。

（三）1974－1987 年：朝向多元技術發展與技術升級

這段時期臺灣人纖產業技術開發越來越成熟，也不斷自行開發更新的原料和織布技術。從受訪者的口述歷史中，這段時間的技術發展軌跡是相當多元和成熟的，可歸納有以下技術發展特徵：

1. 人纖原料與織布的技術創新

臺灣紡織業面臨配額和新臺幣升值、美援缺乏後，臺灣棉花原料減少，因此紡織業技術開發轉而朝向人纖業原料的多元化創新。一位在 1980 年代服務於一間大紡織廠的高階主管回憶當時的紡織技術：

> 這個棉花就是基本上你跟這個棉花混紡，但是他的花樣好像沒有人造纖維多。人造纖維你可以再做 Hollow Fiber（中空纖維），結果什麼都可以做了，女孩子的衣服全部都是長纖做的，都是針織的，因為女孩子穿衣服不是講平整，女孩子衣服要有垂度，很多東西垂下來很漂亮。那男人的衣服都挺，所以都是平織的東西。（受訪者 A）

　　訪問稿中提及的中空纖維是代表纖維的形狀，若一個東西是「中空纖維」時，它的材質有可能是聚酯、尼龍、PP、PAN 等。而聚酯纖維則有不同的形狀，如長纖、短纖，或是超細纖維、中空纖維等。當纖維做成中空形狀時，它中央的空氣層就具有保暖的用途。中空纖維的技術發展，有助於平織布的技術發展，也才對於女性成衣市場的發展有競爭力。

2. 朝向上游關鍵零組件技術自主性發展

　　這段期間勞工薪資上漲、生產自動化，臺灣則在技術發展上產生很大的創新。紡拓會的受訪者提及：

> 李登輝就把大前研一介紹給當時的經濟部長陳履安。當時陳履安收到的想法是，這是李總統的好朋友，可以幫助臺灣人。臺灣對日本最大的貿易問題就是赤字太大，年年增加。那就請大前研一來研究一下，幫臺灣人研究如何把對日貿易逆差的工作降低。那時候經濟部才搞清楚，原來對日貿易逆差是結構性問題。最大的毛病是在 key components（關鍵零組件）。那臺灣的國際牌、松下電器、什麼大同、三陽、SONY 所有的這些臺灣賣冰箱、賣冷氣的，他的 compressor（壓縮機）都是日本的。那個東西可能就占了成本的 30%、40%。（受訪者 B）

　　臺灣在這段時期，某些努力技術升級的紡織業廠商，就想辦法從美日公司取得關鍵零組件的開發技術，才能在製造業的生產流程上，掌控關鍵技術的自主性和創造較高的利潤。

3. 品牌商監督並提升代工廠技術品質，做中學

　　1980 年美國紡織廠也關閉，但美國保住品牌及零售商掌控通路與市場。這些國際大廠的品牌商和零售商將訂單下給臺灣的紡織廠，臺灣廠商的技術隨著國外品牌商和零售商的委託代工不斷累積，並因為外國品牌客戶有很嚴謹的技術監控品管制度，故也提升臺灣廠商技術學習及後來技術升級的能力。一位臺灣技術品質優良

的上市公司受訪者回憶：

> 以前品牌會要求很多，Nike、Reebok 那些品牌，那時臺灣可
> 以做這些東西，就跟臺灣下單。下單後他就有自己一套。所以
> Nike 的檢測跟 adidas 是不一樣的。運動圈大品牌來，他就有
> 他一套，符合他的檢測。所以有的是日本品牌，日本品牌比較
> 少。日本商社下訂單時，也是間接接受品牌要求，來監測委託
> 製造廠商的技術品質。（受訪者 D）

4. 臺灣廠商草根式技術研發的特質

臺灣中堅企業長久以來都有其草根式拆解學習的能力。一位臺
灣做潛水衣很成功的公司受訪者，回憶其如何藉著參觀日本公司，
自行鑽研並發展關鍵技術；最後更自行進行技術研發，超前日本人
的技術。這位經歷人員說道：

> 大概 1980 年開始研發這個潛水衣的材料，到 1983 年成功花了
> 大概快三年的時間。所以我們把這個材料開發成功之後，成本
> 大幅下降，而且不受制於日本。早期你就算有訂單，日本他如
> 果供不應求，他給你 delay 沒有照你的出貨的話，你也沒辦法
> 生產，因為材料完全受制於別人。（受訪者 E）

緊接著，這位經理人員又分享了一段父子合作，前往日本工廠
參觀學習的經驗，這段經驗道出了臺灣中堅企業學習技術的草根精
神。他描述有次和父親參觀日本工廠、機器後，如何將工廠的製造
技術從低等的「雨鞋」，提升到高等的「潛水衣」層次，這樣的技
術學習精神背後，還隱含了臺灣家族企業父子同心的技術學習奮鬥
史。這位經理回憶這段經驗：

> 參觀完日本工廠，搭乘電車的回程路上我就拼命畫圖，把看到
> 的機器形狀畫下來。談到父親裡面問的有幾點，父親會跟你說

這個發泡時間大概要多長，都跟你說大概；這個壓力大概要多大，溫度大概要怎麼樣。所以我就直接把流程、機器形狀畫下。父親說怎麼那麼厲害，我竟然那個時間可以畫得那麼像，就機臺幾乎跟他……總之那次的 15 分鐘真的是關鍵。這個製程沒辦法專利，而且人家早就在做了。但是我有一個本性還什麼，只要我再重複做，我一定要更好，就是這次失敗了，我再買一個新的機器，我一定要比上一個機器好。所以舉個例來講，日本我們看到全部都是做六層，一次做六片；可是你現在去我們工廠看，我們是做八片一次，我們一定比他再多 30%，所以像我們貼布機，或者我們的什麼機臺，我們的織布機。我們曾經發生過很嚴重的火災，我們的設備燒掉絕大部分，但是只要我們新做設備，我們就一定比舊的設備更有效。（受訪者 E）

這種草根學習和精益求精的精神，是這家企業從做雨鞋轉型到潛水衣技術升級的關鍵因素。

另一位從事機能性布料技術開發的公司，強調他們雖然有接國際大廠訂單，但他們自行研發技術的學習能力和精神，也是取得國際品牌大廠繼續下單的關鍵因素。這位上市公司經理人員回憶道：

我們要講說技術的成長，是從彈性布料這一塊，是慢慢的演變。Nike 並不是我第一個彈性布料的源頭，他是運動系列的，因為 Nike 是做運動系列的一個源頭。並不是在技術那邊，Nike 在技術一點幫忙也沒有，零。可是因為本身「織」是我們的拿手，其實我們在織布跟染布的這塊，我們剛摸索彈性布料的時候，是 1980 年。我最辛苦是 1980 到 1986 年，在突破這個彈性布料的這塊，我日本一共跑了十趟，我不懂就實際學習，回來再改造。以前做做短纖，早期在 1980 年代的時候，就是做紡紗的紗，就是像 PP 棉的。Nike 起先跟我開發彈性布料也是棉的啊！（受訪者 D）

從這段廠商回憶的經驗中，可看出臺灣中堅企業在技術利基的發展上，都是靠著到國外參觀模仿學習而來的。有了良好的關鍵技術，才吸引國外大客戶共同研發後續的紡織技術。在此同時，在臺灣技術能自主研究突破的廠商，就走向高單價市場，不需尋求廉價勞力的市場。

（四）1988－2000 年：技術外移和技術創新升級

這是臺灣廠商快速外移大陸和東南亞的時期，不外移的廠商必須尋求技術創新與技術升級，留在臺灣的廠商在高功能的紡織技術升級上則有突出的表現。在這段時期，臺灣紡織業生產全球化，造成日本紡織業的壓力，日本政府提出未來紡織業技術發展的展望，機能性布料便是未來的方向。臺灣廠商看到機能性布料的技術利基，故在此階段致力於機能性布料的研發創新。

一位紡拓會的受訪者，描述 1990 年代日本紡織業面對中國紡織業的崛起，及臺灣紡織業生產全球化等市場競爭壓力，日本的經產省，提供日本紡織業廠商紡織業技術發展的指引。他說：

> 日本當時的經濟產業省，針對日本的紡織工業做了個白皮書。日本的八大，包括東麗、帝人，旭化成這些日本的八大紡織集團，未來何去何從。當時經濟產業省是 pick up（挑選）了一個方向，但也不敢保證這個方向會有多大的成就。那就是function，機能性的紡織，第一個機能性紡織品在日本叫做遠赤外線。我們叫遠紅外線啦！那就是人造纖維抽絲的時候，在聚酯粒裡面加入了這個所謂的陶瓷粉。加進去之後，抽出來的絲，之中有一個技術難度，你 particle（顆粒）太大，那個抽絲就容易斷絲。所以一開始的時候，他只可以做短纖，短纖就叫做 stable，長纖就叫 filament。以短纖來講，你就發現短纖做出來的服裝容易起毛球，那臺灣呢！像新光合纖吧！遠東人纖就弄一弄，如果可以把它弄成長纖的話，技術門檻很好啊！（受訪者 B）

　　有一位上市公司經理人員，在前一時期強調公司本身的織布技術學習能力的基礎，在和國際品牌大廠合作開發彈性布和運動布的過程中，更增強員工學習和創新新技術的能力。故在 1990 年代，日本紡織業決心邁向機能性布料的技術創新時，這家上市公司便能順利技術升級，提升其在機能性布料創新技術利基領先地位。這位受訪的經理人員回憶：

> 我做 Nike 人纖是從 1992 年開發這個東西，那個不用學習的，那時候是用引進的。起先是從零做到有，那一階段是重新突破。原理知道的時候，你要去改變什麼，像我們現在已經做到什麼？你只要突破那個點，原理知道，你現在就好做。（受訪者 D）

（五）2000 年以後：紡織所和紡拓會扮演推動和監測技術的角色

　　紡織業面對的機能性布料與智慧布等技術研發，越來越需要仰賴學校和高科技人才的投入，紡織所在這個階段便扮演產業技術合作的參與者和中介者。2000 年以後，紡織所在產研合作、學研合作上，扮演提升產業研發創新的角色，且是臺灣紡織業技術競爭力的來源；同時，也幫業界建立技術標準，維護臺灣整體紡織業技術環境的技術品質和水準。

　　紡織研究所在 2004 年 9 月起為開創研發及服務業等業務營運的多元化及擴大國際化的腳步，更名為「紡織產業綜合研究所」。紡織所的高層管理者，也將紡織所在紡織業技術引導的角色，比喻成工研院在半導體產業的角色。他強調紡織所的技術分工如下：

> 張忠謀領導工研院，把技術分為 ABCD 四個等級。你們每個所來看，什麼時候你拿科專一塊錢，另一塊錢來自產業界，那你就成功了，不要依賴科專。ABCD 就把技術區分：A 類技術大家都會做了，工研院絕對不要做。B 類技術是大部分的人會

做，只有一兩家不會做，工研院可以做，但是由不會做的廠商出錢。我免費教你，別的廠商會罵我，但如果你出錢，別的廠商就沒話講。C 類技術可以在科專裡做，是國外實驗室已經做出來，但還沒有量產，趕快去做，這就是產業界馬上在追尋的。D 類技術屬於創新前瞻，實驗室只有想法出來，我們放在創新前瞻來做。（受訪者 J）

在這個階段，原來統管紡織業配額的紡拓會，也因為此段時期國際貿易自由化，紡織業的國際貿易也朝向零關稅，故紡拓會的功能開始移轉。紡拓會的經理人員提及 2000 年以後的轉型：

2005 年那一天配額取消了，我們大概有 90 個人，但是紡拓會當時還有好幾項業務，以前主力上設立紡拓會的目的是為了配額，等到配額沒有了，紡拓會做什麼呢？就等於像中國大陸有個單位叫做中國紡織品進出口商會，幫大陸管理配額的，他就沒有事做了，所以他現在變成替商務部打工。每年給他點錢去做點什麼。那當時紡拓會因為我們在 80 年代就開始有一些新的業務，90 年代這些業務還沒成規嘛！（受訪者 B）

2000 年以後，則主要轉型成以下幾項業務：1.建立抗菌、防皺等多種檢驗標準。2.臺灣在運動布料上的技術很強，例如球衣。紡拓會、紡織所和工研院都會共同協助廠商，採用科專方案進行技術研發。不同的廠商和這些相關單位合作有些成功，有些覺得被坑。但整體而言，這時的廠商在紡織業的技術利基和未來發展上，都有共識，需要利用科專，以更進一步研發產業用紡織品和機能性布料及智慧布。

四、廠商因應的組織變遷模式

（一）1949－1965 年：大稻埕的整合功能

　　1950 年代初期，臺灣發展紡織業的廠商有兩大來源，從大陸移到臺灣的大陸紡織業，例如遠東紡織，以及臺灣本土彰化地區為主的紡織業。不論是臺灣本土或是外省的紡織製造，在 1950 年代都以大稻埕為批發市場。一位至今仍在大稻埕經營的紡織公司負責人，回憶早期大稻埕在臺灣紡織業初期發展時的重要性：

> 其實大稻埕這個地方是批發市場，屬於中間層。光復時分成兩派，一派是從大陸來，像現在的中興、遠東；本土的是在彰化和美，本土紡織最早在和美，臺南還沒那麼早。那些和美織仔都使用木製機器，一家可能只有一臺而已，家庭式的，可能之間有個人將他們整合起來，類似現在的果菜市場。所以我們早期說和美織仔、和美織仔就是從那開始。早期光復後重整，有美援的棉花援助，所以早期紡織以棉紡為主。你（提綱）裡面有提到一個 EG 會（EG：乙二醇，人造纖維原料）那就是早期織布公會他的會員廠，大家共同定期的集會，沒那麼神祕。（受訪者 C）

　　大稻埕迪化街在紡織產業的優勢，主要是其在整個場域的核心整合角色。紡紗和織布在大陸和臺灣的製造都在大稻埕批發，大稻埕有水路通行大陸、有鐵路通行臺北及臺灣其他地區。一位紡織業的廠商經理人員回憶：

> 更早的時候，我外公是在那邊開「運送店」，等於貨運公司。那時候迪化街有鐵路到新店，而且大陸唐山船到九號水門那，卸貨之後是有鐵路的啊！（受訪者 F）

　　大稻埕紡織業在 1950 年代的角色，也隨著 1950 到 1970 年代

政府扶植紡織業而發揮重要作用。臺灣紡織工業在日治時代，便以日本麻和棉等紡織原料來源，在臺生產加工又回銷日本。故日本商社在臺灣紡織業發展初期，扮演臺灣紡織業生產加工技術和市場連結的關鍵橋樑。一位大稻埕的紡織業經理人員說：

> 當初迪化街以進口為主，開始自己慢慢加工棉紡。剛開始我們沒有 buyer（買主），很長一段時間仰賴日本商社，當時日本五大商社在這裡的紡織部很大。那個時候有很多材料進口，他們在做，迪化街是很強的。在 1960 年代，紡織業廠商快速成長，依賴的原料進口和技術都是靠日本五大商社扮演和海外市場連結的橋樑。（受訪者 F）

1950 到 1970 年代，除了大陸來臺的大紡織廠，及彰化的紡織生產工廠，在 1960 年代加工出口區成立時，招來了許多日本和香港的成衣廠商，故造成了 1960 年代臺灣的紡織業快速成長和創匯榮景。也造就 1970 年以前，臺灣的企業集團集中在紡織業。

紡織業是臺灣經濟發展的火車頭，故在國民政府來臺後的 20 年，造就的主要財團都是紡織業的財團。張景涵等人（1971）蒐集資料，發現在 1970 年以前，臺灣前十名的企業集團中，有七名都是以紡織業起家的，這七名企業集團包括賴清添集團、亞東關係集團、蕭氏兄弟集團、臺元集團、林榮春集團、臺南紡織集團，和新光集團。

在這些集團中，有三名集團，現今已經不存在。在瞭解企業史的過程中，學者多半回顧始終存在的企業，容易忽視在企業史發展過程中，被時代環境淘汰的企業。其實，從企業淘汰的歷史中，更容易觀察到企業在適應制度和技術環境的大變動時，企業應變環境的組織機制，仍然是很關鍵的生存能力。

第二名的賴清添集團、第四名的蕭氏兄弟集團，以及第七名的林榮春集團，後續在紡織業的環境變遷中被淘汰。賴清添集團的負責人於 1921 年創立穩好行，從事紡織印染；在 1954 年和石鳳翔等

人成立臺灣第一家「中國人造纖維公司」，也是臺灣第一家股票上市的紡織公司。林榮春於 1941 年創立元茂棉布商行；1951 年和華春城等人共同投資成立彰化紗廠，配合政府獎勵紡織業的政策，快速成長。之後又與立法委員王常裕等人合資設立榮興紡織業，從事棉紗與合纖混紡紗的製造。但這個家族企業，經營和財務管理不當，兩次石油危機迫使企業倒閉。蕭氏兄弟是彰化地區的望族，以四兄弟為主，在 1940 年代製造棉襪，在 1957 年改生產加工尼龍繩，結果企業快速成長。接著在 1968 年成立大明人纖公司，1972 年股票上市。1970 年代因為兩次石油危機，經營不善倒閉。

　　1970 年代的石油危機，對企業價格及成本獲利的影響很大。在這段期間的晚期，倒閉企業快速增加。在 1950 年代的創業和 1960 年代的快速成長，的確產生功效，但企業若缺乏組織的經營和管理能力作為競爭基礎，就容易在下一時期，制度和技術環境更加不確定和市場競爭環境增強時被淘汰。

（二）1966－1973 年：OEM 的全球分工模式和往上游人纖發展

　　這段時間廠商因應制度（配額）和技術環境（全球商品鏈的品牌商和零售商，買主監控的委外代工環境），臺灣紡織業場域流行的主流經濟組織模式是 OEM 的生產製造組織模式；此時也因應臺灣石化業的發展，提供人造纖維原料來源的技術環境，加上臺灣在 1970 年代時，戰後嬰兒潮世代適逢大學畢業，受高等教育的化工人才適時提供了臺灣發展人造纖維產業的技術。

　　臺灣許多現在仍然活存於臺灣，且順利轉型產業升級的廠商，多半是在這個時期開始產生。一位現今仍存活在大稻埕的印花布廠商，現為國內聚脂、尼龍重要製造業者，其經理人員回顧公司在此時期的創業歷史，他說：

> 我們的創辦人郭木生先生，那時候是在中部彰化開銘隆布行，中盤商就對了。他就是在二林開個小布店（興隆布行），後來做到 30 幾歲比較有錢了，到彰化開批發商。那到了他 44 歲過了五年，那年過年春節他回到二林家中與親戚圍一大桌吃飯。

他就說印花布和紙印花在臺灣剛開始沒幾年，paper printing（紙印花）的生意非常好，一碼布 40 幾塊，回到家裡一賣就賣 70 幾塊，非常好賺，但是那時候有一個印花廠在新莊，老闆是姓蔡的菲律賓華僑，生意好得排不出時間，還要請老闆喝酒啦！給師傅抽菸啦！檳榔啦！才會替你趕工。（受訪者 F）

所以這位老闆，在這樣的大好環境下，開始在臺北創立印花工廠，並於大稻埕成立辦公室。

臺灣的中堅企業始終都是在環境變遷時，反應和彈性調整最靈敏的企業組織。一位從臺灣傳統製造雨鞋轉型到高技術潛水衣製造的公司負責人，提及公司在 1970 年代創業時的狀況：

我們公司在經濟部的登記是 1968 年，但從父親創業（到現在）可能已經 60 多年了。從有公司執照，就是有登記是 1968 年，到現在是 47 年，其實我們要強調歷史就強調時間性，應該是從我們老董事長開始在賣雨鞋那時候算起，因為那是事業的開始。（受訪者 E）

江山代有才人出，這個時期是臺灣人造纖維創業的好時機。一位臺灣成長上市公司經理人員，也正逢產業技術萌芽起飛期，他說：

成衣加工啊，我們畢業時大概 1971 年……我是 1973 年大學畢業。那時紡織成衣應該還是臺灣最大創匯產業，應該可以算是最大的一個產業。那時電子業已經開始了，只是規模還沒那麼大。之後電子業就發展很快，然後成衣才慢慢下來（受訪者 G）。

臺灣製造業在 1960 年代外銷快速成長的過程中，鞋業代工製造的塑膠鞋出口在此時已採用 OEM 模式。臺灣紡織業廠商替品牌

廠商委託代工製造的生產組織模式，則可說是開始於 1970 年代的紡織業，繼而電子業在 1980 年開始興起，也是採用代工的組織模式。但紡織業可說是 Gereffi and Pan（1994）和 Gereffi and Cheng（1994）全球商品鏈的 buyer-driven（買方主導）的 OEM 方式，中間貿易商的治理網絡。這種模式是這段時期織業廠商普遍分享的經濟組織模式（鄭陸霖，1999；潘美玲，2001）。

　　臺灣紡織業初期 OEM 的生產組織治理模式，最大的優勢就是臺灣廠商在貿易商監控的情況下，生產品質控制優良。一位紡織業老闆回溯當時的臺灣廠商代工品牌廠商，品質管制優良，而且員工學習能力很強：

> 大概都是遵循貿易商 converter，他們拿最終端品牌要求來要求我們。所以我覺得臺灣紡織業既然要外銷，品質就要拉到某種程度。OEM 也不是那麼好做的，要透過生意從做中學。（受訪者 D）

　　在這段時期，臺灣因應環境轉型而沒有倒閉的大型財團，其快速因應產業快速變動的能力，主要來自於家族企業的權力集中，以及快速掌握人纖新進技術。1950 年代在臺灣重新成立的外省紡織業者，以遠東企業為主要代表組織。遠東這個企業是 1954 年重新在臺創立的，由徐有庠老闆跟他弟弟徐渭源兩人合作組成。1980 年前後徐渭源過世了，老大徐有庠當家，權力集中，企業在開拓新市場時，能掌握時間。一位在 1970 年代從某大學化工系畢業，進入該集團的受訪者說：

> 1969 到 1973 年是石化業輕油裂解剛開始出來的時候，那個時候分兩塊，一塊是做塑料，一塊是做纖維的原料。徐有庠先生的遠東紡織只做了纖維的這一塊多元酯（聚酯），（規模）就變得這麼大。亞東人纖是國際經營公司跟亞洲水泥合資的公司，遠東紡織沒有股，那是個先進的公司（受訪者 A）。

（三）1974－1987 年：OEM 到 ODM，財團化組織模式的盛行

　　這段期間國際貿易保護主義造成的紡織業配額制度，勞工成本上升、缺工，直到 1987 年新臺幣升值，內外交加的環境惡化，使得紡織業從鼎盛期急速衰退，廠商不是出走，就是倒閉。但也在這個時代崛起了一批創業家。一位在 1970 年代大學畢業，後來創業的專業經理人員，同時身為擅長全球布局的管理者，回憶 1980 年代經營的經驗，他說：

> 新臺幣升值、臺灣勞力成本提高，恰逢大陸改革開放，於是廠商都往東南亞和大陸發展。1984 年開始，臺灣已經開始進入勞力不足、工資起飛。我們這個成衣加工又是勞力密集產業。1984 年到 1990 年代這段時間，臺灣產業比較走向資本密集產業。競爭激烈的不確定時代中，必然有許多機會，而自立自強的創業家在 1990 年號召相同信心的伙伴創業。（受訪者 G）

　　另一位在相同時代，從艱困環境中，強調找出新的技術利基和技術升級的創業家，也暢談他的創業經驗：

> 我們當初出來創業，partner（合夥人）有四個，各自分工。有的負責這塊，有的負責那塊，所以我們四個創辦者各扮演的角色完全不一樣。我那時候是掛總經理，是到 1984 年的時候，因為他有另外一個事業要發展，所以我才接這個公司負責人。他訂單很好接啦，訂單一接就是半年嘛。那你在樣品的這塊，或是趕到的東西，你就要鞠躬盡瘁。我們經常是回到家，10 點、11 點才吃晚餐。那不是一年、兩年，我這是連續七年。所以你能夠有到今天，我這樣講，你大公司誰幹這個東西？沒有啦！（受訪者 D）

　　受訪者提及在 1980 這個艱困的年代，替國外品牌廠代工卻是一片大好市場，但這樣的訂單不是人人都能接下的，且國外有競爭

力的品牌商往往要求代工廠要有設計技術升級能力。這位經理回憶
道：

> 當初 1981 年跟我同學出來開發這個彈性布料的，新光的，新
> 光的我們這邊不是也有？兩年收起來。這個並不是大公司就可
> 以玩得出來，大公司員工因為吃別人頭路的，上班人嘛，我頂
> 多是五點下班、七點下班對得起老闆了。小企業怎麼可能？不
> 成功便成仁，所有家當全都賭在這邊，你要不要做？你鐵定要
> 做啊！是因為從無到有，我家裡並不是靠這份薪水，但是最重
> 要的是，年輕是一股作氣，輸人不輸陣，萬一失敗很難看。所
> 以這個東西是需要熱血。那當你從無做到有，人家做不起來，
> 你做得起來的時候，比中愛國獎券更高興。因為那時候突破經
> 營上的問題很辛苦。（受訪者 D）

這家為 Nike 代工的公司強調做紡織業要有熱忱、有整合力、
有計畫性，勇於接受挑戰。Nike 把東南亞區彈性布料的開發交給
這家公司後，該公司業務開發得以順利進行。

在此同時，能存活的大型紡織業，出現朝向財團化的多角經營
模式，使得企業財務運用的資本密集，財務操作更加靈活，得以面
對新臺幣升值的風險環境。大公司在應付 1980 年代的全球布局及
財務操作上，比小公司強得多。遠東紡織的財務操作手段很強，一
方面去外國設廠，規避配額；另一方面技術升級，朝向人纖發展。

Hamilton and Biggart（1988）也提及臺灣財團使用交叉持股和
往上游發展的經濟生產治理模式。以大型的遠東紡織公司為例，他
們充分展現這樣的組織發展模式。受訪者描述大型紡織財團在面對
技術環境變遷，轉型的能力較強。在技術升級上，能因應計畫環境
的需求，朝向上游的人纖原料發展；在轉投資上，可以統合企業集
團子公司間的跨界聯盟合作模式。以下訪問的內容，充分展現這樣
的組織機制，一位當年的遠東集團的高階經理回憶：

當時還有一個遠東百貨更絕，亞洲水泥有了錢去買大樓、蓋大樓，蓋了大樓租給遠東紡織，遠東紡織租給遠東百貨，遠東百貨再把裡頭一個櫃臺一個櫃臺租給廠商賣錢，這就是遠東百貨，然後還可以發禮券先收款，先收款不要利息，一年好幾十億，所以你看徐家這財務操作是不是太厲害了。（受訪者 A）

　　遠東紡織的企業集團權力集中，接班人也權力集中，故使得企業轉型更容易。不論是多角化經營，或是在同業上購併或發展的方向上，都能快速反應，一位當時的遠東紡織經理人員說：

亞東人纖在 1979 年被遠東紡織併過去變成遠東人纖。遠東紡織原來的紡織部、紡紗部、織布、印染和成衣就越做越……他本來有個 100 萬錠的計畫，後來碰到大陸開放自動就取消了。因為大陸紡錠太多了，他不能再做了。後來用的人也是人纖部後來的，水準比較高一點。（受訪者 A）

　　可見反應快的大型企業集團，可以使用併購外資高技術人纖廠，來進行技術轉型，可以避免老舊工廠和員工轉型的困難。

（四）1988－2000 年：全球布局運籌管理，機能性布料的開發

　　臺灣紡織業在 1980 年代經歷了生態環境的巨變，從前述的生態環境統計表中，可看出 1987 年新臺幣升值，是壓垮臺灣沒有競爭力的紡織業公司的最後一根稻草。但在 1990 年代誕生了一群在未來更具有競爭力的創業家，在更競爭、更大、更多機會的全球市場上，大放異彩。例如：儒鴻和聚陽。他們在這個時代的經濟組織模式如何與環境互動、因應環境，在組織管理和技術創新上的特殊模式為何？

　　1990 年代，臺灣政府也不斷宣揚，要將臺灣創造成亞太營運中心。製造業界當時也盛行全球化認證的 ISO9001 紡織製程品質認證，或 ISO14001 環境保護認證等觀念。可見在這段時間全球化

製造競爭力，主要看公司如何反應全球市場的機會，以及布局管理能力。

　　前述訪問的一家上市公司，便是在 1980 年代看到臺灣環境變化急遽，仍深具信心的典型「員工變頭家」的創業者。這也是臺灣在 1980 和 1990 年代在紡織業新誕生的創業者特質。這些創業家都具有大學學歷，且深入投入自己的專業中，故在 1990 年代的全球布局上，能奪得先機。這位上市公司回憶在 1990 年創業初期，便和老東家區隔，避免變成競爭關係，而從一開始就走全球布局和全球運籌管理，即是採行企業資源管理（Enterprise Resource Planning，簡稱為 ERP）很成功的公司。該公司回憶全球布局經營分工模式如下：

> 我們從 1990 年一開始創業就往海外走。只是說我們公司設在臺北，所謂公司包含業務行銷、財會、採購，還有高階技術部門。因為市場不一樣，剛開始不會直接衝突，我們那時候客戶還是有些相關，只是說當時我們（規模）不大，對老東家的影響很小。公司在 1990 年創業到全球布局，呈現的組織管理模式，是跳脫成衣代工廠的框架，而在經營團隊上使用新的全球運籌管理商業模式。本公司在成衣製造的全球產銷系統，提升其快速反應市場的全球產銷系統管理價值。（受訪者 G）

　　這家在成衣產銷全球管理運籌系統傑出的企業，以先進的 ERP 系統，協調分布於各國的銷售據點和整合業務行銷、設計研發、生產製造、全球運籌、市場趨勢分析的功能網絡，故使該公司成為臺灣成衣界領航者，也成為歐、美、日、臺、陸大型零售業的合作夥伴。治理如此複雜的產、銷生產和市場網絡的治理模式，是這家公司的競爭優勢。

　　臺灣在 1990 年代，一些追求技術升級的公司，在人造纖維和機能性布料的開發持續成長。臺灣纖維在世界占有率很高，最盛時大約是 1995 年到 1997 年那段時間。臺灣的纖維 polyester filament

曾經是世界第一的產量，特別是大型紡織業朝向上游人造纖維的技術和資本密集的方向發展（紡織所）。紡織業的上游發展是需要投入大量資本和技術研發的人才。當時臺灣紡織業大多是中堅企業，能朝向上游發展的公司較少，一位大型企業經理人員回憶道：

> 基本上我個人覺得一般紡織廠資本額都比較小，真的比較大的沒幾家，遠東、台化、新光比較大一點，越到上游的資本額越大，你做個紡織廠小資本額就可以做了嘛！你做人纖廠開玩笑至少要上億的資本，你要做石化至少要十幾億的資本少不了，所以我想我們大公司這樣的策略，應該是非常標準的一種想法，一種思維。（受訪者 H）

在 1990 年代，當中國開放市場後，即使大企業也會將技術比較落後的業務部分移往大陸，故這家臺灣紡織企業集團，在 1990 年代也開始去大陸投資。

> 1996 年大陸邀請我們老老闆過去的嘛！大概去那邊瞭解了之後，覺得可以在那邊做一些投資，比如像一個在上海區，一個在蘇州區。因為我們老老闆的故鄉在江蘇，那上海是他工作的發展地，所以這兩個地方都是有一些淵源。（受訪者 H）

另一位高階經理人員也描述大陸投資的工廠生產內容如下：

> 他這個營業額大，公司現在在大陸上做什麼你知道嘛！他是一條龍除了做這個之外，他連 poly（聚酯纖維）上面的原料PTA（純對苯二甲酸）、EG 廠都設，他在拚這個，為什麼呢？因為這個量大、價格起伏大、占得過癮嘛！而且業務一個人做就夠啦！我當時負責買 EG，一個月我就買一億，簽個字就一億。你看這就簡單吧！他那 EG sales（負責 EG 的業務員）只要對我一個人就好了，到工廠去 offer for the service

（提供服務）就好了，對不對！（受訪者 A）

　　另外一家臺灣的大型紡織公司，也因為不願意過度依賴前述這家大紡織廠的原料，故決定自己開發上游工廠。

　　但這我沒辦法因為力麗是加工絲，需要跟他買批發來加工啊！我跟南亞、遠東買，這出口廠改來改去的，遠東也是原來這一個一廠改三廠、三廠改五廠，他們調配他們的廠能的話，出來的批號都不一樣，造成我們做出來的品質不穩定。所以我們講要再走的話，力麗就往原料端這邊走，所以 1996 年力麗就做聚合跟人纖 polyester（聚酯纖維）這一塊，把它一貫化下來。到了 1999 年的時候，力鵬想要再成長、再發展，要往哪一塊走呢？因為我們那時候人造纖維除了聚酯之外，最大就是尼龍，尼龍還要再向外面採購，所以我就想往尼龍這塊走好了，所以力鵬在 1999 年也往尼龍這邊來做聚合抽絲這一塊，但是 1998 年的時候，我們的總統李登輝先生就說大家不要都一窩蜂往西進，就跟大家說要往南走啊！去東南亞、泰國。（受訪者 F）

　　從前面的統計表可看出，人造纖維和織布在臺灣紡織業的產值中，是一直成長，成長最快的時期是 1990 年到 2000 年，其次是 2000 年以後至今。

（五）2000 年以後：垂直整合與合夥創新

　　2000 年以後全球貿易自由化，隨著各類自由貿易協約的簽訂，零關稅導致紡織業全球化生產分工更加成熟；同時期，臺灣紡織業進入大陸的公司更多了，中小型廠先進入，隨後才是大型工廠。這個時段的公司經營組織模式，面對配額限制鬆綁，以及國際自由貿易零關稅的主義盛行；當臺灣紡織業廠商在 2008 年之前，已經大量移到中國大陸，故 2000 年後，留在臺灣能生存且有競爭

能力的紡織業，主要經濟組織模式為垂直整合的全球運籌組織模式，以及組織間合作聯盟，進行各類型的技術創新。最後，臺灣面對 ECFA 和對外自由貿易協議的自由貿易關稅協議的談判，將會對臺灣紡織業發展產生的影響，廠商間也出現不同的看法。

1. 垂直整合的全球運籌組織模式

一家在 1990 年代創業，便採納全球運籌管理的成衣產銷管理公司，在 2000 年以後，面對全球貿易更自由的環境，則更進一步和多個全球大零售通路客戶形成上下游合夥聯盟的網絡。聚陽掌握美國最大零售通路商 Wal-Mart 和 Target，發展了完整的全球運籌物流系統，故在 ERP 上產生高度整合效能，從接單、生產到貨品運到客戶端，時間短又準時，故利潤高。這家公司經理人員強調：

> 我們的管理模式很好。配額時代生產要分散，後配額時代則要集中。目前有大型專精工廠和多元彈性工廠兩種路線並行，可因應各種需求。Uniqlo 是我們學習的好例子，他們朝向垂直整合的發展。（受訪者 G）

這位善於全球產銷管理的負責人，更具體提到對學習 Uniqlo 的全流程管理看法：

> 日本 Uniqlo 母公司叫迅銷（Fast Retailing），但他的品牌就是 Uniqlo。所以他既是品牌商又是通路。Uniqlo 的 case 我覺得可以研究一下，瞭解他的全流程供應鏈管理是怎麼回事。Uniqlo 做得很徹底的就是，他自己是品牌嘛，他要賣什麼東西和自己的定位當然很清楚。接下來商品使用的材質，他是從紗的部分就開始跟大型的公司，譬如說東麗，從紗開始研究。像是發熱紗，他們是最早把發熱、涼感帶進來的。他當初做發熱紗就是找東麗，由東麗研發紗，然後織成布。他是從品牌商角色串連生產的最源頭。（受訪者 G）

　　此外，這家全球運籌管理的成衣產銷公司，除了企圖學習Uniqlo 的全流程供應鏈管理外，也在 2000 年以後至今開發了全球各國大通路商的合夥關係管理模式。該公司總經理也認為這樣垂直整合組織模式，可以縮短供應鏈和客戶之間的鏈長及成本，獲利更高，股價更有競爭力。他說：

　　我觀察最起碼在服飾產業，品牌零售商做得成功的，像 Zara、H&M，Uniqlo、GAP 也算；但品牌零售商在美國有幾個很屬害的，像 Polo Ralph Lauren，股價是 170 幾塊的，還有像Hanesbrands，是賣美國內衣褲的。Hanesbrands 現在股價是110 塊，兩年前我看才 40 塊。還有好幾牌子，像 Nike 也是品牌零售商，有自己的通路，Nike 現在已經 90 幾塊了。這幾個所謂品牌零售商他們的供應鏈體系就牽得很好。所以他們的獲利表現非常強。顯然在這樣的垂直整合模式下，中間者很少，故成本較低，獲利較大，值得參考。（受訪者 G）

　　另外一家在紡織業創新能力很強的廠商，也提到紡織業的全球品牌客戶和紡織廠商間的垂直整合、全球運籌管理能力，是廠商競爭價值的關鍵機制；同時，也提出要建立企業和顧客（Business to Customer，簡稱為 B to C）的服務網等垂直整合的組織模式，以便創造全球價值鏈的競爭優勢，他說：

　　不久前參加經濟部的會議，未來三、五年紡織業發展什麼，我向經濟部講，那是 B to C。我們可以做 B to B，像我們現在的B to B 品牌，什麼儒鴻啦、聚陽，就是 B to B 品牌。像我們做布的，也是很多品牌顧客拜託我們做衣服，所以我們很多粉絲就是那個品牌顧客。紡織的微笑曲線是錯誤的，微笑曲線現在已經不適合這個觀念，我們要用價值鏈去做。像成衣廠，儒鴻、聚陽，還有我們做布的，還有別的很多做布的，都是要從頭做到尾啊！創新研發一定要，然後製造行銷服務，全線都要

做啊！這樣才能創造一個 total solution（全方位服務），這樣才能創造一個顧客價值鏈的價值。微笑曲線要顛倒看，我們都在做製造服務產銷整合的中間核心，每股稅前盈餘（Earnings Per Share，簡稱為 EPS）都十塊錢的，你把它當作最沒價值，事實上是最有價值的。所以微笑曲線應該要是凸的，不是凹的。（受訪者 I）

宏遠是臺灣少數將紡紗、織布、染整、成衣，做到垂直整合的一貫廠。其中，有九成的營收來自防水、透氣、保暖等的機能性布料。換言之，臺灣有競爭力的紡織業廠商，除了在全球運籌的上下游系統整合，及產業的垂直整合進行管理上的效能提升外，在機能性布料上的技術創新和升級，更是具有競爭能力。

圖 2-8　宏遠興業的機能性運動服飾（陳家弘拍攝）

2. 組織間合作聯盟進行各類型的技術創新

臺灣在 2000 年以後，在技術開發與技術升級上成功的廠商，多半不斷研發與創新關於機能性布料的技術。一家生產毛利很高的紡織公司（儒鴻），股價在臺灣始終領先，主要原因是公司不斷研

發機能性布料，使用自己生產的高品質布，加工成國外大品牌商需要的運動服飾，故雖是代工，但從原料到成品的技術都是自主研發，故能讓公司在生產價值鏈上的價值不斷升級。這位負責人很有自信地說：

> 到了 2001 年，配額已經比較透明化，將要取消。因為太多家來談這個問題，所以我們再去越南找廠、找地，準備設廠。我本來在臺灣有個小廠，在大陸有個廠，基本的配備也都有，後頭才有 Nike 從一個月十幾萬件，做到現在一個月是 170 幾萬件，明年破 200 萬件，是這樣慢慢一路過來。現在儒鴻的成衣一個月可以做到 700 萬件，明年要破千。儒鴻強在機能性布料的研發，我們也打算跟進，正在與工研院、紡織所、上下游廠商等合作。（受訪者 D）

2000 年以後，臺灣廠商受到日本提倡機能性布料的政策影響，也升級到運動和機能性布料的生產。在過去 1990 年代臺灣致力於中上游纖維、紗和布開發的廠商，則受惠於這個階段的 ECFA 早收清單。臺灣這些高品質的布和原料，成為大陸成衣商偏好的原料來源。

臺灣的廠商面對開發人造纖維及機能性布料等新技術的挑戰，目前都有和紡拓會及紡織所，進行科專計畫，期望提升技術研發的競爭力。一家強調知識創新和全球運籌管理的紡織公司總經理，將機能性布料的技術水準，比喻成手機技術的水準發展軌跡，他將自己公司在技術的開發和研發層級比喻如下：

> 機能性布料可以是基本工業 2.0，3.0 開始有電腦自動化，現在「工業 4.0」又開始不一樣，最主要使用 ICT（Information and Communication Technology，資訊及通訊科技），從以前的電話到現在智慧型手機，兩者的性能完全差很多。現在智慧手機 App 啊，GPS 定位什麼的。我們這套若做出來可以再多活

三、五年。整個生產起碼 30%以上，現在進化到 M to M 嘛，
機械與機器的對話，可以隨時 machine learning（機器學
習），最後會幫你做決策。所以現在監測器有四個功能，像十
月份 Michael Porter 寫的一篇，第一監測，第二幫你控制，第
三是自我最佳條件……我們公司技術水準現在差不多 3 到 3.5
而已，我們是有些還不到 3，現在是 3 和 4 一起做到 4.0，我
們是打算說 phase 1（階段一）今年初步完成，明年再精緻化
一點就好了。（受訪者 I）

以上這家強調知識創新的公司，除了看到科技整合的願景及自
我期許外，這家公司總經理更企圖與國外公司結盟合作，進行高技
術的研發創新，使用技術平臺，創造組合式和模組式的創新模式，
期望提升臺灣紡織業的高科技技術自主能力。他描述該公司與全球
化公司合作創新研究發展的經驗，以及看到未來臺灣紡織業在技術
創新上的困境：

我們研發賺很多錢。我們有一個研究所總共大約 60 幾個人。
我們叫做「尖端企業研究所」，第二個是應用開發，我們把本
來 R&D（Research and Development，研究和發展）改作 C&D
（Connect and Development，連結和發展），跟實驗，連結外
面一起開發，這是比較實用層的。research center（研究中心）
主要是第二代的開發，反而比較高端，大部分都是材料型的，
所以設備一大堆啊，有一個中心去做研究。你覺得儒鴻是機能
性產品的最尖端？事實上我們贏他不少，我們的標準是國家級
的，我們的功能性織品既廣且深，不是有功能就可以了，他有
一個叫做 Performence，他是第幾級的，一個是講深度，一個
講廣度。能跟我們比的只有一間公司：福懋。但我們是用科技
賺錢，福懋很少用科技賺錢，他們都接大條貨，做得也不錯。
其實儒鴻和我們差很遠，而且他只做針織，但平織的功能性最
大。我們有很多後面的塗佈、開發、化學等等，包括 PU

（polyurethane，聚氨酯）也是自己合成啦，在臺灣機能性可能算第一名。我們的技術很多種，就像學習 3M 一樣，把他變成技術平臺。我們最主要用的是組合式創新啦，顧客需要什麼就把它組合起來，併在一起處理，我們善用組合式創新，平常就開發很多技術，在產品上組合使用，我們也把組合變成一種簡單的模式，就好像設計東西一樣，把它模組化。所以這個價值鏈裡面不只技術，還有管理和很多商業模式，現在就不是他那個微笑曲線啦。那條線應該是平的，每一點都要做，我們的製造非常複雜。現在成衣廠……（受訪者 I）

簡言之，儒鴻在機能性布料的技術發展上，是朝向專精的針織機能性布料技術的升級，而宏遠則朝向聯盟組合式的平織機能性布料和垂直整合的廣度創新。臺灣中堅企業的紡織業在機能性布料的技術創新能力，讓臺灣的大型紡織公司都自嘆弗如，大型公司在反應市場和客戶需求的技術創新能力上，是不如以上這些中堅企業。遠東新世紀的經理回顧公司人纖技術發展的歷史，可看出他感慨公司在技術研發創新，反應時代需求的能力不如儒鴻：

我剛剛講的技術慢，並不是說不是決勝的觀點，技術還是有決勝的觀點，但是技術走得很慢，其中關鍵就是看市場有多快的反應。我想像儒鴻的成功都是反應在市場反應很快，他最早做彈性布，很快就抓到市場，他知道市場的訊息，其他就慢了。照理來講，紡織業有什麼難，沒什麼難，尼龍技術研發也沒什麼研發，對吧？可是我是覺得其實我們走得比中堅企業更累，因為都是上瘦下肥，紡織廠、紡織公司有幾個會虧本，但是人纖廠呢？我們過去七、八年，甚至這十年幾乎廠廠虧本，一直都是上瘦下肥啊！我們也是啊！我們主要競爭對手是韓國跟日本。其實你以專利來看，日本在 1970、1980 年的專利就非常強了。你去查他專利，他 1970、1980 年，一年一個公司就有幾 10 篇上百篇專利，韓國大概是 25、30 篇就差不多水準，反

觀臺灣呢？臺灣在 R&D 方面幾乎什麼都沒有，沒有一個公司有 R&D。你看我們的專利不管是南亞、新光，或不管是我們，在我們研究所成立以前幾乎所有的公司，可能 10 年才一、兩篇專利，人家是一年就上百篇。日本在我們人纖業一年就幾百篇專利了。所以你看，整個國家在這個產業的競爭力是輸的。你不要看日本人工那麼貴，東麗、帝人做這些，他們一直在賺錢啊！你看韓國也比我們好啊！你投資 R&D，雖然說這不見得使你賺錢，但是如果你不投資，你就完了。（受訪者 H）

從前段訪問中，可看出臺灣在機能性布料的核心技術的領先創新能力還是很有限，那臺灣紡織業中機能性布料的競爭利基為何？臺灣紡織業和南韓的利基是可區隔的，臺灣是替大品牌代工，而南韓是設計。臺灣的布料便宜，故國外大廠喜歡來臺灣採購。遠東新世紀的協理提及：

機能性這種東西目前在市場上，70%的機能性產品是臺灣出的，所以說我們已經有這種利基，所以在將來發展上，因為國外也都知道在大品牌上很多 function 的東西，所以他們在做運動服裝第一個就到臺灣來看。韓國是 design，他們的設計非常好，女孩子都喜歡買韓國的東西。臺灣早期應該都是屬於應用技術比較好啦！這種屬於所謂機能性材料的概念，應該是從日本引發的啦！我們臺灣的跟進速度很快，應用的速度可能也是相當快。像這些生產的技術也是應用得很快。那剛剛講的投那個布料臺灣出的一定比日本便宜，那這種大型廠商要大規模採購的時候，他就自然會想走臺灣這條路。（受訪者 H）

3. 國際貿易協議對紡織業的影響

ECFA 協商的零關稅產品，對紡織業的發展究竟有多大的影

響，不同的紡織業廠商有不同的看法。有廠商主張贊成政府和大陸簽訂 ECFA 和 FTA。受訪廠商擔心臺灣若沒簽這些協約，會被邊緣化。某位紡織公司老闆說：

當初經濟部要簽訂 ECFA 的時候，我就已經講說臺灣一定要跟人家簽 ECFA、FTA，千萬不要自己脫離這個趨勢，人家韓國都已經簽了快 50 個國家，臺灣還是沒有辦法再簽。這是個趨勢，你一個老大（中國）要出來說：「小老弟（臺灣），你認為大陸帶你進去玩好不好？」你總要進去跟人家玩你擅長的東西，否則你就永遠在旁邊發呆。（受訪者 F）

但一家強調知識創新的公司（宏遠）經理反對 ECFA 和服貿，強調臺灣要保留產業聚集，故需要使用平價成衣品牌，留住臺灣產業聚集。這位經理的理由如下：

如果你有時間看一本書，叫《平價時尚的真相》，在講快速時尚之類的，叫做 cheaper fashion。書中寫從美國開始，紡織業和時尚怎麼變化。美國紡織也消失剩不到 20%，作者描寫那個景象，他也有去過孟加拉、多明尼加、廣東。他寫得很公允，寫到最後應該怎麼樣。現在日本和 20 年前比較，差不多剩 20%，群聚幾乎崩解，所以現在反而來臺灣取經，鞏固周邊。日本剩下幾家公司可以冒頭，像帝人現在也沒了。現在唯一最好的是東麗，八大商社幾乎都沒落了，鐘紡也關起來了，三菱也一樣。我看到前車之鑑，所以我跟經濟部說不能把這群聚搞壞，我的社會責任是如何鞏固臺灣的群聚，一旦崩解就會全沒了。群聚是創造我們共同的價值，我們可以做組合式的創新，相互利用，這樣臺灣才能有一片天。（受訪者 I）

五、演進還是宿命？

　　本章在探討臺灣紡織業從 1949 年國民政府遷臺以來，60 多年的紡織業發展史，臺灣紡織業是國民政府來臺最早扶植的產業，經歷了完整的工業化和全球化的市場環境變遷，面對在不同時段的市場環境，政府採取不同的經濟政治制度，企業場域的技術環境也隨之變遷，臺灣紡織業的公司組織，也因應這些制度和技術環境，在不同階段呈現了不同的主流經濟組織模式，以適應環境的變遷。表 2-2 將五個時段的制度環境、技術環境和組織適應模式，做了簡單摘要。

表 2-2　**臺灣紡織業的制度環境、技術環境和組織模式的變遷**

年代	制度環境	技術環境	組織因應主要模式
1949－1965	進口替代	技術和訂單高度依賴外資	大稻埕是聯絡大陸與臺灣紡織業的產銷中心
1966－1973	出口導向的經濟與貿易政策	織布技術多元成長，上游原料開發	OEM 的全球分工模式和往上游人纖發展
1974－1987	出口鼎盛期及貿易限額	朝向多元技術發展與技術升級	OEM 到 ODM，財團化組織模式的盛行
1988－2000	大陸招商優惠政策，廠商大量外移期	技術外移和技術創新升級	全球布局運籌管理，機能性布料的開發
2000 之後	取消配額，國際間自由貿易期	紡織所和紡拓會推動和監測技術的角色	垂直整合與合夥創新

資料來源：作者整理

　　臺灣紡織業在臺灣的經濟發展史中，曾經扮演賺取外匯、啟動經濟發展的火車頭。至今，臺灣紡織業仍然持續替臺灣賺取外匯。在過去 60 年的發展過程中，經歷了政府扶植優惠、進口替代、國際貿易配額、中國開放和新臺幣升值、自由貿易零關稅等制度環境的變遷。在技術環境的變遷上，從原料和技術完全依賴美國、日本，進而從國外零售商下單與國際市場接軌，開啟了臺灣在全球商

品鏈的技術位置，以及學習追趕創新技術的發展軌跡。從下游成衣往上游人纖原料和機能性布料的技術發展，從國外零售商到品牌商下單的委託製造代工，提升到委託設計代工的價值鏈位置。

　　臺灣紡織業面對強大的全球變遷的制度和技術環境，在 1970和 1980 年代，紡織業面對國際貿易保護主義的配額制度及新臺幣升值，許多曾經是臺灣十大財團的紡織業也被市場環境淘汰。江山代有才人出，能在競爭激烈的產業環境生存，臺灣紡織業的經濟組織模式中有變與不變的組織模式。臺灣紡織業的經營組織模式中，有一些臺灣企業組織長久以來慣性的組織模式，亦即廠商認知臺灣紡織業的發展利基不在品牌，而在代工，特別是製造代工的技術，可以從機能性布料的技術開發創新，到和下單品牌廠商共同研發創新，設計垂直整合的流程，再到結合品牌零售客戶到顧客的全球運籌網絡。

　　我們訪問這些臺灣最具競爭力的廠商，對未來技術和市場的看法，在技術和組織經營管理模式上，可看出中堅企業全球生產行銷的統籌治理能力，以及開發機能性布料技術的能力，在未來仍然是相當有競爭力。臺灣缺乏大型紡織組織投入廣度和深度兼備的上游人纖原料的專利研發，但臺灣強調知識創新的中堅企業，觀察到日本紡織業的產業聚集消失，是其技術漸漸失去競爭力的關鍵因素。故，宏遠興業建議將臺灣紡織業的技術創新平臺朝向「工業 4.0」發展，以及保留產業聚集的知識創新場域，應該是臺灣紡織業創新的競爭能力。

　　整體而言，臺灣紡織業廠商在全球紡織業的競爭市場，於1988 年新臺幣快速升值後，是快速衰退的；但臺灣在某幾塊技術利基上，仍有競爭力。臺灣在 1980 年以後持續發展人造纖維，及後續的機能性布料，到近年的智慧機能性布料等技術發展上，臺灣的出口仍然是持續成長的。臺灣在全球市場的開發，到與客戶共同研發創新，再到使用全球運籌管理等有效的組織模式，成為臺灣紡織業廠商的組織模式競爭力。臺灣中堅紡織業者的靈活彈性且聚集的創新社群，更是需要持續受到政府產業政策及工研院和紡拓會的扶植。

附表 2-1 ▶ **受訪者身分對照表**

編號	身分
受訪者 A	遠東紡織經理
受訪者 B	紡拓會秘書長
受訪者 C	大宇紡織董事長
受訪者 D	儒鴻董事長
受訪者 E	薛長興工業總經理
受訪者 F	力麗集團副董事長
受訪者 G	聚陽實業董事長
受訪者 H	遠東新世紀副總經理
受訪者 I	宏遠總經理
受訪者 J	紡織所所長

REFERENCES

1. 林忠正，1996，〈臺灣近百年的產業發展——以紡織業為例〉。469-504，收入張炎憲、陳美蓉、黎中光編，《臺灣近百年史論文集》。臺北：吳三連臺灣史料基金會出版。

2. 陳介英，2005，《臺灣紡織產業的技術發展軌跡與社會文化變遷》。國立科學工藝博物館委託計畫。

3. 陳家弘整理，2014，〈紡織產業綜合研究所白志中所長紡談記錄 2014/6/5 09:30-12:00 於新北市紡織產業綜合研究所〉。採訪者：溫肇東、熊瑞梅、薛理桂。

4. 陳家弘整理，2014，〈紡拓會黃偉基秘書長訪談記錄 2014/07/09 14:30-16:30 於臺北市紡拓會〉。採訪者：溫肇東、熊瑞梅、薛理桂。

5. 陳家弘整理，2014，〈遠東紡織蔡傳志先生訪談記錄 2014/08/28 15:00-17:00 於臺北市政治大學〉。採訪者：王振寰、溫肇東、張逸民、熊瑞梅。

6. 陳家弘整理，2014，〈儒鴻企業洪鎮海董事長訪談記錄 2014/09/30 14:00-15:30 於新北市儒鴻企業〉。採訪者：王振寰、溫肇東、張逸民、熊瑞梅。

7. 陳家弘整理，2014，〈薛長興工業薛敏誠總經理訪談記錄 2014/10/20 10:00-12:00 於宜蘭縣薛長興工業〉。採訪者：王振寰、溫肇東、張逸民、熊瑞梅、薛理桂。

8. 陳家弘整理，2014，〈聚陽實業周理平董事長訪談記錄 2014/11/19 14:00-16:00 於臺北市聚陽實業〉。採訪者：溫肇東、張逸民。

9. 陳家弘整理，2014，〈力麗集團林文仲副董事長訪談稿 2014/11/18 14:00-16:00 於力麗商業大樓〉。採訪者：溫肇東、張逸民、熊瑞梅。

10. 陳家弘整理，2014，〈大宇紡織／臺灣富綢張煜生董事長訪談記錄 2014/12/25 09:00-11:30 於臺北市臺灣富綢〉。採訪者：溫肇東、張逸民。

11. 陳家弘整理，2015，〈遠東新世紀吳汝瑜副總經理暨褚智偉協

理訪談記錄 2015/01/26 09:00-11:00 於桃園遠東新世紀研發中心〉。採訪者：溫肇東。

12. 陳家弘整理，2015，〈宏遠興業葉清來總經理訪談記錄 2015/02/04 12:00-14:00 於臺北市宏遠興業〉。採訪者：溫肇東、張逸民。

13. 張景涵等，1971，《臺灣社會力的分析》，大學叢刊 16。臺北：環宇出版社。

14. 潘美玲，2001，〈臺灣成衣工業的全球化〉。119-141，收錄於張維安主編，《臺灣的企業：組織結構與國家競爭力》。臺北：聯經出版社。

15. 鄭陸霖，1999，〈一個半邊陲的浮現與隱藏：國際鞋類市場網絡重組下的生產外移〉。《臺灣社會研究季刊》35：1-46。

16. 瞿宛文，2008，〈重看臺灣棉紡織業早期的發展〉。《新史學》 19(1)：167-225。

17. Chandler, Alfred D, 1961, *Strategy and Structure.* Cambridge:MIT Press.

18. DiMaggio, Paul J., and Walter W. Powell, 1983, The Iron Cage Revisited: Institutional Isomophism and Collective Rationality in Organizational Fields. *American Sociological Review* 48: 147-160.

19. Dobbin, Frank and Timony J. Dowd. 2000, "The Market that Antitrust Built: Public Policy, Private Coercion, and Railroad Acquisitions, 1825-1922." *American Sociological Review* 65(5): 631-657.

20. Fligstein, Neil, 1985, "The Spread of Multidivisional form Among Large Firms, 1919-1979." *American Sociological Review* 50 (3):377-391.

21. Fligstein, Neil, 1990, *The Transformation of Corporate Control.* Cambridge: Harvard University Press.

22. Fligstein, Neil, 1996, "Market as Politics: A Political-Cultural Approach to Market Institutions." *American Sociological Review* 61(4):656-673.

23. Fligstein, N.,1997, "Social skill and institutional theory". *American Behavioral Scientist,* Vol. 40, No. 4, pp397-405.

24. Fligstein, Neil, 2001, *The Architecture of Markets*. Princeton, NJ: Princeton University Press.

25. Gereffi, Gary and Mei-Lin Pan, 1994, "The Globalization of Taiwan's Garment Industry." In Enda Bonacich, Lucie Cheng, Norma Chinchilla, Nora Hamilton and Paul Ong (eds). *Global Production: The Apparel Industries in the Pacific Rim*. PA: Temple University Press.

26. Gereffi, Gary and Lu-lin Cheng, 1994, "The Informal Economy in East Asian Development. " *International Journal of Urban and Regional Research* 18(2):194-219.

27. Hamilton, Gary G. and Nicole Woolsey Biggart, 1988, "Market, Culture, and Authority: A Comparative Analysis of Management and Organization in the Far East." *American Journal of Sociology* (Supplement) 94: S52-S94.

chapter 3
臺灣紡織業
上市公司策略剖析

張逸民、翁玲華

紡織業者的生存戰略

　　本章利用公開資料分析臺灣上市紡織公司的經營績效、產品事業、海外布局情形，並且分析在過去十年的長期成長率領先和落後整個產業的績優與績弱公司，企圖找出影響企業持續成長或持續成長無力的因素。我們共分析 48 家公司，並依公司成立的年代分成四期，對應臺灣紡織業由萌發到轉型的四個產業生命週期階段。研究結果發現，成長強勁的公司大略具有以下幾項特徵：（1）生產快速成長產品如機能布料，或有成長空間的利基型產品，如特殊布料、綠色產品等；（2）垂直整合以發揮上下游協調績效，也積極拓展海外工廠或銷售據點，調度產能、接近市場、同時降低成本；（3）積極不斷地從事產品研發。而成長衰退的公司，原因可以歸納為：（1）外在環境不利，新興市場的崛起，價格競爭壓力；（2）過度依賴傳統產品或傳統市場結構的運作機制；（3）轉型不如預期。

一、背景

　　臺灣紡織產業發展已逾 60 年，經歷萌發期、發展期、成熟期、衰退與轉型期四期（陳介英，2005），在市場拉力與經營者努力進行技術與管理升級下，臺灣紡織業呈現幾個特色：第一是從戰後百廢待舉的紡織工業轉型，成為上中下游垂直分工的完整體系，生產上游原料的石化原料、人纖，中游的絲紗、布，與下游的成衣與家用紡織品加工。第二是從以往勞力密集、以國際代工為主的紡織製衣工業（如成衣加工），逐漸發展技術密集與資本密集的自動化機械生產高階創新產品，供應國際紡織成衣加工網絡。第三，回應紡織成衣貿易的全球化，臺灣紡織業也努力走向國際，在海外布局其供應鏈。

　　在後配額的紡織品貿易自由化時代，臺灣紡織業如何自加劇的國際競爭下求生存，一直是重要的研究議題。然而，因為紡織業一直帶有「夕陽工業」的刻板印象，因此研究者對這議題著墨一向有限，也往往趕不上時代的變化與資料的更新。其中陳介英（2005）可能是最近對臺灣紡織業的發展歷史，以及其對社會的影響提供最完整的整理，但是該報告對臺灣紡織業所面臨的國際競爭壓力與應對的探討則非常有限。本章主旨在探討臺灣紡織業面對多變的國際經營環境的生存之道，並以臺灣上市的紡織公司為研究樣本，詳細剖析其經營策略與市場布局。臺灣紡織業多以中小型業者為主力，然而經歷中國崛起與新臺幣升值，許多中小型的紡織業不是關門就是出走海外，臺灣上市的紡織公司屬於較大型公司，雖未完全代表整個臺灣紡織業，但應屬於能在過去經歷變動的經營環境下而能存活下來的「適者」，其適應策略應可提供參考。本章銜接陳介英（2005）研究的落點，追蹤臺灣紡織成衣業在 2000 年以後的策略軌跡，用以思考整個臺灣紡織業的未來發展法則。

二、臺灣紡織業歷史發展的簡單回顧

　　本節回顧臺灣紡織業的歷史發展。陳介英（2005）曾將之分成四期，這四期和產業生命週期的分期有相似性，與傳統的產業生命週期階段頗能對應，但對如何將年代分期，陳介英並未說明。本章採用陳氏的分期，但對年份則略做調整。

　　在第一期的萌發期（1945-1955），臺灣由戰後的百廢待舉逐漸恢復紡織生產，但是國內產量無法供應需求，棉紗、棉布依賴進口。國民政府遷臺，大陸紡織業也隨著政府遷臺，帶來機器、技術、管理經驗，但是棉紗、棉布仍然依賴進口。在這臺灣紡織業的發展初期，政府的產業政策與美援協助扮演兩個主要力量。政府在美援顧問的協助下，1952 年開始實施進口替代的經濟發展政策，對紡織業的發展方針是鼓勵進口棉花，而不是進口紗或布，並扮演維持產業產銷秩序的角色。美國則提供美援資金與物資，物資部分美國大量進口的棉花占了兩成，資金部分則提供設備貸款與技術。政府建立棉花原料的分配機制，分配給紡織廠，於是很多創業家投資紡織廠，進口紡織機械，而美援則提供外匯融資。1950 年臺灣只有 200 家織布廠，但到 1953 年，已有 1,228 家紡織廠，臺灣棉布產量已能自給自足（陳介英，2005）。

　　第二期是紡織業的發展期（1956-1972）。1956 年政府進行第二期的經濟發展計畫，對紡織業的目標是提升效率和改善品質，以供應國內需求，但也為日後的外銷建立優良的成本與品質基礎。根據海關進出口統計，臺灣在 1956 年已開始出口棉紗、棉布，1959年紡織品外銷值達 1,300 多萬美元，占臺灣總出口總值的 12%，其中棉胚布即占七成之多，主要出口美國和香港，成衣則仍只是萌芽階段，僅有一成（陳介英，2005：10）。1957 年後政府解除對紡織業的管制政策，新的民營紡織廠競相成立，於是臺灣紡織業開始健全發展。1960 年臺灣的經濟發展政策轉向出口導向的工業發展，政府以貼補方式鼓勵紡織品出口，也開始發展上游人造纖維（化學纖維或合成纖維）。政府頒布「獎勵投資條例」，積極改善

投資環境，並建立加工出口區以吸引外資，拓展產品外銷，對原料進口加工再出口，予以免稅，並對外資獲利也有稅務方面的減免。在臺灣紡織市場逐漸飽和時，臺灣紡織業者也不得不轉向外銷追求成長，1963 年臺灣成衣追隨日本腳步，開始外銷美國，當年棉布的外銷也超過內銷金額。整個 1960 年代紡織工業在高度保護的政策與外銷市場暢旺之下，經歷快速成長。

　　1967 年之前臺灣紗線與織物的出口總額，遠遠超過成衣服飾品的出口額，此後，成衣服飾的出口金額就一路躍升成為出口紡織產品的最大項目，這個時期人造纖維成衣的產量也不斷攀升[1]，而且出口的紡織服飾品（包括纖維、紗線、織物、成衣與服飾品）也以人造纖維成衣最為大宗，其中又以出口到美國市場為最大宗。1969 年紗布的地位便由成衣取代，成為出口商品的主流。因為成衣加工屬於勞力密集產業，臺灣在 1960 年代末旺盛的成衣出口，也逐漸為紡織業的未來帶來隱憂。

　　第三期為成熟期（1973-1987）。1970 年代的兩件大事是石油危機與 MFA 的國際紡織品貿易管理架構，使臺灣紡織業的發展進入顛簸前進的階段。1973 年和 1979 年兩次的石油危機造成國際石化原料價格飆漲，也帶動各種原物料的價格波動，面對這樣艱難的經營環境，臺灣紡織業者咬牙苦撐，大廠或垂直整合的集團有財力度過難關，小廠則因拿不到原料而紛紛關門。當原物料穩定後，臺灣紡織業者又因化纖原料國內垂直供應，而繼續開拓海外市場。MFA 在 1974 年簽訂後，美加及歐洲共同市場便互與臺灣簽訂雙邊協定，對臺灣出口的各種紡織原物料與製品採取配額限制，限制的產品加工層次包括紗、布、成衣，原料亦廣及棉、人纖，和羊毛

1　美援在 1968 年中止，臺灣因為不生產棉花，為不過於依賴進口原料，臺灣早在 1954 年就開始發展人造纖維，成立中國人造纖維公司。1960 年臺灣人纖紡織品開始萌芽，一方面是因為國際市場對原料需求大於供給，另一方面則是美國對臺灣的棉紡織品設限（1962 年），臺灣業者轉向發展人造纖維產品輸美。台塑也在 1967 年成立台灣化纖生產人造化學纖維，其他人造纖維公司陸續成立，到 1970 年，已有 16 家（Chen Chiu, 2009）。

（黃金鳳，1999：15-16）。但是許多發展成衣加工的新興國家則依賴紗布進口，這些國家的進口需求造成臺灣紡織品外銷的旺季，臺灣在 1970 年代與香港、義大利、韓國並列為世界四大紡織品出口國（林忠正，1996：488）。

顛簸的 1970 年代之後的 1980 年代上半，是世界經濟復甦與快速成長的時代，國際紡織貿易持續成長，這時期臺灣紡織業的產銷也達到歷史高峰，但是缺工逐漸嚴重。1984 年臺灣通過《勞基法》，工資開始大幅上漲。1980 代中期以後由於新臺幣升值，臺灣經濟過熱，土地資金成本高昂，外又有東南亞新興工業化國家的紡織加工業竄起，使得臺灣紡織業開始面對國際訂單消失的艱難局面。紡織業整體生產產值（包括紡織業及成衣服飾業）於 1987 年達到高峰之後，就不再成長（經濟部進出口統計資料）。

第四期是衰退與轉型期（1988-）。1987 年臺灣政府開放海外投資，提出「臺灣接單，海外生產，外銷第三國」的三角貿易全球化模式，許多臺灣成衣與織布業者選擇外移，以降低生產成本，海外投資地點起初在東南亞，主要是馬來西亞、菲律賓與泰國，也有遠到加勒比海地區和墨西哥投資。1990 年代後期則轉向印尼、中國（Gereffi and Pan,1994）。1988 年臺灣紡織業的整體外銷金額、家數、雇用員工數開始自高峰下降（經濟部進出口統計資料），整個產業開始衰退，也被迫轉型。

1989 年後，由於中國市場開始大量對美出口成衣，便自臺灣進口大量紗、布，臺灣的上游紡織出口還可維持一段時光。1990 年以後，臺灣政府同意成衣業可赴中國投資，於是開啟了一波臺灣紡織業投資中國潮。臺商紡織業對大陸投資約有四波的投資潮（陳介英，2005）：第一波到大陸發展的高潮期發生在 1985 至 1986 年，大多是小規模的成衣廠商，因無法在臺灣激烈競爭下生存而轉赴中國。第二波的外移中國在 1989 至 1990 年，遷移過去的業者規模較前一波大些，但主要仍屬附加價值低的成衣加工，也有一些染整廠外移。1993 年，因經濟部放寬織布業者投資大陸的限制，臺灣紡織業開始第三波到大陸設廠，這一波加入的有大廠，甚至上市

公司。根據經濟部投審會的統計，1993 年為臺灣紡織業投資大陸的高峰。除了成衣，人纖、紡紗，及織布業都有投資中國，主要集中在廣東、福建，及上海地區。1997 年起，織布業投資大陸又轉入另一波，投資金額也比以往高。這一波主力是上游業者，如遠東紡織、新光合纖，設置化纖及織染一貫作業廠，除了投資規模遠大於以往的小型織布廠外，甚至臺灣紡織業中國際競爭力最強的項目，包括人纖原絲、加工絲、長纖布也外移。於是中國在臺灣紡織業者的轉投資下，發展出上下游完整的紡織業體系，在國際市場成為世界工廠，擠壓臺灣既有的生存空間。

　　設法留在臺灣的紡織廠則積極邁向產業升級，不斷藉機械化提高效率，並往專門化的高技術人造纖維產品發展，將紡織業轉型為高科技產業：上游強調以資本、技術密集的人造纖維及其織物為主的貿易及生產型態，下游則注重設計、銷售等非價格競爭因素，建立電腦化的產銷網，並在海外透過策略聯盟、海外加工，持續其生存空間，有的則積極拓展紡織品在工業及功能上用途，應用於土木、建築、運輸、航太、醫療、環保，及防護領域的科技紡織品（陳介英，2005）。到 2000 年後，紡織的上游原料，布、人造紗、人造纖維則變成為紡織外銷的主力（黃金鳳，1999：18-19）。

三、臺灣紡織業者的生存之道

　　臺灣紡織業自萌芽發展，利用戰後先進國家的繁榮與復興，成為國際上重要的紡織品供應國。在面對 1970 年代後多變的國際經營環境，包括中國紡織業的迅速成長，臺灣紡織業進入成熟期，接著自成衣衰退，廠商外移。為求生存，臺灣紡織業極力轉型。自 1995 年開始，紡織配額逐漸階段性的取消後，中國逐漸因成衣外銷不再受限而快速成長，並帶動紡織上游的擴大投資。本來臺灣供應中國中上游紡織原料，這樣的兩岸互補安排也逐漸遭受挑戰。2013 年中國的成衣出口 1,744 億美元，占世界 38.6%，紡織品出口 1,066 億美元，占 34.8%，年度成長率是 11%（WTO 紡織成衣統計

資料）。在這樣的一個局勢之下，臺灣紡織業有何應付之道？有何生存之道？

我們知道臺灣紡織業在 1987 年正式被鼓勵投資海外，1993 年則被允許投資中國，但對具指標意義的整個紡織業上市公司，現有的研究似乎對他們的海外布局瞭解有限。紡織業是最早全球化的產業，臺灣紡織業很早就參與這股全球化，但只扮演代工的角色。在 1980 年代，臺灣紡織業才開始在複雜化的全球紡織成衣供應鏈中扮演積極的角色，走向海外，進行三角貿易，或三角製造（triangle manufacturing）（Gereffi, 1999）。對臺灣紡織業的海外投資布局這問題，我們藉對紡織業上市公司全面性的審視其海外投資，整理紡織業上市公司的國際策略。

根留在臺灣的紡織業，面對艱困的經營環境，也有許多企業在經營上有突破，像儒鴻和聚陽這兩支紡織績優股票。這些成功的公司是屬於少數的明星？還是仍有很多沉默的成功多數？本章研究也希望透過全面性地觀察成功的上市紡織公司現行經營的業種產品，來分析其生存轉型與策略突破的經驗。

臺灣上市的紡織公司屬於較大型公司，雖然紡織業仍以中小企業為主，紡織業上市公司的樣本未完全代表整個臺灣紡織業。但是嚴格講，紡織業上市公司也是以中型企業為多數，而且應屬於能在過去經歷變動的經營環境下，而能存活下來的「適者」，因此分析其適應策略，應可提供一個反映整個臺灣紡織業經營狀況的剖面，用以思考整個臺灣紡織業的未來發展法則。

四、見微知著：具產業代表性的上市公司

本章研究以紡織業上市公司作為研究樣本，取其最近 2013 年（民國 102 年度）公開說明書進行分析，並輔以其他公開資料。本章共研究臺灣 48 家上市紡織公司，這 48 家上市公司中，有三家公司（遠東新世紀、潤泰、廣豐）因多角化程度過高，紡織業營收比重沒超過 50%，本章研究只將其紡織業的營業額納入分析；另外

二家（中國人造纖維、潤泰）雖歸屬非紡織業族群[2]，但因有部分業務屬於紡織產品，本章研究亦將其紡織事業內容納入分析。

　　紡織業上市公司整體究竟代表多少臺灣紡織業？我們拿紡織業上市公司的總營收和臺灣紡織業的總產值比較，發現其比值甚高（見表 3-1），在民國 102 年和 103 年分別為 90.96%及 89.85%。因此我們可獲得一個結論，紡織業上市公司的樣本應可充分代表紡織產業。

表 3-1　紡織業上市公司總營收占臺灣紡織業的總產值比例

	民國 102 年營收（仟元）	民國 103 年營收（仟元）
上市公司總營收[3]	412,595,375	406,123,072
紡織業總產值	453,589,000	451,990,000
所占比例	90.96%	89.85%

資料來源：紡織產業綜合研究所，臺灣紡織產業創匯及產值[4]

五、紡織業上市公司分析

（一）紡織業上市公司成立時間的分布與可能企業存活率

　　我們將臺灣紡織業上市公司依前面的紡織業歷史發展分期，分成四期的四組，來推測可能的原來上市家數與存活率（survival rate）。我們依所有可能的股票代碼和現今仍掛牌上市的公司數目計算存活率。到 2014 年為止，紡織產業相關的公司現有 48 家上市公司，但是我們推估有 52 家公司已經下市[5]，則上市的存活率為

2　中國人造纖維公司為 1718，屬於化學生技醫療類，潤泰公司為 2915，屬於貿易百貨業。

3　已扣除非屬紡織業代號（14xx）之公司：中國人造纖維、潤泰公司。

4　資料來源：紡織產業綜合研究所，臺灣紡織產業創匯及產值
　　（請見 http://www.ttri.org.tw/content/economic/economic01.aspx）。

5　下市公司乃根據紡織業代碼 14xx 中間的空號算出，根據《臺灣經濟新報》資料庫以及兆豐證券資料 http://www.emega.com.tw/js/StockTable.htm http://sfiap.sfib.org.tw/sfirepo/SRE0020/SRE0020RForm.aspx?pCorpType=3&pInsID=04&pYYYY=（四碼者為上市公司，五、六碼者為轉/交換公司債或金融債）。

48%，小於二分之一。這 48 家公司在紡織業歷史分期的分布如表
3-2。

　　如表 3-2 顯示，紡織業上市公司於產業的萌發期成立，而現仍
經營的公司家數只有五家。發展期與成熟期成立的公司家數似乎相
對較多，可能當時因環境有利，新公司如雨後春筍般設立，發展期
成立且現仍經營的尚有 20 家，成熟期尚有 18 家，但到轉型期，產
業已如強弩之末，成立而能上市的公司有限，該時期成立且現在還
在經營的公司只有五家。

表 3-2　紡織業上市公司依時期分布

	萌發期 （1945-55）	發展期 （1956-72）	成熟期 （1973-87）	轉型期 （1988 之後）	總計
上市公司數	5	20	18	5	48
比例	10.4%	41.7%	37.5%	10.4%	100%

資料來源：作者整理、自繪

（二）紡織業上市公司成立時間的分布，規模、獲利率，以及研發費用與資本支出占營業額比例

　　表 3-3 以極簡單的財務資料，整理出紡織業上市公司成立時間
的分布，包括規模、獲利率，以及研發費用與資本支出占營業額比
例。分期的各組公司的財務特徵分析如下：

　　成立於萌發期的紡織公司經營到今只存活五家，其平均營業規
模最大，但是標準差也最大，2013 年的成長率是各組中最大
（0.81%成長率），但過去十年的長期成長率則不是最好，但可以
有 14%，也算不錯。本期最大者為遠東新世紀（見附錄 1），為一
家大型多角化公司，其紡織事業仍然維持龐大的規模，也成功發展
其他事業。本組另一家知名企業是臺南紡織，為臺灣紡織業界元老
級的企業，其早一代的經營者和投資者被業界稱作「臺南幫」，臺
南幫轉投資統一企業（食品），後來統一企業發展成統一集團。另
外一家新光紡織，也是老字號的臺籍紡織公司，後來發展成新光集

團。本時期成立的公司已超過 60 年歷史，多數發展得很成功，可能因為是先驅優勢（First Mover Advantage），有機會發展產品多樣性或是多角化經營，也可能代表團隊經營有方。本組企業在 2013 年的資本支出占營業額比有 2.07%，是各組的次高；而研發支出占營業額比仍占有 0.82%，亦是所有時期的次高，顯示萌發期成立的公司穩紮穩打地經營，仍具成長力道。

成立於發展期而目前還在經營的紡織公司家數最多（20家），但整體的平均成長率在 2013 年是負數，其長期成長率也敬陪末座。2012 年的平均資產報酬率（Return on Assets，簡稱為 ROA）也是最後。本組平均規模只有 50 億元左右，但標準差卻有 89 億元，規模大小差距很大。本組公司算是歷史悠久，平均有半世紀的歷史，成立於最優的成長環境，卻發生近年的成長力道不如成熟期成立的較年輕公司，也不如成立於萌發期的老一輩公司。多數公司經營發生問題，無法隨環境變化而轉型。本章推測，這些公司成立於容易經營的環境，因此能快速達成上市資格，卻沒有太多機會與時間接受磨練，於是對成熟期後的突發環境變化無能力應付。本組許多公司在成立將近 50 年後的營業額尚未超過 10 億，且規模小者常常是成長衰退嚴重的公司，顯示遭遇衰退不知所措，或曾力求轉型卻不成功。這樣的公司或許可以以專注在天然羊毛纖維的中和羊毛和利華羊毛為代表，這類公司專注在天然纖維相關的紡織，而天然纖維業務明顯不再是臺灣的優勢，因此這兩家公司在 2013 年出現嚴重負成長率，分別為-39%和-21%。

成立於成熟期而目前還在經營的公司有 18 家，平均規模次低於萌發期的公司，2013 年的成長率也不錯，有 0.24%，十年的長期成長率有 18%，僅次於轉型期的年輕公司，但也是規模大小差異很大，平均營業規模略大於發展期。2012 年和 2013 年的 ROA 顯示本組是所有組中經營績效最好的。本時期有一家是所有紡織業成長最迅速者：儒鴻（股票碼 1476）與強盛染整（1463）（見附錄 1）。儒鴻企業 2013 年的成長率達 33%，該公司致力於產品差異化，專精在機能布與運動服飾系列的研發生產，從 2013 年起不

斷在海外設廠生產，應是其成功最大因素。強盛染整成長率為 37%，為國內少數專業染整廠，並在國外設有生產一貫廠。另外，此時期的大將公司負成長達到 57%，是所有公司中萎縮最大者，紡織業占該公司營業額 63%，但根據其年報，主要的衰退原因來自其副產業營建業。

於轉型期成立的公司家數少（五家），因為年輕，規模也相對最小，2013 年萎縮最多，負成長為-2.79%，但是過去十年的成長率有 25%，是所有組中長期成長率最高，顯然公司年輕，就有成長動力。ROA 績效在 2012 年還不錯，但在 2013 年的 ROA 就出現負數。2013 年的整組萎縮可能主要因為本盟光電紡織（1475）的負成長達-30%，根據其年報，其主要虧損原因為紡織業的計畫性生產，導致過多庫存，另外太過注重美國市場，光電業在過去整個產業一直出現經營不順，一家公司轉投資光電顯然是押錯寶。本組在資本支出與研發支出的比例也最高，分別為 6.53%和 1.44%，顯示年輕公司注重研發創新和長期發展。

表 3-3　紡織業上市公司規模、成長率、獲利率，以及資本支出和研發費用占營業額比

		2013 年營收（仟元）	2012 年營收（仟元）	2012-13 年成長率	2004-13 年成長率	2013 年 ROA（%）	2012 年 ROA（%）	資本支出比（%）	研發支出比（%）
萌發期（5 家）	平均	155,011,829	152,915,136	0.81%	14%	2.45	1.89	2.07%	0.82%
	標準差	45,991,739	45,123,874						
發展期（20 家）	平均	5,083,917	5,378,149	-0.10%	3%	2.70	0.87	0.67%	0.60%
	標準差	8,865,471	8,976,947						
成熟期（18 家）	平均	7,207,687	7,384,092	0.24%	18%	3.89	5.03	0.79%	0.42%
	標準差	11,591,734	12,110,616						
轉型期（5 家）	平均	4,589,368	4,293,983	-2.79%	25%	-1.42	3.67	6.53%	1.44%
	標準差	6,354,852	5,643,052						

資料來源：本章研究整理，詳細資料請見附錄 1

（三）紡織業上市公司產品分布與價值鏈上下游分析

　　我們將紡織業上市公司所經營的事業產品，依在價值鏈上下游，建立表 3-4。表 3-4 所顯現的，是不同時期成立的上市公司所經營的紡織上下游產品項目。粗略地審視，我們可看到，不同時期成立的各組公司都有跨上下游經營，共通的產品項目是經營傳統的棉類織物、紗、人造纖維，也從事成衣加工，但也略呈差異。特殊的是萌發期成立的公司已經發展最上游的化工原料如乙二醇、環氧乙烷、壬基酚。發展期成立的公司所經營的產品顯示較多樣化，除了棉紗、棉布、人造纖維，也出現毛條，並切入特殊醫療用布等。其下游經營也發展多元化，除成衣外，亦包括通路的發展。成熟期時成立的公司的產品特色，是布種更多元化，包括特殊布種如輪胎用布、牛仔布等。轉型期成立的公司則強調機能布料的生產。

　　表 3-4 也顯示，每一期都有公司經營專業特殊產品，如特殊用布如滑雪衣布料、泳衣布料、工業用布、牛仔布、醫療用布等。牛仔布集中在成熟期的公司，例如如興、宜進、年興等，可能在紡織產業成熟期時，牛仔褲蔚為風尚。牛仔布專業公司也有較高的海外布局現象（見下一節）。經營工業用布的公司，並沒有出現集中在特定時期。萌發期成立的遠東新世紀已生產工業用布，另有福懋、昶和纖維亦生產工業布。另外在專屬的利基產品方面，有廣豐公司專注在家紡類產品，利勤專注在立體織物（運動鞋）的研發製造，都有相當好的成就（詳見附錄 3）。

表 3-4　各時期生產之紡織品

時期	上游	中游		下游	
		絲與紗	布	染整	成衣與通路
萌發期（1945-1955 年）	化工原料（乙二醇、環氧乙烷、壬酚）；	• 混紡紗、OE 紗、聚酯紗、功（機）能性特殊紗、加工絲 • 棉紗、聚酯棉、聚酯粒、聚酯絲	棉布混紡布、先染布、長纖布、針織布、工業用布、高機能襯衫布料、滑雪衣布料、羽絨衣布料、泳衣布料		成衣

時期	上游	中游		下游
發展期（1956-1972年）	聚酯粒、尼龍粒、	• 紡紗、布紗、棉紗、毛紗、原紗、棉紡 • 毛條、防縮毛條、防縮散毛、炭化毛、羊毛脂 • 先染織物 • 聚酯絲、聚酯棉、聚醯胺纖維、聚酯纖維、聚丙烯纖維、加工絲、尼龍絲	• 布-針織布/平織布、特多龍布、交織布、胚布、合成纖維布 • 短纖織物、長纖織物、醫療用布	染整加工	• 成衣、羽絨原料 • 家紡類（毛巾、浴巾） • 家居紡織製品 • 銷售布匹 • 物流通路
成熟期（1973-1987年）	尼龍粒、及聚酯粒、瓶用酯粒、聚酯粒	特多龍加工絲、聚酯原絲、尼龍絲、混紡紗及特殊紗種（彈性紗）、加工絲、聚酯加工絲、尼龍加工絲、聚酯絲、花式粗紗、花式細紗、環錠紗、網、線、繩、染紗	特多龍成品布、特多龍胚布、耐隆布、輪胎簾布、特織布、棉布、平織布、格子布、疋染布、針織、成品布、織布、平織布、牛仔布、休閒布、色布、短纖織物、長纖織物	染整代工	• 原絲買賣 • 零售成衣 • 成衣 • 布匹買賣
轉型期（1988年之後）		加工絲、尼龍原絲、尼龍加工絲、聚酯原絲、聚酯加工絲、複合加工絲、化纖產品、工業產品	• 三層網布、機能型透溼防水紡織品加工 • 成品布	成衣	

資料來源：本章研究整理

　　表 3-5 將紡織產業經營的產業鏈上下游的公司家數，依時期分類。由表 3-5 可看出，紡紗織布與染整的家數最多，代表臺灣紡織業的主力。上游方面，人造纖維明顯超過傳統的天然纖維。經營下

游的成衣加工家數也不少。天然纖維只有在發展期成立的公司還有
經營，而成熟期公司則偏好染整和成衣。表 3-6 則計算整個紡織業
在上下游價值活動的總產值。由表 3-6 可明顯看出，人造纖維產值
比例最大，紡紗與成衣的產值其次。另外值得注意的是，大部分公
司都經營上下游垂直整合的營業項目，以期最大的競爭優勢（詳見
附錄 5，個別公司上中下游價值鏈）。

表 3-5　各時期之上中下游家數

	家數	上游			中游		下游	
		石化原料	天然纖維	人造纖維	紡紗	織布	染整	成衣
萌發期 （1945-1955 年）	5	1	0	2	2	1	2	1
發展期 （1956-1972 年）	20	0	3	9	8	7	4	3
成熟期 （1973-1987 年）	18	0	0	5	8	9	10	7
轉型期 （1988 年之後）	5	0	0	1	1	2	2	2
合計	57	1	3	17	19	19	18	13

資料來源：本章研究整理

表 3-6　各家生產營業項目在各價值鏈的產值

	天然纖維	人造纖維	紡紗	織布	染整	成衣	零售
上市公司 產值（仟元）	531,826	106,468, 376	69,928, 911	31,116, 326	1,462, 950	55,334, 055	2,847, 880
比例	0.2%	40%	26%	12%	0.55%	21%	1%

資料來源：本章研究整理

（四）海外布局

臺灣紡織業在進入轉型期後，開始面臨經營壓力，許多廠商出
走，往海外投資。表 3-7 整理紡織業上市公司海外布局的國家分

布，詳細資料則可參考附錄 4。表 3-7 顯示，投資海外的公司並非多數，大部分的紡織業上市公司根留臺灣，包括營業總部，工廠生產，及銷售活動。以各時期成立的公司來看，萌發期成立的五家公司有三家沒有在年報表示有海外投資，其他兩家的海外設廠則遲至於 1995 年才開始，主要布局在越南（例如臺南紡織）和中國（例如遠東）。發展期的公司則有不到三分之一的公司有海外投資。在海外設廠的公司設廠的時間也算早，於 1990 年代初已開始在東南亞區域設生產基地，少數企業如臺南企業最為積極，除在東南亞之外，已經到中東約旦設廠。成熟期的公司，有海外布局的企業家數最多，比例也最大。其中，福懋最早就在 1989 年布局香港；南緯，在近幾年亦積極在海外布局，中南美及非洲均有設廠。另外如生產牛仔布的如興、年興也都是全球性的布局，遠到非洲和中南美設廠。轉型期成立的七家公司中只有聚陽最為積極在海外設廠，聚陽遲自 1998 年才到東南亞設廠，但一旦開始，就持續進行完整的布局，包括東南亞、非洲、美洲，甚至在美國也設立銷售型據點。值得注意的是，近年來因為中國的崛起，越來越多廠商在 2000 年開始積極在中國設廠或設立銷售辦公室，尤其是成熟期以後成立的公司，更為積極，設廠或是設立銷售辦公室的優點是一來可以與中國廠商策略聯盟，二來可以接近消費者市場（詳見附錄 4 各上市公司之海外布局）。

表 3-7　各時期的海外布局狀況

	最早布局時間（年份）	海外投資家數	中國	東南亞	美洲	中東/非洲	歐洲
萌發期（1945-1955 年）	1995	2	上海	越南			
發展期（1956-1972 年）	1992	7	宜興、杭州、青島	越南、柬埔塞、印尼、泰國	尼加拉瓜、薩爾瓦多、墨西哥	約旦、史瓦濟蘭	義大利

	最早布局時間（年份）	海外投資家數	中國	東南亞	美洲	中東/非洲	歐洲
成熟期（1973-1987 年）	1989	12	濟南、山東、廣東、廈門、中山、上海	越南、柬埔塞、寮國、緬甸	薩爾瓦多、美國		
轉型期（1988 年之後）	1998	1	揚州、上海	越南、柬埔塞、斯里蘭卡、孟加拉	薩爾瓦多、美國		

資料來源：本章研究整理

（五）紡織業的優勝劣敗：上市公司的績優股與績弱股

在此我們挑長期成長率（2004-2013 年成長率）最優的前十名和最差的十名做分析比較，企圖找出影響成長率的可能關鍵因素。由於部分資料無法取得，我們只能取得 44 家上市公司的十年成長率，依十年成長率排列後，可得 24 家公司有正成長，20 家公司有負成長。我們取較極端的績優公司和績劣公司做分析，決定選擇排名前十名和最後的十名。

表 3-8　長期成長率前十名一覽表

過去十年營業額成長前十名				
名次	成立年份	時期	公司	成長率
1	1977	成熟期	儒鴻企業	149%
2	1987	成熟期	利勤	135%
3	1975	成熟期	力鵬企業	92%
4	1982	成熟期	得力實業	91%
5	1969	發展期	集盛實業	83%
6	1954	萌發期	遠東新世紀	79%
7	1967	發展期	新光合成纖維	74%
8	1988	轉型期	聚隆纖維	73%
9	1969	發展期	嘉裕	58%
10	1990	轉型期	聚陽實業	55%

資料來源：本章研究整理

　　表 3-8 列出長期成長率前十名的公司的成立年份、時期，和成長率。若以個案來看，成長最大的公司主要為成熟期成立的公司，占了前四名，包括儒鴻、利勤、力鵬、得力。

　　儒鴻企業成立於 1977 年，早期以委外代工的方式從事布疋、成衣與紡織原料買賣，而後，當臺灣紡織業面臨產業升級之際，儒鴻放棄過度成熟打價格戰的針織品市場，轉而專攻高難度、高單價的彈性針織布領域，以少量多樣的策略站穩利基。在 1993 年成立研發部，專責蒐集流行資訊、開發新布料以因應快速變動的市場。2001 年後，紡織業進入全球競合的階段，儒鴻開始進行上、中、下游的垂直整合，提供客戶一次購足的服務，成為全球「專業功能型服裝」製造廠。儒鴻也是亞太第一家榮獲杜邦（DuPont）品質認證的企業，其主要客戶包含 Nike、Under Armour、GAP、Kohl 和 Lululemon 等國際品牌商。生產基地遍及臺灣、大陸、越南、柬埔寨，及賴索托等地。2013 年營業額高達 181 億新臺幣，十年來成長率高達 149%，亮眼的成績扭轉眾人對傳統產業的看法[6]。

　　長期成長率第二名的利勤實業的營業額較小，但是這十年有長足的成長。以立體織物為主，一方面積極拓展全球化銷據點，並配合上、下游合作廠商，不斷開發新產品；由於亞洲地區已成為世界各大知名品牌運動鞋最主要的生產基地，為配合市場生產趨勢，持續加強大陸及越南辦事處的能量。在產品開發計畫方面，投入更多的心力，特別是與綠色環保潮流結合，包括使用更友善、人性化的天然與有機材料。

　　第三名力鵬企業亦是重視研發，其尼龍粒產量更位居世界第二位，為亞洲最大尼龍製造商。力鵬以滿足終端消費者需求為思考，結合上游原素材、原料與紗線之研究開發，至配合下游產品設計與生產。而現今環保消費是地球人最迫切關心的議題，不管在節能與回收再製的綠色產品，或因應地球極端氣候所開發的輕量化及機能性產品，力鵬都有顯著成就。

6　詳見本書第六章，〈中堅企業、隱形冠軍的形貌〉。

　　第四名得力實業的營業額較小，但十年來穩定成長，主要為發展符合環保需求的機能性布種，積極與上游廠商共同研發素材，在生產技術上努力轉型，在短纖織物方面：1. 以短纖機臺生產長纖 Y/D（Yarn Dyed，紗織布）布種，2. 棉織物細支數化，3. 生產新長短纖交織布。在長纖織物方面：朝細丹尼高密度化，生產更輕、更薄、更環保的織物。

　　第五名為集盛實業，其營業額在 2000 年初期成長較大，近三年較無成長，產品為機能性的尼龍產品，擁有尼龍絲上中下游關鍵技術，及多項尼龍產品生產技術專利。近幾年成長遲緩的主因是大陸市場緊縮，減少採購，並且大陸及亞洲的競爭者興起，營運較為艱辛。主要在臺灣製造，並無海外布局。

　　第六名的遠東新世紀雖為萌發期成立的公司，營業額龐大，而仍能持續不斷成長實屬不易。可歸因於不斷發展新產品，往上游發展、轉型、開發新的事業，如今是一超大型的多元事業體的公司。若以其紡織業而言，亦有很大的進展，以成為「聚酯紡織材料領導者」為目標；一條龍的產銷結構鏈是生產事業最大的競爭優勢，涵蓋上游石化原料、中游化纖材料、下游紡織項目，充分掌握垂直整合利基，並提升全球布局綜效，臺灣、上海、蘇州、揚州各總部的整合生產與銷售團隊，達成產銷一貫化的目標。

　　新光合成纖維為第七名，近年致力於研發環保產品，例如環保纖維，包括發熱紗、涼爽紗等綠色產品，以減少原物料的耗用，並且減少人們因為氣候關係耗損的能源，獲致良好成效。除了一個泰國工廠外，並無太多的海外布局，主要為臺灣生產。

　　身為第八名的聚隆纖維，其營業額較少，屬小型公司，近十年穩定成長，但近幾年成長遲緩。可能受到人造纖維產業遭遇到全球不景氣的影響，加上新興國家加入競爭，成長受到影響。

　　第九名嘉裕，為西服成衣品牌領導銷售商，1977 年就推出自有品牌嘉裕西服，在臺灣有一定品牌知名度。後來往高價發展，做國際知名西服成衣品牌代理或品牌授權，例如 George Armani、Diesel、Cole Haan，透過大百貨公司銷售，成績不錯。近一、二年

國內對西裝成衣的需求有下降現象，影響嘉裕的中高價品牌銷售。

　　第十名的聚陽實業的成長值得注意。聚陽成立於 1990 年是臺灣工資高漲、新臺幣大幅升值，開發中國家以低廉工資與生產成本，大舉叩關之際，當時長期為臺灣外銷主力的成衣業，陷入前所未有的困境。聚陽透過先進的 ERP 系統，靈活調度的供應鏈管理，以及多元產品的組合能力，成功做到以最短距離、最低成本、最快速度提供最適化的產品，並成為 Wal-Mart、Target、GAP、Kohl's 等「快速時尚」國際服飾品牌的供應商。聚陽積極布局海外，1998 年起即陸續於印尼、菲律賓、越南、柬埔寨、斯里蘭卡工廠建立策略聯盟，以增加產能調度能力。另於 1999 年於中南美洲薩爾瓦多設廠生產，以享有輸美免配額及免關稅的優惠；並於美國設營業辦事處，積極進入美國、加拿大銷售，成績斐然。聚陽積極往上游的布料事業與下游的品牌事業進行拓展，大幅提升自身在生產供應鏈上垂直整合的能力[7]。聚陽並積極與各財團法人、學術界、產業界進行技術交流與合作，並培植自有的研發團隊，專注多元產品的專精生產技術，投入製做專業運動服飾的技術研究。另外新材質的研發與策略合作，進行機能性材質的研發，並進行商業化的推廣與運用。值得注意的是，聚陽的資產報酬率高達 15%，是所有上市公司最高的，也是國內最大的成衣製造商，並以亮眼的成績證明，臺灣成衣業已被重新評估，並非昔日人稱的夕陽工業。

　　綜觀以上分析，成長強勁的公司大略具有以下幾項特徵：

1. 生產快速成長產品，如機能布料、利基型產品，但有成長空間，如特殊布料、綠色產品等；
2. 垂直整合以發揮上下游協調績效，也積極拓展海外工廠或銷售據點，以便調度產能、接近市場、同時降低成本；
3. 積極不斷地從事中上游產品研發。

　　表 3-9 列出長期成長率最後十名的公司，以及其成立年份、時期、和成長率。

7　詳見本書第六章，〈中堅企業、隱形冠軍的形貌〉。

表 3-9　成長率最後十名公司一覽表

過去十年營業額衰退前十名				
名次倒數	成立年份	時期	公司	成長率
1	1968	發展期	廣豐實業	-68%
2	1953	萌發期	東和紡織	-65%
3	1978	成熟期	宏和精密紡織	-64%
4	1990	轉型期	本盟光電紡織	-57%
5	1964	發展期	利華羊毛工業	-52%
6	1968	發展期	怡華實業	-49%
7	1972	發展期	佳和實業	-48%
8	1973	成熟期	大魯閣纖維	-45%
9	1982	成熟期	昶和纖維興業	-43%
10	1978	發展期	大將開發	-39%

資料來源：本章研究整理

　　這十家經營困難的公司，大致有類似的原因：雖坐擁成熟產品，面臨國際競爭，主要是新興紡織國的趕上，卻回應無力。許多轉投資於非相關事業，卻因此受到拖累。

　　在轉投資失敗方面，第一名的廣豐實業為一家多角化集團，事業內容包括家紡、餐飲、營造建築。家紡事業占 40%營業額，其毛巾自有品牌為「來福牌」（Life），面臨大陸業者的競爭。廣豐營業額的衰退主要來自營建業。第四名的本盟光電紡織由兩個事業組成：光電和紡織。其紡織事業原本為紡織公司本盟紡織，是國內緹花織物的領導廠商，也是第一家大規模設計、大量生產緹花織物的利基型紡織公司，其緹花布可提供服飾或家飾使用。本盟專精於小而美的設計、織造、染整的新合纖紗技術，可以快速生產，少量多樣。本盟光電紡織會出現衰退現象是被其光電事業拖累，其所投資之光電產品一直經營困難。第八名大魯閣纖維：主要的虧損來自因拓展商用不動產業務（娛樂休閒購物中心），開辦期間費用增加導致營業獲利減少。紡織事業方面，也面對市場漸趨飽和，以及中

國大陸及東南亞業者削價競爭等不利因素。第十名大將開發轉投資營建，但營建業務對公司整體的成長貢獻有限，其紡織業務方面，主要產品為混紡紗及特殊紗種（彈性紗）製造銷售業，也明顯因國外競爭而營收受損。

在受到國際競爭卻無力回應方面，有第二名的東和紡織，這家歷史悠久的老企業，主力在短纖，但是臺灣目前短纖市場萎縮，內銷有供過於求的現象。第三名的宏和精密紡織，則專門在長纖布，為國內少數擁有紗加工到染整之完整加工體系的長纖布廠。因為長纖布是項成熟產品，產業已由最初用於衣著用途，轉向家飾、運動休閒、機能性或功能性等多元用途，但宏和似乎無法有效透過研發創新來適應市場改變。第五名的利華羊毛是專業生產毛條的廠商，臺灣不生產動物毛，毛紡技術成熟，所創造的附加價值低，因此臺灣無利基生產毛紡加工品。第六名的怡華實業屬於中游紡織產業，主要產品包括毛紡紗、棉紗、混紡紗胚布及成品布等，主要市場為內銷，產品尚未往高附加價值的產品發展，其人力成本與製造費用也缺乏競爭力，造成營業額衰退。第七名佳和實業主要生產先染織物及長纖織物，也面臨東南亞等勞力低廉的國家競爭。這些東南亞國家之生產水準日益提升，而產品售價卻很低 ，其結果將使我國紡織品在外銷上遭受不利的競爭。另外由於對織布的主要原料──棉花依賴很大，價格亦受國際行情左右。

第九名昶和纖維：主要產品為成衣用布，主要研發方向為高機能性的工業用布與環保布料，例如軍用降落傘、汽車工業用的防火防汙裝飾布、風衣用布等，看起來都是不錯的產品項目。過往營業額虧損來自於國內外出貨比例，臺灣出貨下降。將來量產商品將持續移至中國，以降低成本並貼近市場，臺灣將專注於新產品開發。

綜合以上分析，我們可整理出成長衰退的紡織業上市公司的原因，大約可以歸納為：

1. 外在環境不利，新興市場的崛起，價格競爭壓力；
2. 過度依賴傳統產品，或傳統市場結構的運作機制；
3. 多角化經營投資不順利，轉型不如預期。

六、紡織業未來發展之機會

　　本章利用公開資料，分析臺灣上市紡織公司的經營績效、產品事業、海外布局情形，並且分析過去十年的長期成長率領先和落後整個產業的績優與績弱公司，企圖找出影響企業持續成長或無力的因素。我們共分析 48 家公司，並依公司成立的年代分成四期，對應臺灣紡織業由萌芽到轉型的四個產業生命週期階段。我們發現，萌發期成立的公司平均規模最大，但成熟期成立的公司資產運用最有效率，平均 ROA 最高。長期成長率方面，轉型期成立的公司有最快的成長率，而成長期成立的公司有最差的成長率。

　　在所經營的產品項目方面，整個紡織業的價值鏈都有公司著墨，上市公司由上游的石化原料到下游的成衣加工、品牌行銷活動都能涵蓋；在產品廣度，由傳統的棉紗、布和毛條，到以人纖為材質的機能紗布，再到各種特殊用途的織布，都有生產銷售。但以投資重心看，上市公司投資重心在人造纖維的生產，其次才是紡紗和成衣。其實臺灣紡織業奠基於紡紗織布，如今織布已淡出，只留下高技術層次的機能性纖維紗和布料紡織。

　　臺灣紡織業因為勞工成本偏高，許多低附加價值活動競爭不過新興紡織國，被迫出走臺灣，往海外投資。本章研究顯示，上市公司投資海外的比例普遍不高，如果有投資海外，上市公司對海外投資基地的選擇多偏好東南亞和中國，顯示地理便利性和文化近似性是海外投資的主要考量因素。有少數公司積極投資海外，進行全球布局，工廠分布五大洲。雖每一時期成立的上市公司都有公司投資海外，但成熟期成立的公司似乎最積極。這些公司創立於較艱辛的環境，心理面似乎較能隨環境而變化策略，在心態上也較能接受海外投資的風險；反而是成立於成熟期的公司，生於順利環境，對後來的紡織環境丕變，要不是不求應變，就是應變無果。

　　本章研究也比較在過去十年的長期成長率領先和落後整個產業的績優與績弱公司，發現成功的祕訣未必單一。雖然機能性布料是成長市場，但成功的公司都能在機能性布料的基礎上，建立應用的

利基，努力研發特殊用途產品，例如儒鴻的運動機能布和利勤的立體織物，並透過密切的上下游協調，建立模仿障礙。嘉裕自創成衣品牌，並代理國際設計師品牌與取得國際品牌在臺授權，建立臺灣正式西服的領導地位，也曾是一個成功的商業模式。聚陽則透過直接投資與策略聯盟，建立彈性靈活的海外加工網絡，賺取供應鏈管理的利基財，能在競爭激烈的國際成衣加工市場與各國競爭，也是一種成功典範。本章研究也發現，成長失敗的原因大致有一，就是轉型無力或失焦，許多公司轉投資失利而傷及紡織本業。

　　臺灣紡織業經歷一個甲子的發展，由上市公司成功與失敗的案例，可窺見臺灣紡織業未來的發展方向。成功且成長的前幾家紡織公司顯示，臺灣紡織業的市場還是放在國際市場，面對國際競爭，這些公司已走出一個利基策略，就是往機能環保的「紡織科技化」方向持續開發上游具高科技含量的纖維與紗，並開拓各種機能紡織品的特殊應用市場。紡織業的下游仍然須依賴加工，因此海外產能是臺灣廠商生存的法門，而終端品市場仍然講究價格、流行、功能、多樣化、快速變化，許多臺灣公司企圖在下游立足，藉垂直整合上游特殊布料，調配多國產能，以賺取供應鏈管理的利潤。對於衰退的公司，我們建議其應設法轉型，採用臺灣績優紡織公司的成功模式，尋找利基的應用領域，並且專心於紡織業的經營。紡織業在臺灣仍然有無限的發展潛力，臺灣紡織業已建立密切資訊交流的產業網絡和產業群聚，相信只要專注經營，借助產業同業的經驗，成長衰退的公司應能轉型成功。

REFERENCES

1. 林忠正，1996，〈臺灣近百年的產業發展──以紡織業為例〉。469-504，收入張炎憲、陳美蓉、黎中光編，《臺灣近百年史論文集》。臺北：吳三連臺灣史料基金會出版。

2. 陳介英，2005，《臺灣紡織產業的技術發展軌跡與社會文化變遷》。臺北：國立科學工藝博物館研究報告。

3. 黃金鳳，1999，《臺灣地區紡織產業傳》。臺北：中華徵信所。

4. L-I Chen Chiu, 2009, "Industrial Policy and Structural Change in Taiwan's Textile and Garment Industry", *Journal of Contemporary Asia*, Vol. 39, No. 4, November 2009, pp. 512–529.

從個案廠商看紡織成衣業的發展

對臺灣而言，紡織產業是促使臺灣戰後經濟復興、出口累積外匯，以及支持後續其他產業，健全經濟體質的重要角色。即便是在電子業、半導體產業掛帥的今日，基於利基市場持續研發創新的紡織業，仍為臺灣重要出口產業，並且在機能性織品的全球紡織供應鏈中具有一席之地。

綜觀臺灣紡織業的發展，最早可追溯至清領時期。臺灣本身因特殊的移民社會結構，以及缺乏原料而未出現大規模紡織生產，所需布疋與民生物資則多仰賴中國及海外進口。清代臺灣雖不產布，卻產有染整所需的藍靛，出口藍靛成為臺灣外銷中國的特產之一，或自中國輸入白布在臺染色後回銷，形成清代「中織臺染」的分工體系。大稻埕地區也因具有水陸交通之便，而成為臺灣北部重要商業地帶與貨物集散中心，與發展較早的艋舺地區相互輝映。

日治時期臺灣與中國的密切連結被日本所取代，布料來源也以日本輸入為主。此時期大稻埕地區的水運地位雖被基隆港所取代，但其貨物集散功能仍未見削減，依舊是臺灣北部重要的商業地區。迪化街「布街」之名也自日治時期出現而名聞遐邇，永樂市場至今仍是臺灣重要的布料批發中心。許多由大稻埕布行出身的學徒，在戰後成為縱橫臺灣紡織業的重要業者，為臺灣紡織業的發展注入動力。

1945 年的戰後復員，以及接踵而來的國共內戰，使得國民政府一直要到 1949 年後才能真正經營臺灣。隨著 1950 年韓戰爆發，美援物資湧入，門檻較低，既能滿足內需又能拓展外銷的紡織業，便成為政府積極推廣發展的產業。臺灣紡織業便在過去日人留下的設備，以及部分紡織業者自中國攜來的原料、機具的基礎上站穩腳步。大稻埕迪化街地區因其商業功能與布業淵源，成為紡織業群聚中心，至今仍是許多

批發布商與紡織企業的大本營。彰化和美地區也因日治時期紡織生產經驗，在戰後成為重要紡織生產聚落。隨著臺灣紡織業逐漸步上軌道，成為外銷創匯的重要產業，紡織品項也出現專業分工，同樣也形成專業聚落。如：雲林虎尾以毛巾生產為主、彰化社頭則以織襪工業而聞名。艋舺與五分埔則搭上成衣業的順風車，而成為今日服飾批發的重要核心地區。

　　1960 到 1990 年代是臺灣紡織產業向上發展的重要時期，紡織品也自早先的天然纖維往人造纖維發展。在這段期間有許多紡織企業集團出現，如自中國遷移來臺的遠東、臺元與潤泰紡織；具有迪化街經驗的南紡、新光與中和紡織；往人造纖維及其上游發展的台塑、力麗集團等，這些紡織企業集團成為臺灣經濟發展過程中不可忽視的一員。其中遠東紡織挾其豐富的紡織經驗，在棉紡奠定的基礎向上發展，整合了人纖及其上游原料，向下則整合紡織與成衣，形成一貫化紡織生產。向外則多角化經營，跨足水泥、運輸、百貨通路與電信等產業，發展成為國內重要的集團企業。力麗集團則以紙印花起家，而後跨足聚酯與尼龍兩大人纖領域，在「西進、南進，不如上進」的期許下，持續在人纖產業深化耕耘，成為今日世界第二大的尼龍生產者，並以「力寶龍」之名整合集團旗下品牌，期望建立「力寶龍 inside」高品質且好口碑的品牌形象。力麗集團除在人纖領域持續深化外，亦朝多角化經營，將集團版圖擴展至營建、觀光休閒、科技與貿易等產業，成為國內知名企業集團。

　　在紡織本業外多角化經營其他產業，將集團規模持續擴大，可說是紡織企業集團的一大特點。有趣的是，今日在紡織產業引領風騷的紡織股王、股后，以及其他鮮為人知的「隱形冠軍」，在其組織規模與經營策略上，與過去多角化經營的紡織集團大異其趣。儒鴻企業為亞太地區最大的圓編彈性針織布製造商，也是亞太第一家榮獲杜邦品質認證的企業。儒鴻生產的機能性布料廣為國際知名品牌，如 Nike、Under Armour、Lululemon 所喜愛，為這些品牌商供應鏈中的重要成員。立足於機能性布料利基市場上的研發深化，是儒鴻能夠打入國際供應鏈的一大利器，也為儒鴻創下 500 多元股價

的佳績。聚陽實業則利用全球運籌管理，有效利用跨國分工網絡在世界各地設廠生產，成為 Wal-Mart、Target、GAP 等國際品牌商的供應商，同時也是國內成衣生產龍頭。從路邊攤起家的薛長興工業雖未上市櫃，但其專注於水類活動服飾的研發製造，並自主研發成功關鍵原料加工製程，默默打造全球市占率六成以上的潛水衣王國。這些在今日發光發熱的紡織業者沒有多角化經營的龐大體型，反而專注於紡織本業並持續深化，其相對緊湊且具彈性的組織模式，更利於當今的國際競爭型態。

　　長期以來，臺灣紡織業多以 OEM 為主，即便在機能性布料受到國際注目的今日，臺灣的紡織企業仍是國際品牌商產品供應鏈中的一環。生產型態雖自 OEM 轉型為 ODM，依然是居於代工生產的角色。政府為促使產業轉型，大聲疾呼國內紡織業者朝自有品牌、時尚設計方向努力。而隨著經濟水平的提升，對衣著服飾的需求也自單純的蔽體之用，走向追求品質、追求機能性，同時也追求服飾的美感與設計。購入服飾的管道也更加多元，從百貨公司專櫃到自營通路，以及因網路普及而出現的電子商務平臺，造就了如「Lativ」、「東京著衣」等網路服飾品牌業者，提高了業者的產品能見度，也提供消費者更多的選擇。夏姿從成衣商跨足設計品牌，以「華夏新姿」之寓意設計改良中國服飾，以其獨特的美感登上巴黎時尚伸展臺，為臺灣設計師品牌中的佼佼者。iROO 避開傳統百貨專櫃通路，跳過中盤商自行經營通路，以「快速時尚」、「平價時尚」、「少量多樣」等行銷手法抓住流行趨勢與消費者心理，立足臺灣後往東南亞、中國發展，積極拓展海外服飾市場。崛起中的臺灣設計師，則在各時尚領域中發光發熱，成為世界時尚舞臺的明日之星。

　　以下將由三個章節為例，探討臺灣紡織業發展至今的心路歷程。擇其各階段具特殊意義且活躍至今的業者為代表，分析各階段紡織業者們如何找到自己的定位與經營布局，以及他們面對內外環境變化衝擊時，如何因應與轉型。

chapter 4

個案分析（一）
地靈人傑的迪化街布市傳奇

溫肇東、陳家弘

迪化街布市傳奇

　　中西合璧的牌樓坐落於狹窄的街道，南北什貨的叫賣聲，中藥材的芳香，以及森羅萬象的布匹，構成此處獨樹一格的畫面，百年後迪化街的今日輪廓也是以此為基調的遙想。迪化街，曾經是臺灣最繁榮的商業核心，隨著淡水河船隻往來的熙攘客旅在此交易，來自中國、日本、西方的商品在此集散，進入臺灣各地的人家中。

　　迪化街的發展，隨著歷代政權的更迭而起伏，不僅孕育出數代活躍的商人，也是臺灣布業的集散中心及日後紡織業發展的起源。全臺各地紡織業者多設址於此，或是成立北部辦事處，使迪化街成為金流、商流與物流融會交織的紡織業大本營，亦發展出一套獨特的金融體系，極為低調地影響了臺灣經濟。迪化街的發展就如同臺灣經濟的縮影，街市的興起與沒落見證了臺灣過去百年經濟活動的轉變。

　　狹義的地理位置來說，迪化街指的是過去以南北雜貨、中藥材與布疋批發而聞名的這一區域。就廣義而言，迪化街又可泛稱為「大稻埕」地區，以迪化街為發展核心向外擴展，範圍東起重慶北路，西起淡水河畔，南至忠孝西路，北至民權西路。就在這個一點多平方公里的區域，主宰了臺灣早期的商業與經濟，甚至是金融活動最繁榮的地帶，更培養出許多引領臺灣紡織業發展的先行者，因此我們稱之為「迪化街布市傳奇」。

一、清代：迪化街聚落的誕生

（一）大稻埕的源起

　　清前大稻埕地區乃平埔族原住民的活動區域，直至 1709 年陳賴章墾號開拓大加蠟堡後，始有漢人活動的痕跡，但此地仍屬荒郊野地，只有少數農戶從事耕作，與平埔族人融合交流。真正繁榮的商貿區域則是在稍偏南方，因淡水河航運之利而興起的艋舺市街。

　　今日慣稱的「大稻埕」之名，事實上出現甚晚，一直要到 1871 年才始見於清代文獻。「稻埕」之義為曬穀的空地，大稻埕地區最早可能就是以曬穀場而聞名。而今日之迪化街，在清代則依其分段，而有「中北街」、「中街」、「南街」等不同稱呼。1851 年左右，泉州同安人林藍田為避盜亂，舉家自基隆遷往中街（今迪化街一段），在此開設店鋪建立房舍，為迪化市街奠基者。1853 年，艋舺地區發生械鬥，當地泉州同安移民在領袖林右藻的帶領下，北遷至大稻埕定居，並將迎來的城隍金身安置於在南街建廟，即今日之霞海城隍廟，與稍晚建立的慈聖宮成為大稻埕地區信仰的雙核心，市集街區也從此處向外擴散，成為日後的大稻埕商圈。

（二）洋行在大稻埕的進出

　　對臺灣商貿而言，洋行的重要性在於扮演了將臺灣與國際市場接軌的角色。過去臺灣已有蔗糖與樟腦等特產，透過中國商人轉口銷往海外，受到西方人高度喜愛。

　　1860 年《天津條約》簽訂後，臺灣（安平）、打狗（高雄）與滬尾（淡水）開放成為外國通商口岸，使得許多對臺灣物產有興趣的洋商，得以直接進入臺灣設立據點。此時期在臺灣有五大洋行，分別是英商德記洋行（Tait & Company）、英商怡記洋行（Elles & Company）、英商和記洋行（Boyd & Company）、德商東興洋行（Julius Mannich & Company），以及美商唻記洋行（Wright & Company）。這些洋行皆於商業發展較早的臺南安平設有營業據點，販售鴉片、布疋與日用雜貨，出口蔗糖、樟腦。

圖 4-1　大稻埕水門現址與古帆船（陳家弘拍攝）

　　1865 年，英商 John Dodd 來臺考察樟腦產地，於淡水設立寶順洋行（Dodd & Company），卻意外發現臺灣北部的氣候水土適合植茶，因而引進福建泉州安溪的優質茶苗，勸誘農戶種植。茶葉收成後由澳門轉口，銷往紐約等國際市場，竟出乎意料地大受好評，使 Dodd 大發利市。看著 Dodd 在茶葉貿易大賺一筆，其他洋行自然不會錯過眼下這片大好市場，紛紛加入製販茶葉的行列，開始培植茶農，在臺北設立製茶工廠。洋商的積極投入讓臺灣茶葉從此躍上國際舞臺，與蔗糖、樟腦成為臺灣三寶，更成為日後清代臺灣最大的生產與出口品。

　　Dodd 試銷茶葉成功後，於大稻埕設立「寶順洋行」，同樣以經銷洋貨，出口臺灣特產品為業務。原先在淡水貿易的德記洋行認為茶業有利可圖，甚至有超越蔗糖、樟腦的市場價值，幾經思考後將營運重心移往北部，同樣在大稻埕設立分公司。受到德記洋行的影響，怡和（Jardine Matheson）、水陸（Brown & Company）、和

記、美利士（Milisch & Company）等洋行也開始將業務重心北移，進入大稻埕設立洋行，大稻埕也因此洋商雲集，成為舶來貨品與本土特產的集散中心。

日治時期由於日本政府的壓迫，以及日商資本的排擠，大稻埕地區的洋行若非被收購，就是關門大吉。戰後大稻埕地區僅怡和與德記兩家碩果僅存，而這兩家洋行也分別在 1977、1978 年離開逐漸沒落的大稻埕，徒留沉默的洋樓建築低訴曾經輝煌的洋行風采。

（三）南北貨、中藥材與茶業的群聚結成市集

清代大稻埕商業發展，先以民生必需的南北雜貨為開端，與其同時為中藥材銷售，開港通商後則有洋行經營茶葉製販外銷。其中南北雜貨與中藥材發展甚早，卻未淹沒於時代洪流中，至今迪化街仍是重要的產業渠道。茶業起步較晚，曾是臺灣外銷量最大、最輝煌的行業，卻在日治後期逐漸沒落。

清代臺灣的商業活動與經濟發展，呈現對中國大陸的高度依賴。臺灣生產以初級農產品為主，民生物資與日常加工品也多由中國進口，經由水路航運來到臺灣，在大稻埕地區集散（吳密察、陳順昌，1993：4）。先進入大稻埕定居的林藍田，就先在中街開設店鋪，號曰「林益順」，由華北、廈門、香港等地進口民生物資與日用品售予當地農民，換取米、糖、樟腦等特產銷往中國，凡舉米麵油鹽、山珍海產、金香紙燭等物，無所不包，形成中街以經營南北雜貨為主的群聚。直至今日每逢年節，人們也蜂擁而至迪化街採購年貨，南北貨銷售儼然成為迪化街在人們心目中的代名詞。

中藥材的發展約與南北雜貨同時，在林藍田、林右藻定居大稻埕後不久，中街就出現了第一家中藥行。由於中藥材昂貴且需求量大，銷售中藥材便成為頗具市場潛力的行業。而臺灣本土不產中藥材，大宗藥材（如人參）早期是由南北貨業者進口，隨著南北雜貨一同自中國跨越黑水溝而來。之後中藥行林立，對各式藥材需求大增，過去以南北雜貨兼營大宗中藥材進口的方式逐漸不敷需求，也促使南北雜貨與中藥材進口逐漸脫鉤，改由中藥行直接向上海、天

津、香港等地收購藥材，藥材商們也逐漸往南街落腳，在日治時期形成堅強勢力，直至今日仍是中藥材批發零售的重鎮（吳密察、陳順昌，1993：112-114）。

臺灣茶業蓬勃發展歸因於開港後洋行洋商的積極投入，而洋行在艋舺設製茶廠受挫一事，更促使大稻埕與艋舺商貿地位的逆轉。各家洋行紛紛在大稻埕設立營運據點，透過茶販向茶農收購茶葉，或是將資本藉由「媽振館」（Merchant 音譯）貸款給其下茶館、茶農，以類似今日「契作」的方式掌握穩定茶葉來源。收購之茶葉經加工後，則透過洋行出口或轉銷廈門洋行，出口地區遍及西方與南洋市場。

臺灣建省後，巡撫劉銘傳新政實施的一連串措施刺激了茶業的發展：劉銘傳主持興建之鐵路途經大稻埕，使茶葉可藉由鐵路輸往基隆直接出口，不必再由廈門轉口；引入印度、錫蘭地區的茶葉植製方式，讓茶葉品質提高也更多元；開山撫番措施更使得漢人能夠深入以往原住民居住區，擴大了茶葉種植面積；在大稻埕地區設立專業茶郊「永和興」，功能似於今日的同業公會，有助於茶業同行們彼此監督、互助，提供度量衡標準與交易誠信（吳密察、陳順昌，1993：35-36）。

日治時期，日本政府將永和興茶郊改為「臺北茶商公會」，1923 年更成立臺灣茶共同販賣所，以利日商向臺灣植茶、製茶者購買茶葉。當時臺灣烏龍茶的海外流通市場大多受制於洋行手中，包種茶則為臺灣茶商所掌握，日商難以打入，遂另闢蹊徑，改在臺灣種植紅茶，積極培養其貿易勢力，確立了臺灣茶業出口以烏龍茶、包種茶與紅茶三強鼎立的局面。

（四）紡織布市的追源溯本

大稻埕茶業的興盛，隨著布業勢力的興起而逐漸沒落，主要原因有二：第一，當日本布源進入迪化街，積極搶食洋布與中國布疋市場時，販布成為極具吸引力的行業，不少人紛紛投入經營布業，或是到布行擔任學徒，以至於製茶業者難以招募工人。第二，製

茶、烘茶容易製造油煙與空氣汙染，對布業來說是不受歡迎的對象，導致茶葉製販業者逐漸離開迪化街，往延平北路、南京西路等大稻埕附近區域遷移，更甚者則往新店、木柵山區移居。二次大戰對經濟造成的衝擊又使得茶行相繼倒閉，原先茶行在迪化街的店面也為布商、中藥行所取代。即便到了戰後，大稻埕地區的茶業仍難以恢復過往的光彩，當地的風光產業早已被南北貨、中藥材，以及布業所取代。

　　若我們還原清代臺灣紡織發展的規模，應該頂多是簡單的裁縫製衣，主要的布疋還是得依靠中國、西方進口。原因有四：第一，駱芬美於《被扭曲的臺灣史》中引用清代地方誌及官員著作，指出當時臺灣較中國民間相對富庶，民間奢華成風，追求華麗服飾，對中國高級紡織品需求極高。女性亦以工於精美刺繡而聞名。巧工者單靠刺繡不僅能養家餬口，更能有盈餘積蓄，收入較紡織來得高，也因此降低了發展紡織的需求（駱芬美，2015：28-36）。第二，材料的缺乏。臺灣本身非棉、絲的產地，雖有產麻可抽紗，但麻布衣著觸感並不舒服，一般多為原住民服飾所用，漢人移民甚少使用。第三，社會構成不利於紡織發展。清康熙年間將臺灣收歸清廷後，雖屢有渡臺禁令，中國沿海人民仍前仆後繼地渡過黑水溝。當時渡臺移墾民眾多為男性，即便禁令解除，官方仍限制民眾攜家帶眷來臺灣。因此清代初期臺灣漢人社會構成以男性為絕大多數，他們或是隻身來臺，又或是在中國沒有家累的單身「羅漢腳」，婚配時則以平埔族女性為對象，促成了漢人與平埔族間的交流與融合。這些渡臺的男性多以農墾為業，具專業技藝的工匠並不多，加上官方對其家眷渡臺的限制，使得女性數量較之男性而言為極少數，也使得臺灣社會並不像中國民間，出現由女性擔任紡織等手工副業的情況。第四，對進口商品的依賴。清代臺灣對中國有著高度依賴關係，日用雜貨等加工製品絕大多數自中國進口，其中也包含紡織品，像是福建的土布、上海的絲綢，以及來自西方的洋布。《諸羅縣志》：「凡絲布錦繡之屬，皆自內地。有出於土番者寥寥，且不堪用。」（范咸，1960）說明了清代臺灣對中國紡織品的依賴，也

說明臺灣雖有原住民自製織品，卻不合於漢人的使用習慣。而那些符合漢人衣著習慣的進口紡織品，每每隨著船運來到臺灣，與其他日用品一同販賣，成為臺人身上的服飾。

諸多不利於臺灣發展紡織業的因素，加上對中國商品的高度依賴，使得紡織生產一直難以在清代臺灣成型。而後生齒漸繁，清代臺灣社會的男女比例漸趨平衡，但長期以來對中國紡織品進口的依賴，使得臺灣紡織頂多存在著簡單的裁縫製衣，主要的布疋來源還是來自外部進口，而非本土自行生產。

（五）臺灣紡織業的根基：藍靛業

清代臺灣雖無大規模紡紗織布的發展，卻生產染布必須的材料：「藍靛」。早在荷西時期，荷蘭就因歐洲市場與其本身紡織染整的需要，開始在臺灣種植藍靛，並有向中國、東南亞等地貿易外銷的記錄。種植藍靛的情況延續到明鄭時期，可惜此時期相關的資料不足，難以窺其發展樣貌。入清以後，藍靛仍為臺灣重要出口作物，與茶、米、糖、樟腦等同為臺灣重要出口作物。在區域分工體系之下，形成了由臺灣出口藍靛染料，換取中國紡織品與日用品等物資的局面（蔡承豪，2002：16-18）。

1870 年後臺灣染布業興起，藍靛貿易生態亦產生改變。中國地區開始將各地生產的胚布輸往臺灣，染色後回銷大陸。而臺灣的染坊也因染布需求增加，紛紛聘請中國地區的染匠來臺，可染的種類也自原先的藍、黑色，新增了紅色與綠色。臺灣藍靛也自原先作為染料出口，轉而成為本地染坊所用，改以出口染好的布疋。洋商似乎也嗅到臺灣染整的商機，紛紛進口西方胚布在臺染色，轉口銷往中國（李勁樺，2011：6；駱芬美，2015：43-45）。

（六）尚在起步的布業

清代臺灣的商業活動與經濟發展，呈現對中國大陸的高度依賴。臺灣出口米、糖等初級農產品，換取中國生產的加工製品與民生必需品。布疋方面，則由臺廈地區的郊商經手自中國輸入，或是透過洋商取得西方布疋。以一份 1868 年（同治七年）的淡水——

基隆海關進出口資料來看，臺灣自中國輸入之商品，以南京棉布（Nankeens）居冠，絲織品居次。開港通商後洋商雲集，在通商口岸設立洋行經銷貨物，怡和、寶順、德記與和記洋行更將營運據點自安平、淡水延伸至大稻埕地區。據同份海關資料顯示，臺灣自海外進口之商品，以「西藥」（鴉片）居冠，其次則為各色襯衫布料（Shirting）（黃富三、林滿紅、翁佳音，1997：總 22-23）。這些布料以英國生產居多，大多隨著鴉片、日常雜貨等商品販賣。當時大稻埕是否存在專營批發零售的布店？清代文獻中並未提及，但據〈大稻埕布業座談會記錄〉的說法，清季大稻埕似有布店存在，但大概是自艋舺地區遷移而來。而西昌街（萬華區）一帶在清季即有許多布店存在，可以推測當時布店應集中於發展較早的艋舺地區，待艋舺商業機能衰退後才逐漸遷移至大稻埕地區（臺北文獻，1993：5-6）。迪化街真正成為布業集散中心則要到日治時期，才獲得更進一步的發展。

二、日治時期：「人與市」的孕育

　　隨著甲午戰爭清廷的落敗，1895 年簽訂的《馬關條約》正式將臺灣割與日本，迪化街也隨著政權的更迭而有所改變。過去臺灣與中國的經貿關係十分密切，而西貨則仰賴洋行的進口。日本人接手臺灣後，在經濟上意圖切斷臺灣與中國的高度連結，驅逐外國資本改以日本資本取代。因此在關稅上日臺一體並用，對中國的貿易則須課以關稅，從而建立臺日之間的經濟從屬，與中國則漸行漸遠。清代在大稻埕廣設的洋行，也因日本政府的打壓而紛紛出走，直至戰後僅存「德記」與「怡和」兩家。1905 年左右，日人將臺灣市場悉數納入手中，壟斷臺灣經濟，為日本政府提供初級原料來源，以及日本國內生產品的消費市場。

（一）日治時期的本土紡織業：彰化和美地區

　　日治時期的臺灣紡織業發展方面，由於日本政府「工業日本、農業臺灣」之統治政策，原則上以臺灣作為供應內地農業產品的輸

出地，以及內地工業產品的輸入市場，工業發展僅限於食品加工，如糖業、罐頭等，紡織業與其他工業發展則受到很大限制，直至太平洋戰爭爆發，南進政策將臺灣作為南進基地後才有所調整。

在臺灣近代化紡織工業受到限制的情況下，彰化和美地區以本地所產植物纖維（木棉、苧麻、黃麻、鳳梨等）為原料，並以簡單的木製織機為設備的紡織生產，成為少數臺灣本土的手工紡織業。和美地區在日治初期以生產婦女纏足的「腳白布」而聞名，與其附近地區形成一特殊的紡織聚落。隨著 1937 年中日戰爭爆發，臺灣進入戰時體制，來自內地的布疋受到配給管制。和美地區在生產腳白布的基礎上，將織機改良加寬後，改織較長、較寬的布料銷往各地。雖然在當時私銷布料會被取締沒收、罰款，但在重利誘惑之下仍有不錯的銷路，成為戰時體制下弭補布源不足的另類來源（鄭維國，2004：52-54）。

（二）迪化街布市的浮現形成

從布業的發展來看，迪化街在清代時是中國與西方進口洋布的集散地，但僅止於各式貨物批發零售。由於鄰近淡水與基隆港，具地利之便，迪化街很快就在日治時期發展成為布疋批發集散中心，布行與布莊也如雨後春筍般接連成立。

日本在明治時期高速發展，紡織產業也隨著近代化而高速成長，因而在滿足本土紡織品需求之後，需要有更大的市場來吸收生產品與過剩的產能。甲午戰前日本布疋間接從香港轉口臺灣，搶食洋布的占有市場，1890 年甚至在市占率上超過洋布（臺北文物，1983：438）。馬關割臺後，臺灣這塊海外殖民地自然成為日本紡織品出口的首選，大量內地生產的花綢布輸入臺灣，壓縮了過去占有優勢的中國棉布與洋布市場。此時大稻埕碼頭雖因泥沙淤積而逐漸步上艋舺的後塵，航運核心則北移至基隆港。但大稻埕因其仍具備貨物集散功能且位於交通要道，使得自基隆港進口的商品同樣於迪化街集結批發，絲毫未影響其商業機能。來自日本的各式綢布，也隨著海運來到基隆港，在迪化街集散。

　　隨著日本布疋的大量進口，日商開始排擠買辦及洋行經手的洋布，改以日本大阪、京都、堺等地生產的布疋取代，以關稅為手段逐步壟斷臺灣市場。日商並於迪化街附近開設了菊元、星加、日進、丸久等十數家進口批發商行，進口本國布料在臺銷售，臺灣本地批發商則多向其批貨販賣，只有部分商家能夠突破日商壟斷，前往日本產地直接批貨採購。正由於批發布業在迪化街的蓬勃發展，使得迪化街逐漸形成一布類為主的集市。

　　1908 年，日本政府在今永樂市場位置設立「永樂町食料品小賣市場」，設立之初原為食品集市，亦經手絲、布方面的買賣，而與迪化街周邊布業結合而形成布類市集。由於迪化街路段狹窄，已無發展空間，其他開設的布店便逐漸往迪化街周邊路段擴散，而日商開設的布店、服飾店，則往臺北城內的日人活動區域「京町」（今博愛路）、「榮町」（今衡陽路）集中發展（臺北文獻，1993：3）。

　　二戰爆發後，日本因戰爭需要，國內生產民生必需品的工廠大多停擺，生產之紡織品則優先提供軍需之用。臺灣地區雖因配合日本政府南進政策，而在烏日、王田等地設立紡織廠等軍需相關工廠，但民生物資仍相當缺乏，進口布源幾近斷絕，戰爭末期僅能仰賴政府配給。當時布業經營者亦常遊走於法律邊緣，以走私或變更名目等方式自福建、廣東進口布料輸入臺灣，為當時的布料商人賺取不少利潤，一直要到戰後才有上海等地的布料進口紓困（臺北文獻，1993：5-6）。

　　戰後永樂市場仍為布料批發集散之地，1982 年時拆除舊建築改建大樓，三年後重新開業，集中管理附近布商。改建後的永樂市場為一棟四層樓建築，一樓為生鮮市場與少數布類周邊，二、三樓為布行與服飾工作室，銷售各式布料與衣著縫製，四樓則為美食廣場。如今永樂市場仍是臺灣最大的布料批發中心，名稱也於 2010年改為「永樂布業商場」，強調「布市」之名不僅是為了強調特色以做區隔，也反映了人們至今對迪化街的印象與稱謂。

圖 4-2　永樂市場至今仍為臺灣批發布業集散中心（陳家弘拍攝）

（三）迪化街金融的開展

　　自清代發展以來，迪化街在日治時期形成了南北貨、中藥材與布業三足鼎立的態勢，龐大的物流與金流在此集散，也自然誕生錢莊之類的貸放款業，紓解來往商旅的燃眉之急。

　　日治時期以前，迪化街存在零星的合會（互助會）組織，以組織成員間約定契額為週轉資金。開港之後，在大稻埕設立據點的洋行也有向茶農貸放款的業務，「媽振館」亦提供茶農短期融資。而在中國相當發達的錢莊，則似乎尚未於此紮根，金融組織尚稱不上完善。日本治臺之初，雖有內地銀行來臺設立辦事處，總督府方面亦籌設數家銀行，但在臺灣金融體系尚未完整的情況下，這些銀行有如曇花一現，慘澹經營幾年後便告停業，一直要到 1920 年代銀行事業的推展才能順利展開（吳密察、陳順昌，1993：123）。

　　對當時迪化街業者來說，銀行等正式金融機構的吸引力並不高，如何將手邊的資金用於投資才是他們關心的重點。日治時期迪

化街布業的展開，造就了迪化街地下金融市場的出現。由於布業交易需要靈活的資金流通，也因此有了貸款週轉等業務需求，錢莊也就應運而生。臺南幫創始人侯雨利便將投資紡織、布業累積的資本投入經營錢莊，自 1940 年代到戰後持續了 2、30 年以上，形成臺南幫戰後發展的重要資本。相對於有正規機制管理的「地上」金融機構：銀行，錢莊的運作較偏於個人間的「地下」運作。迪化街當地諸多殷實商賈積蓄了不少資金，有著投資需求，他們偏好投資土地、房產等實物，也將手邊部分剩餘資金用於開設錢莊，既確保資金在外流動，更能藉著放貸給各地賣商或是其他需款者，以利生利。

（四）活躍於迪化街之紡織業者

　　日治時期的迪化街商業活動發達，又是布業批發集散中心，吸引不少來此經商，或是碰碰運氣的各路人物。此時期在迪化街活動，成為日後紡織產業發展重要人物者，有「臺南幫」創始者侯雨利、吳修齊與吳尊賢昆仲、新光集團創始人吳火獅、中和紡織的葉山母、萬源紡織杜萬全、聯發紡織創始人葉進德，以及德隆集團陳登修等人。他們皆於日治時期發跡，經歷數年累積經驗與資本，在戰後由貿轉工，投入日益茁壯的紡織製造，順應時勢往上、下游發展，成為領導臺灣紡織業向前邁進的先鋒。

　　這些活躍於迪化街的業者多有幾項共通點：有在迪化街擔任布行學徒的經驗，以及由貿（布行）轉向工（紡織）的發展歷程。日治時期臺灣布行內有著明確的組織制度：有「家長」一人，常由老闆兼任或另聘專人，類似今日之總經理，負責店內業務決策，舉凡貨源、訂價、賒欠等都由其決定。會計部分設有「管帳」、「記帳」，通常由老闆親戚或是深受信賴者擔任。「外務員」則如今日之業務員，稍具規模的布行會因營業區域分設數人，負責對外推銷、開拓客源與收取貨款等工作。「店口夥計」則是於門市中，負責看店與招呼接待上門的顧客。而「學生利」，又稱學徒、囝仔工，則是布行組織中地位最初階，聽從其他上級人員指派差使。

　　學徒的工作相當繁雜，布行內所有雜事都在其工作範圍內，舉

凡開關店門、內外灑掃、整理運送布疋，或是到銀行存款、辦理手續等跑腿工作都由其負責。除布行業務外，三餐替布行長輩添飯，早晚鋪收床被、整理蚊帳，以及清理痰盂、尿壺等日常雜務也都是學徒們的工作。學徒就在處理這些雜務的過程中，慢慢地學習與布疋有關的知識，以及待人接物等待客之道。

　　學徒們的月薪，以 1930 年代而言，大約是一個月三塊錢左右，當時物價一碗麵約兩分錢，自臺北到新竹的火車票則是一塊兩毛一，因而學徒的薪水稱不上優渥（黃進興 1992：35）。起居方面，學徒通常住在布行中，以便早晚開關店門，並隨時聽任老闆的使喚。他們通常睡在布行簡單釘製的木床上，床位不足時，資淺的學徒甚至只能睡在白天剪裁布料的木桌上（莊素玉，1999：57）。

　　學徒們多是年紀尚輕時進入布行工作，直至轉換行業或是自立門戶之前，都在布行中學習與布相關的各項知識。一旦時機成熟，有經驗的學徒或是布行老闆就會向對方提出自立門戶的建議，稍有積蓄的學徒就會趁此時以獨資或合資方式開設自己的布行。出師後的學徒與過去投身拜師的布行之間彼此間雖有競爭，但基於過去的情誼，在相處上相當融洽，有些老闆甚至會在新布行成立之初給與支票背書保證，使商業信用尚未建立的新布行能有較寬裕的資金調度（謝國興，1999：78-82）。這種連結對日後往紡織業發展，或是多角化經營其他行業時，募股合資的人脈上具有關鍵性地位。

1. 臺南幫：侯雨利、吳修齊與吳尊賢

　　臺南幫創始人侯雨利出生於臺南北門地區，早年曾於族叔侯基開設的新復發布行擔任學徒。1927 年，侯雨利獨資成立新復興布行。雖然侯雨利不諳日語，但為節省日商經手的中介費用，曾單槍匹馬到日本直接採購，過人膽識與冒險精神可見一斑。直接購自日本的布料在臺灣相當受歡迎，使侯雨利逐漸累積資本。1931 年，侯雨利買下臺南市區一位蔡姓商人因經營不善而倒閉的紡織廠，仍命名「新復興」，正式由貿易轉向生產。

　　據吳火獅先生口述傳記所述，臺灣當時僅有兩家布廠，最大的

一間是日臺合資的臺灣織布廠，另一家則為侯雨利所經營。吳火獅對侯雨利給予相當高的評價，認為他不僅頭腦靈活，更能克服許多織布技術相關問題。侯雨利對布疋原料與配色均有相當研究，他自行研究開發以人造絲織布，在當時還無人做得出來（黃進興，1992：44-45）。

　　二戰爆發後，日本國內進行物資管制，侯雨利東渡日本，藉由盛行的黑市貿易仲介管制物資買賣，獲利甚豐，與新復興布行極盛時年營業額相當（謝國興，1999：71）。隨著戰事擴大，新復興布行與紡織廠漸次歇業，侯雨利將資金投入購置魚塭，累積不少財富。戰後新復興紡織廠復工，有了北上接洽生意的需求，侯雨利於1946年買下迪化街一段 67 號店面，作為新復興紡織廠的臺北聯絡處，同時亦為其所經營的地下錢莊據點（謝國興，1999：74）。

圖 4-3　侯雨利在迪化街一段 67 號店面現址（今民藝埕）（陳家弘拍攝）

　　吳修齊、吳尊賢兄弟同為臺南幫發跡重要人物，因其與侯雨利妻子吳烏香女士有宗親關係，早年各自被介紹進入新復興及新復發布行擔任學徒，以勤奮的工作表現得到侯雨利與侯基的讚賞和提拔，由學徒晉升會計，管理布行財務。1934 年，吳家兄弟自立門戶，在臺南成立新和興布行。新和興布行成立之初，藉由信譽較佳的新復發布行之名向迪化街日商採購布疋，由侯基等人背書保證，解決了成立初期進貨不易的難題。當新和興經營漸上軌道後，則由吳氏兄弟前往迪化街、日本直接採購布疋，逐漸累積資本，也因此與迪化街布市結下不解之緣。二戰爆發後，布疋貨源中斷，新和興布行因而解散，直至 1946 年才重新開業，在迪化街成立了臺北三興行。次年於上海設立分行，與臺南本店形成三個營業據點，每日以長途電話交流商情，掌握採購銷售先機，直到 1949 年底國民政府退守臺灣，上海布源斷絕後才告歇業。

　　1950 年臺海情勢稍穩，吳氏兄弟於迪化街成立臺北新和興行，從事紗布進口批發，更兼營鋼鐵、玻璃、奶粉、油糖的進出口貿易，業績頗佳。1953 年政府為復興經濟，制訂第一期四年經建計畫，將紡織業定為優先發展產業。吳氏兄弟遂與侯雨利等人合資，請同為臺南幫，具有良好社會政治關係，頗具聲望的吳三連先生擔任董事長，諫請政府核准籌組臺南紡織廠。臺南紡織成立後，成為早期臺灣重要的紡織企業，為物質民生仍屬簡陋的臺灣社會帶來高品質商品。所生產的「太子龍」防縮卡其布不僅是南紡重要商標，更是許多老臺灣人的童年記憶。

　　當臺灣開始發展紡織業之時，原料方面雖有美援挹注，但在技術與銷售通路方面相對缺乏，相當程度上需借助外國企業，取得技術設備與海外銷售通路。其中日本由於美國在戰後的大力扶植，成為東亞地區最早復興的國家，同時亦為該地區紡織技術最高者，並擁有數家大型貿易商社與其跨國流通網絡。由於日本開始往人纖領域發展，轉而輸出已發展成熟的棉紡織技術與設備。而臺灣剛開始發展的紡織產業又極需相關技術設備與出口外銷通路，因而與有歷史淵源，且同為美國盟友的日本一拍即合，使得日本在臺灣紡織業

發展的過程中具有相當程度的重要性。

臺南紡織集團在發展的過程中，亦與日本企業與商社有著相當深厚的連結。1956 年接辦的坤慶紡織在管理與技術突破上，即受日本旭化成株式會社的影響。該社與臺南紡織集團有著長期合作關係，彼此相處融洽，特別派遣一隻僅指導關係企業，不為外人服務的團隊來臺指導坤慶紡織員工，提升其工作效率，協助坤慶紡織突破技術管理方面瓶頸。1958 年南紡關係企業的德興企業自染整轉為成衣生產，則是受日本伊藤忠商事株式會社的建議，借其全球銷售網絡與情報系統招攬生意，為成衣大宗外銷之始。1964 年，臺南紡織接受伊藤忠商事建議，成立臺灣針織公司，由伊藤忠牽線取得日本山崎針織公司技術，並由伊藤忠商社網絡負責外銷。原料方面則使用坤慶紡織生產的亞克力紗，一方面確保穩定原料來源，另一方面更加強了集團企業彼此間的連結（吳尊賢，1999：106、157-158、164-168）。

南紡集團在臺南紡織所奠定的基礎下逐漸擴大其體系，走向多角化經營。依其核心企業的不同，主要分為三個集團：其一是以臺南紡織（1955）為核心，陸續擴充包括坤慶（1956）、三新紡織（1968），以及德興企業（1958，已解散）、統一製衣（1969）與南帝化學（1982）等紡織相關企業，建立從纖維、紡紗到成衣一貫化的完整紡織體系。其二是以環球水泥公司（1959）為中心，包括環球（1975）、臺南（1976）、高雄（1981，已解散）、嘉義混凝土公司（1982），以及高雄碼頭通運（1967）、太子建設（1973）等企業的水泥營建事業集團。其三則是以高清愿創立的統一企業集團（1968）為核心，包括統一實業（1969）、南聯國貿（1979），以及統一超商（1987）與其子企業的食品通路集團。

今日的臺南幫已高度多角化，成為橫跨各項領域的集團企業。近年更將觸角往百貨零售業發展，於 2008 年成立的高雄統一夢時代購物中心，2014 年於臺南成立了南紡夢時代購物中心，拓展其育樂消費事業。起家的紡織本業方面亦無偏廢，如今南紡為國內最大聚酯棉與紡紗廠，並積極往越南投資，擴大其產能。臺南幫的事

業典範完整涵蓋了人們的食衣住行與育樂，至今引領著臺灣民眾的日常生活。

2. 新光集團：吳火獅

若說臺南幫是因其布業發展之需要而與迪化街結緣，那麼新光集團的創辦人吳火獅則可說是真正在迪化街磨練，在迪化街成長茁壯。1919 年，吳火獅出生於新竹，16 歲時透過介紹，受雇於迪化街由日商開設的平野商店，學習布疋生意。布行老闆小川光定對吳火獅疼愛有加，為他取一小名「金德」，而吳火獅亦展現出相當才幹。1939 年小川社長出資成立小川商行，同樣以經銷布疋為業務，店址亦設於迪化街，並提拔年輕的吳火獅擔任「家長」（總經理），是吳火獅獨立主導事業的開始。

由於小川商行屬於日商投資的布行，在日本布源取得上要較本土布商來得有優勢，吳火獅便成為少數跑日本線生意的數十位臺灣人中最年輕的一個。吳火獅的足跡遍及東京、京都與大阪等幾個重要的紡織重鎮，二戰爆發後仍往返臺日，收購生絲、人造絲與綢混紡等非管制品布料銷往臺灣。臺灣本地則向侯雨利的紡織廠進貨，再轉售其他小賣商店，利潤相當可觀。

戰後日商撤離臺灣，吳火獅便與友人合資，在迪化街與南京西路口成立了「新光商行」，取其出生新竹之「新」，以及感念當年小川光定提攜之情，而取其名之「光」，合稱為「新光」，這個新光商行就是日後新光集團的根基。此時新光商行的業務，以進口布疋、雜貨與紡織零件為主，並出口糖與茶葉。1949 年國民政府遷臺，原屬上海、山東的紡織企業挾其龐大資本與紡織機具來臺。加上遷臺初期政府對新設立紡織廠與輸入紡織設備有所限制，使得吳火獅僅能以手上的舊製茶廠改建廠房，在日本將紡織機具分解成數千零件，輸入臺灣後重新組裝，並延聘日本技師來臺主持建廠工作，派人遠赴日本工廠實習，學習紡織機具的裝修與整備。在如此克難的情況下，新光絲織廠於 1952 年開工，除生產天然絲織品外，亦自日本進口人造絲，生產尼龍、特多龍與加工絲織品。

圖 4-4   坐落於新光商行原址的新光纖維大樓（陳家弘拍攝）

　　新光絲織廠的成立是日後新光集團紡織部門的開始。1952 到 1954 年間，為處理絲織廠生產的布疋，設立了新竹染整廠。1954 年在臺北士林成立新光紡織股份有限公司。1955、56 年分別收購王田毛紡與烏日紗廠，並將烏日紗廠改建為中和紡織公司，逐步擴大新光的紡織版圖。1960 年代末期由於合成纖維的崛起，吳火獅決定投入紡織業上游原料生產，因而設立新光合成纖維。發展過程雖曾遭遇兩次石油危機的衝擊，許多投入合纖生產的廠家紛紛改組或倒閉，但新光合纖依然屹立不搖，挺過了國際環境的不景氣，至今仍為國內重要合成纖維生產廠商。

　　除紡織版圖外，新光集團亦走向多角化經營，因而在紡織業逐漸沒落的局勢下，仍能保持集團的穩定成長。整體看來，新光集團多角化的腳步，又與政府開放民間產業經營的脈絡有所關連。1962 年政府開放民間經營保險產業，新光集團便成立新光產物保險（1963）與新光人壽保險（1963），從製造生產跨足到金融服務

業。1964 年煤氣瓦斯事業開放民營，新光集團便投資設立大臺北區瓦斯（1964）與新海瓦斯公司（1966）。1970 年後，新光集團更積極拓展其他產業，舉凡百貨（新光百貨，1974）、農牧（新光農牧，1973）、營建（新光建設開發，1973）、保全（新光保全，1980）等，都看得到新光集團的身影。

今日的新光集團已將經營核心放在金融保險與百貨業上，紡織領域則因國內外經營環境變遷，而開始走向轉型。新光紡織以生產機能布為主，近來則開始代理 PGA Tour、GARCIA、ARTIFACTS 等國外服飾品牌。新光合纖亦開始將產線轉型生產汽車、光電與太陽能背板等機能、環保纖維領域，跳脫過去傳統人纖生產。新光集團自迪化街發跡，從布疋貿易走向紡織生產，並向上整合至原料端。又多角化經營，跨足金融、保險、百貨、營建等產業，成為臺灣舉足輕重的企業集團，深切影響臺灣人民的日常生活。

3. 中和紡織：葉山母

根據中華徵信所《臺灣區六十年度壹百家最大民營企業》所做的排名，1971 年度棉紡織業營業收入排名，前兩名分別是遠東與臺元紡織，係屬大陸遷臺紡織企業。第三與第五名則是前面提到過的臺南紡織與新光紡織。而位居第四名，營業收入比新光紡織要來得高的，則是下面要介紹的中和紡織（中華徵信所，1972：27）。臺南、中和與新光紡織三間企業的共通點，除了皆屬臺灣本地紡織資本外，更重要的，他們的創辦人都與迪化街有關連。

中和紡織創始人葉山母，跟臺南幫侯雨利及吳氏兄弟，以及新光吳火獅相比，要來得低調許多，坊間有關他的新聞、記錄也不多。但葉山母並非沒沒無聞，他不僅主掌中和紡織（1955），還經營金山食品工業公司（1963）、臺灣麥芽化學公司（1964）、協美實業（1972）、國莊工業（1979，已解散）與臺和交通工業（已解散）等公司，同時更是士林電機、國賓集團的董事，年越 90 上壽仍留心公司經營。

葉山母於 1917 年出生於彰化，家境小康。童年時一面在學校

讀書，一面幫忙家中農務。原先葉山母可能繼承家業，往農耕方面
發展，卻在 18 歲時生病開刀，休養好一陣子。病癒之後，由於身
體較為虛弱，不太適合再從事農耕，而父親也希望他往外面發展。
因而到彰化市一間日商批發布店擔任學徒，不久後便被老闆派往迪
化街分店。在迪化街擔任學徒的日子雖然辛苦，但葉山母在此學會
了計算，以及如何辨認布疋的成色與料子好壞，培養日後經營布料
批發的能力。

　　兩年後葉山母離開布行，與表哥合夥在彰化經營布疋生意。三
年後葉山母與表哥另成立布料批發公司，起初由他與表哥輪流赴日
採購布料。由於葉山母喜歡到處跑、到處比較，因而能採購到更加
便宜的布料。當葉山母 25 歲時，公司的赴日採購業務就專由葉山
母負責，由此便能看出他過人的行動力。

　　二戰爆發後，布料來源中斷，布行業務也為之停擺。葉山母便
到鐵路局工作，戰後便辭職，決定重回商場。戰後臺灣民生必需品
極度缺乏，布疋也是奇貨可居。葉山母先向鄉村收購舊棉被，取出

圖 4-5　中和紡織（陳家弘拍攝）

棉花抽紗織布。而後風聞福建有批土布要在梧棲、布袋港進口，他便捷足先登去港口批貨販賣，漸漸累積基礎。兩年後，上海生產的布疋由基隆港進口，葉山母亦不辭辛勞地去批貨販賣。由於有在北部批貨與拓展業務的需求，葉山母不僅在彰化擁有店面，也在迪化街設立分店。

1951 年，臺北有一萬錠設備與數百臺紡紗機同時標售，由葉山母與另一人同時標得。葉山母將紡錠與設備移至臺中沙鹿設廠安裝，為中信局代紡加工，逐漸累積資本，以及由貿轉工的專業知識。

1955 年政府標售臺灣工礦公司，葉山母與吳三連、吳火獅等人標售到王田毛紡與臺中烏日紗廠，有錠兩萬，有工八百，占地四萬多坪。次年吳火獅以烏日紗廠為基礎，成立中和紡織股份有限公司，公司定址於迪化街布市周邊的南京西路，由臺南幫大老吳三連擔任董事長，迪化街商人林登山、洪萬傳等人擔任常務董事，吳火獅任總經理，葉山母擔任副總經理。而後因有部分股東退出，吳火獅也為專心經營新光紡織與王田毛紡，便將中和紡織全數交由葉山母經營。葉山母主掌中和紡織後，除更新設備機器外，更致力於新產品開發，提高生產水準品質。經營項目更從紡織品擴展到化學製品、亞克力棉等，產品外銷比例高達 97% 以上，儼然成為國內紡織大廠。

時至今日，在缺乏作業員，利潤亦日漸減少的情況下，中和紡織已將機具設備移往海外，在泰國設廠生產。而在臺灣的中和紡織則轉型成紡織貿易公司，位於烏日的紡織廠用地也作為土地開發重劃，當初自迪化街學徒出身，縱橫商場的葉山母亦於 2014 年以 97 歲高齡仙逝。

三、戰後紡織業承先啟後的關鍵

1945 年二次大戰結束，日本放棄臺灣等殖民地的一切權利。臺灣為中華民國所接收，日人、日商勢力撤出臺灣。由於原先在臺

灣市場占有優勢的日貨供給中斷，而國民政府又因戰後復原重建，而無法即時供應臺灣，使得臺灣在戰後初期物資相當匱乏。米珠薪桂的物價飆漲，市面通貨惡性膨脹，戰後初期臺灣著實經歷過一段經濟黑暗期，一直要到 1949 年幣制改革後，經濟狀況才逐漸趨於穩定，真正的經濟起飛則要到美援入臺之後才有長足發展。

　　戰後臺灣紡織業發展的動力，主要來源有三：其一為本土紡織業者，其中最重要者為彰化和美地區。由於戰時盟軍轟炸臺灣，許多紡織設備毀於戰火之中。在戰後紡織、電力設備不足之時，彰化和美地區業者以木製手工織機紡出的紗、布，成為舒緩戰後初期布疋供應不足的重要來源，「和美織仔」的名聲也因而不脛而走，直至 1980 年代和美地區仍為臺灣重要的紡織業生產聚落。日治後期鄭岑、鄭學父子為躲避轟炸，將設於新竹的織襪廠移往彰化社頭，於戰後復業，成為日後社頭製襪產業之始（周意婕，2010：41-42）。其二為臺灣本土商人，主要是有布行經驗，由貿轉工投入紡織生產者，如臺南幫、吳火獅、葉山母等迪化街商人。其三為1949 年前後隨政府播遷來台的中國紡織企業，如：遠東紡織創始人徐有庠、臺元紡織創始人嚴慶齡與吳舜文夫婦，六和紡織宗仁卿，以及自上海渡臺，在雲林虎尾設立中大棉織廠，開啟日後雲林毛巾王國的顧氏兄弟等，他們帶來臺灣的設備與紡錠，以及日人所留下的廠房機具，便成為臺灣戰後紡織業發展的基礎。以上三者是為臺灣戰後紡織生產之重要推手，所生產之布疋則與進口布料在迪化街上同場競爭，開啟了戰後迪化街的布市傳奇。

（一）戰後初期的迪化街布業

　　迪化街身為布疋與進口貨物集散中心，又是北臺灣經濟重鎮，戰後物價飛漲與幣制崩壞自然對迪化街造成衝擊，許多商號、店家於此時陸續倒閉，但也有不少人自渾沌中看見轉機。由於自日本輸入的布源中斷，臺灣無論是在布疋還是其他民生物資進口上，又重新與中國大陸搭上線。來自上海的高級布疋，以及中國沿海城鎮生產的布料，在戰後物資奇缺的臺灣市場上，更顯得奇貨可居，炙手

可熱。日治時期活躍的迪化街商人，如前述的臺南幫、吳火獅、葉山母等人，各顯神通地透過各種門路自中國大陸採購、進口布料與物資，銷予其他零售商，也因此大發利市，在因經濟動盪而顯得暗淡的迪化街更顯得星光熠熠。

　　1945 年以後，臺灣布源主要來自於上海、福建兩地。來自福建的永春幫率先登陸臺灣，在迪化街附近成立了南光行、鴻通、新源、建成、南通、大豐、裕記等布行，銷售布疋以細布、漂布、卡其布等為主。1947 年後，上海方面陸續對臺輸入布疋，賴清添的穩好店，以及吳火獅的新光商行成為臺灣最大的兩家代理商，迪化街與永樂市場附近的批發布商也於此時相繼成立（臺北文獻，1993：4）。

　　此時期在迪化街發展者，除了本地布商與紡織業者外，就是1949 年跟隨政府遷徙來臺的紡織集團：上海幫與山東幫的部分成員。上海幫代表人物有正大尼龍創始人何朝育，山東幫則有遷臺後在迪化街接單做生意，創立潤泰紡織的「山東格子布大王」尹書田。他們在大陸時期即擁有紡織相關知識與設備，內部成員彼此間也因同鄉情誼，而在事業上相互投資保證，形成有力的企業聯盟。在設店位置上，由於迪化街已逐漸飽和，新加入者開始往迪化街周邊的延平北路、長安西路擴散，亦有部分業者選擇在博愛路、衡陽路等過去日人活動區域設立布行，形成布行以迪化街為核心，向南、向東擴散的模式。

（二）1950 到 1960 年代：布行業者由商轉工，投入紡織生產

　　隨著中國布源中斷，以及大量進口日本布疋的衝擊，政府決議振興臺灣紡織工業。在當時中央信託局局長尹仲容鼓勵下，許多布商開始由商轉工，投入紡織工業生產，如前面提到的臺南幫、吳火獅與葉山母等業者。而迪化街的生態，也開始從布料批發，逐漸滲入紡織業的痕跡。

　　許多紡織業者將工廠設在彰化和美、臺南或是臺中、桃園，在迪化街及周邊大稻埕地區設有北部辦事處，或是將原有的迪化街布

行兼以聯絡與行銷業務。以一份 1966 年出版的《臺灣區棉紡工業同業公會會員廠名錄》來看，35 間會員廠中，將聯絡處設在迪化街周邊者便有 27 家，比例高達七成七，還未包括毛紡、絲織等其他公會廠商，足見迪化街機能已不限於布業批發，也兼有紡織業者聯絡商情的功能（臺灣區綿紡工業同業公會，1966）。此時期進入迪化街發展者，有力麗集團創辦人郭木生、大宇紡織及臺灣富綢董事長張煜生、集盛紡織創辦人蘇阿琳，以及宜進實業詹正田等人。他們自桃園、彰化中南部地區發跡，循著紡織業的熱絡景氣而到迪化街落地生根。

1960 年代，臺灣人造纖維產業與成衣工業開始發展，許多紡織業者開始跨足人纖生產領域，也開始進入迪化街周邊設立聯絡處。迪化街批發的布料，也從過去的棉絲綢布與日本人纖布，逐漸出現臺製人纖織品的影子。

成衣工業的發展對迪化街而言，是帖調整體質的轉骨方。發展初期由於臺灣基本工資水平不高，至布行購買布料製衣者仍相當多，對迪化街布行傳統客源（零售布商與個人）生意尚未造成太大影響（臺北文獻，1993：8）。

隨著成衣工業的日益勃興，以及國外成衣的輸入，人們開始穿著工廠大量生產，滿足不同型號需求且便宜的成衣，減少向布行購買布疋製衣的需求，使得迪化街布行的傳統客源（零售布商、個人）逐漸流失，迫使面臨轉型，將交易對象轉為供應鏈上游紡織廠，以及下游的成衣業者，布行則擔任中介批發商的角色，直至今日。

對迪化街的金融市場來說，1950、1960 年代是個改頭換面的時代。1949 年國府撤守臺灣後，開始了三七五減租、公地放領、耕者有其田等一連串土地改革。其中 1953 年實施的耕者有其田，限制了大地主所能持有的土地面積，超出的土地由政府徵收後放領給農民。而向地主徵收土地的代價，則以臺灣水泥、臺灣農林、臺灣工礦與臺灣紙業等「四大公司」的股票支付。過去投資土地、房產的迪化街商人在此時也成為徵收的對象，他們雖然失去了累積多年的土地，卻也因為持有四大公司的股票，而從單純的地主搖身一

變成為資本家，對臺灣成形中的股票市場有著重要影響力。

　　1960 年代初期股市體系尚未完整，公開的證券交易所尚未成立，使得股票流通與變現都得透過掮客仲介。這些掮客多於經濟水平較高，股票買家較多的臺北市設立仲介公司，搭乘火車服務遍及全國各地，持有股票的地主們。而迪化街鄰近火車站，又具有深厚的經濟實力，使得這裡成為掮客們仲介股票交易的寶地，也因而使得迪化街商人成為早期臺灣股市發展的推手。1970 年代證交所成立後，迪化街也因此成為股市中重要資金來源，許多富商將其資金投入股票市場，開啟了 1970、80 年代股市的黃金時期。

（三）1970 到 1980 年代：向上發展，撐起臺灣金融半邊天

　　接續著 1960 年代活絡的紡織景氣，1970 與 80 年代締造了臺灣紡織產業的黃金時代。最先發展的棉紡織業，結合日後蓬勃發展的人纖產業、染整與成衣工業，串起了臺灣紡織產業上中下游完整供應鏈，吸引更多追隨紡織業商機的業者進入迪化街。

　　此時期進入迪化街發展者，有創立華隆化纖，促成華隆、國華、聯合耐隆、鑫新與寶成合併案，在人纖生產曾經稱霸全臺的翁明昌、翁大銘父子；縱橫大宗物資與紡織領域的力霸集團王又曾家族；以及出身臺南的紡織家族第二代，擁有東雲紡織的東帝士集團陳由豪等人，他們都乘著這班紡織順風車加入了迪化街的競爭，但也隨著事業版圖的過度擴張而身陷危機，甚至有人因此官司纏身，遠遁他鄉。

　　隨著紡織產業的大放光彩，迪化街本身亦產生了變化，許多原來的布行紛紛轉型，投入紡織供應鏈上下游生產，聯發、集盛、力麗、宜進與宏益等加工絲生產業者，就在此時期躍上舞臺。

　　1989 年 6 月，臺灣股市首度登上萬點大關，促成這波股市長紅的重要推手，迪化街商人的資金可說是功不可沒。1970、80 年代股市蓬勃發展，經由墊丙[1]所得的年息可達 20、30%，也因此吸

1　墊丙：非經由合法證券商，而取得墊款墊股的融資融券管道。

引了許多迪化街商人成為丙種金主，利用股市墊丙的高利以錢滾錢。這些金主不僅在幕後操作股市，就連「地上」的銀行也得讓他們三分顏色，甚至於主動降低貸款利息，退還擔保品，只為了讓這些迪化街商人們繼續維持與銀行的借貸關係（呂國禎，2010：126-127）。

　　除了股市外，迪化街商人之間也有著一套金融體系。隨著紡織業的蓬勃發展，迪化街布商與紡織業者資金調度的需求也日益頻繁，流通的金額也隨之增加。這些資金調度的活動多於中午、晚上進行。白天業者們開店做生意，因有忌諱之故，沒有人會在上午調度資金（陳家弘，2014）。業者間彼此調度多屬短期借貸，雙方也都互相認識，又或是透過熟人介紹而成，利息與一般銀行相去不遠，也因此少聽說倒帳、跑路等情況。由於迪化街的資金流動頻繁，因而對借貸對象的情報調查就顯得特別重要。時至今日，在迪化街的店面常見到穿著簡單的中老年人，三不五時在那喝茶閒聊。街坊傳言與對某業者的財務狀況，往往在他們喝茶談天的三言兩語中彼此交流，重要商情與投資趨勢，也在之中透露了蛛絲馬跡。這些地下情報與金錢的頻繁流動，不僅反映了迪化街身處金流商流中心，也為迪化街的形象蒙上一層神祕面紗。

（四）1990 年代：產業更迭，世代交替

　　1990 年代是臺灣紡織業的風光年代。1997 年這一年，不僅紡織品出口總值創下歷史新高，同時也締造紡織業歷年來最佳的創匯。在股市再度登上萬點大關的這一年，紡織類股行情可說是一路長紅，炙手可熱。華隆、中興紡織與新纖三檔股票由於最為火熱，被稱作「紡織三劍客」，而南染、南紡、東和等同樣搶手的紡織類股，也皆與迪化街有所淵源（黃曉玫，2015：101）。但也從這1990 年代起，臺灣紡織業面臨了長達十餘年的景氣寒冬。

　　迪化街上的紡織業者除了生意上的競爭外，彼此間的互動合作也顯得相當重要。他們的決議往往會左右臺灣紡織品、原料的價格波動，反映了迪化街紡織業者在業界呼風喚雨的一面。這些業者間

存在著彼此聯絡感情、交換情報，又帶有社會福利救助性質的組織聚會，其中較為人所知的，要屬「EG 會」與「善德會」。EG 會成立距今已有 20 年以上，以一份 2003 年的名單，其成員涵蓋 12 家原絲廠老闆與高階主管，包括南亞、遠東、新纖、南紡、東和、宏州、東雲、中纖、嘉食化、力麗、東雲、中紡與華隆（陳麗珠，2003）。聚會時間為每月月底，彼此交換市場訊息，共議未來市場行情價格，對紡織業上游原料價格起伏有舉足輕重的決定權。善德會成立距今亦有 20 年左右，由大統精密染整的葉泉發所創立，會員包括聯發、集盛、新昕、宜進等加工絲業者及其主管。每月最後一週的週五晚間定期舉辦餐敘，由會員們輪流作東，聯絡彼此情誼，席間同樣也有情報交流。善德會的會員們也會提撥基金，用於社會救濟，具有慈善團體的性質（陳麗珠，2003）。

1990 年代後期受到新臺幣升值、中國與東南亞國家興起、國內工資上漲等因素，使得臺灣紡織品在國際市場上競爭力銳減。具高汙染的染整業，以及需要人力的紡織與成衣業者大量外移中國與東南亞地區，上中下游的供應鏈幾乎整廠輸出海外，造成臺灣紡織供應鏈的斷裂，直至今日仍難以修復。

紡織產業的沒落加速了迪化街的沉寂。成衣業者大量移往海外，使迪化街布行業者喪失其下游客源。今日雖仍有許多紡織企業將總部、聯絡處設於迪化街，但有許多新規業者，或是原先設點於迪化街的業者，已將其總部移往南京東路、忠孝東路一帶，足見迪化街的產業聚落機能已向東擴散。迪化街上具有歷史價值的建築，被政府列為歷史古蹟，因而在開發與建設上受到嚴格的限制，這也是迪化街過於飽和的市街無法重建、拓寬的重要原因。附近的永樂布業商場雖仍是臺灣批發布業最集中處，但在紡織業沒落的情況下，攤位權利金也從極盛時期的 1,000 萬元跌至 100、200 萬（萬蓓琳，2002）。附近布業商家也從最高峰的 3,000 多家萎縮至 300 家左右。

圖 4-6　今日的迪化布街一景（陳家弘拍攝）

四、迪化街與臺灣紡織百年的交纏引繞

　　迪化街早年以其優越的交通位置，成為臺灣北部重要商品集散中心。發展過程中與「布業」的交織引繞，使得迪化街以「布市」聞名全臺，更培育出一群歷經磨練，具有商業頭腦的人才。這群人有的在幕後默默推動臺灣經濟發展，有的則成為引領臺灣紡織業發展的重要人物。「人傑地靈」，可說是對迪化街的最佳形容。

　　清代時期，迪化街取代艋舺成為北部經濟重鎮。往來各地的船隻、洋行的舶來品，以及臺灣特產的茶、糖、樟腦，加上南北雜貨與中藥材，構成了迪化街商貿活動的大致輪廓。

　　日治時期以後，即便基隆港的進出口取代過去繁榮的淡水河港，迪化街仍是日治時期進出口商品的重要集散中心。此時迪化街以布疋貿易而聞名，與過去即有的南北貨、中藥材形成三足鼎立的局勢。林立的布行自迪化街往周邊區域擴散，許多在戰後投入紡織

業的重要角色也於此時進入了迪化街，以布疋批發而聞名的永樂市場也於此時期出現了雛型。由於迪化街商貿活動的活絡，金流、商流川流不息，往來各地的商人與在當地布商往往會有資金調度的需求，因而出現地下錢莊以及各商家間的私下借貸，與「地上」的銀行形成兩套並行的金融體系，而迪化街也變成地下金融的代名詞。

國府遷臺後，隨著政府大力推動紡織業，迪化街也由過去的布疋貿易，逐漸出現紡織工業的影子。1960 到 1980 年代，許多布商紛紛投入紡織生產之中，隨著時代開始往人纖工業與成衣工業發展，並逐步往上下游垂直整合邁進；或是轉換其貿易對象，成為串聯紡織供應鏈上下游的中間商。

1990 年代，臺灣紡織業登上歷史高峰，卻也開啟了十數年的沉寂。內外不利因素與政府產業重心的轉移，使得紡織業從如日中天變成了夕陽工業，無力與電子、資訊等高科技產業競爭，迪化街也因其街道狹窄無發展性，而隨著紡織業一同沉寂。

未來迪化街將走往何處？隨著近年「文創產業」興起，世代文化的周奕成，以及希嘉文化的顏瑋志等人透過眾藝埕、民藝埕與小藝埕、團圓等結合文創、餐飲與產業的店家在迪化街出現，政府亦規劃了永樂布業商場、臺北布事館、鈕釦街等，結合當地歷史與產業聯結的主題區域與街區，積極投入「老街再造」。迪化街與布業、紡織業深厚的歷史淵源，是其最大的資產之一，在新興產業與既有的布業和紡織產業古今交融，期待能琢磨出另一種樣貌，呼應過去淡水河畔，充滿茶香、藥香與綾羅綢布的「百年迪化風華」。

1. 中華徵信所，1972，《臺灣區六十年度壹百家最大民營企業》。臺北：中華徵信所。
2. 臺北文物，1953，〈大稻埕經濟發展〉。《臺北文物》2(2)：427-439。
3. 臺北文獻，1993，〈大稻埕布業座談會記錄〉。《臺北文獻》108：1-9。
4. 吳密察、陳順昌，1993，《迪化街傳奇》。臺北：時報文化。
5. 呂國禎，2003，〈低調、神秘的迪化街百億富商〉。《商業周刊》796。取自：商業周刊知識庫，取用日期：2015 年 5 月 8 日。
6. 呂國禎，2010，〈迪化幫風雲再起〉。《商業周刊》1200：124-132。
7. 呂國禎，2010，〈臺灣最富有商幫不敗養金術〉。《商業周刊》1200：134-136。
8. 李勁樺，2011，《土洋大戰：清代開港後臺灣的紡織品貿易》。臺北：國立政治大學臺灣史研究所碩士論文。
9. 李慶恭，1994，《臺南幫一世紀》。高雄：派色文化。
10. 吳修齊，2001，《八十回憶：臺灣實業鉅子吳修齊》（上下冊）。臺北：龍文出版。
11. 吳尊賢，1999，《吳尊賢回憶錄》。臺北：遠流出版。
12. 林育嫻，2008，〈靠迪化街三力把台塑變盟友〉。《商業周刊》1087。取自：商業周刊知識庫，取用日期：2015 年 5 月 6 日。
13. 周意婕，2010，《紡織產業之創新經營：以興隆毛巾觀光工廠為例》。彰化：建國科技大學自動化工程系暨電光系統研究所碩士論文。
14. 范咸，1960，《重修臺灣府志》（第 17 冊）。臺北：臺灣銀行。
15. 莊永明，1997，《臺北老街》。臺北：時報文化出版事業。
16. 莊素玉，1999，《無私的開創：高清愿傳》。臺北：天下遠見出版。

17. 陳介英，2007，《牽紗引線話紡織》。高雄：國立科學工藝博物館。

18. 陳家弘整理，2014，〈大宇紡織張煜生董事長訪談稿2014/12/25 09:30-11:30 於臺灣富綢〉。採訪者：溫肇東、張逸民。

19. 陳麗珠，2003，〈迪化街紡織業商情大本營〉。自由時報，第18版，5月12日。

20. 許麗岑，2011，《百年迪化風華》。臺北：策馬入林文化。

21. 黃金鳳，1999，《臺灣地區紡織產業傳》。臺北：中華徵信所。

22. 黃秋凱，2010，《不安定就業問題之研究：以臺灣紡織染整業為例》。臺北：國立政治大學勞工研究所碩士論文。

23. 黃富三、林滿紅、翁佳音，1997。《清末臺灣海關歷年資料》（第1冊）。臺北：中央研究院臺灣史研究所籌備處。

24. 黃進興，1992，《半世紀的奮鬥：吳火獅先生口述傳記》。臺北：允晨文化。

25. 黃曉玫，2015，《郭木生織出誠信人生》。臺北：今周刊出版社。

26. 萬蓓琳，2002，〈800 米創造 5000 億財富：迪化街商道啟示錄〉。《今周刊》312：34-39。

27. 臺灣區綿紡工業同業公會，1966，《臺灣區棉紡工業同業公會員廠名錄》。臺北：臺灣區針織工業同業公會。

28. 鄭維國，2004，《和美紡織業與地方社會變遷之研究》，臺南：國立臺南師範學院鄉土文化研究所碩士論文。

29. 駱芬美，2015，《被扭曲的臺灣史》。臺北：時報出版。

30. 謝國興，1999，《臺南幫：一個臺灣本土企業集團的興起》。臺北：遠流出版。

chapter **5**

個案分析（二）
資本技術密集的人纖崛起

溫肇東、陳家弘

轉型升級的年代：經營與技術

　　1950 年代，美援棉花的進口為正處發展重建的臺灣紡織業提供了穩定的原料來源，也促使棉紡織業成為復興臺灣經濟的先鋒，在滿足內需之後得以出口外銷，逐漸累積外匯，為日後經濟發展扎下穩定的根基。許多紡織業者在此時期嶄露頭角，其中包括日治時期發跡的布商，於此時由貿轉工，投入紡織生產，如臺南紡織、新光紡織與中和紡織等；亦包括自中國遷移來臺的紡織集團，如遠東紡織、臺元紡織、潤泰紡織等。這些業者或憑藉其於迪化街累積的布業經驗，或倚靠其自中國遷臺的設備與棉紡經驗，皆成為臺灣紡織業發展初期的重要推手，引領臺灣自風雨飄搖中站穩腳步。

　　1960 年代，正當臺灣棉紡工業如火如荼蓬勃發展之時，全球紡織業的步伐也自傳統的棉紡織業，開始往人造纖維領域前進。這股變革的時代之風也自美國開始吹往日本，再由日本吹往臺灣、韓國等復興中的國家。在上一個十年中引領風騷的紡織業者似乎洞悉未來紡織發展的趨勢，開始往人纖生產與紡織轉型。

　　人造纖維工業發展之初，先以再生纖維的嫘縈生產起步，而後走向聚酯、尼龍等合成纖維領域，最終往人纖原料上游的石化原料發展。以其源流來看，台塑集團旗下的台塑石化公司為國內人纖上游原料（乙烯、EG、PTA）的重要供應商，台灣人造纖維公司則為目前國內唯一生產嫘縈的廠商。但台塑集團事業核心著重於石化與塑膠領域，人纖所占事業比重並不高。

　　遠東紡織為較早投入人纖產業者，其配合政策調整投資發展策略，並積極向外多角化經營，如今不僅是國內紡織工業的重要廠商，更是聚酯、瓶用酯粒的主要供應來源，集團版圖更深入人們日常生活中的各個層面。

1970、80 年代是臺灣紡織產業的黃金時代，棉紡織業與人纖工業於此時期發展如日中天，成衣工業更成為臺灣紡織外銷創匯的主力。1984 年棉紗產量與人纖（尼龍、聚酯加工絲）產量出現黃金交叉（圖 5-1），從此莫定了人造纖維對臺灣紡織的重要性，更吸引不少紡織業者朝人纖工業轉型，如力麗、力鵬企業，其尼龍產量高居世界第二位，直逼德國化學大廠巴斯夫（BASF），在人纖生產、紡織領域上具有舉足輕重的地位。力麗集團亦向外多角化，集團版圖除紡織本業外，更橫跨營建、觀光、社會福利等事業，為一高度多角化經營之企業集團。

　　人造纖維工業的出現，使得臺灣紡織業擺脫了過去難以解決的天然原料不足問題，改以石化原料為來源。雖仍受國際情勢與油價波動衝擊，但總算能自行生產 EG、PTA 等人纖所需原料，解決過去天然原料不足，動輒受制於人的局面。人造纖維除在衣著感上輕柔舒適，更因其為人造產物，較天然纖維具有更多可操作性，亦可就其物化性質加以改變，創造出具不同功能的機能性纖維，具有高度附加價值。在世界運動風氣盛行的 21 世紀，機能性服裝的需求日益增加，具有各式功能的機能性布料成為臺灣紡織產業的外銷主力，讓臺灣紡織品在新世紀的國際舞臺上持續發光發熱。

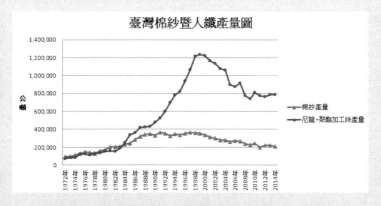

圖 5-1　臺灣棉紗暨人纖產量圖（1972-2014）

資料來源：經濟部統計處、《自由中國之工業》，作者自繪

一、遠東集團的世紀發展

（一）遠東集團的發展源起及轉型

1.出生江南，發跡上海

遠東紡織創辦人徐有庠先生，1910 年出生於江蘇海門縣，此地氣候適宜種植棉花，使徐有庠自幼就與棉花有所淵源。15 歲時，徐有庠自海門中學高中部輟學，進入當地裕豐棉花雜糧行工作，為其一生事業啟蒙點。26 歲時，徐有庠至上海創辦同茂花糧行，不久後又與朋友合資開設同盛紗布公司，經營紗布批發。1943年，徐有庠等人開設鴻豐棉織廠，由貿易轉工，進入生產事業。

1945 年是徐有庠事業版圖急速擴增的一年。抗戰勝利後，徐有庠先後創辦「大同棉業公司」，提供其棉紡廠所需原棉供應，以及「遠東織造廠股份有限公司」，初期以生產內衣為主。當上海永安百貨新廈落成，成為上海重要地標，徐有庠見此華廈宏偉新穎，便以永安大樓作為所生產內衣商標圖案，取名「洋房牌」，更在遠東跨足水泥事業後成為其生產水泥之商標，沿用至今。同年又成立同牲泰機器榨油廠與惠民植物油廠，讓徐有庠旗下事業更加多角化。1947 年，徐有庠有感於上海工潮與學運造成的動盪，害怕企業家被當作鬥爭的對象，因而開始考慮遷移事業。當時為英國管轄的香港、新加坡以金融經貿為發展主軸，並有免稅措施，但其腹地過於狹小，人口、資源又有限，不利製造業設廠發展。剛為國府接收的臺灣雖在二戰末期經歷空襲，設施殘破有待復興，但臺灣有豐富的農礦產業，以及較港、星來得多的人口與可用腹地，遂成為徐有庠遷移產業的首選（徐有庠口述、王麗美執筆，1994：87-90）。

2.神州飄搖：遷臺後大力發展紡織業

1949 年中國情勢危急，徐有庠遂自上海前往香港，籌辦遠紡遷臺事宜，將大同棉業保存之棉紗、棉布，以船運輸至基隆。品質較高的衣物織品，則以空運送至臺灣。此次遷臺連同紡織設備，計有棉紗 200 萬磅、棉布五萬疋、八萬打汗衫與衛生衣，以今價估算

價值一、兩千萬美元。遠紡的這些資源與隨政府遷臺紡織業者（如：臺元紡織、潤泰紡織、六和紡織）所攜來的原料、機具，以及過去日人所留下的紡織設備，便成為戰後臺灣紡織業復興的重要基礎。

遷臺之初，遠東針織廠股份有限公司在臺北板橋成立，生產洋房牌內衣。當初帶來的棉紗棉布，除遠東自行使用外，亦為中央信託局所收購，以滿足供應市場需求。當時政府財政困頓，當向遠東收購物資所支付的一萬美元貸款匯票，拿到香港銀行兌現時，還出現外匯不足無法即刻支付，要待臺灣下一批外匯進帳後才能兌現的窘境。

圖 5-2　遠東新世紀板橋廠區，為遠東在臺復業之始（陳家弘拍攝）

1952 年，有鑑於國內市場需求增加，加上政府持續扶植推動國內紡織業，陸續推行優惠與獎勵措施，徐有庠便另成立臺灣遠東紡織有限公司，主要生產棉紗與棉布。品牌則以臺灣景點命名，

如：阿里山牌棉紗，以及萬壽山牌棉布。這些紗、布主要供應國內市場，以及提供遠東針織廠生產內衣之用。1954 年為節省營業開支，遂將針織與紡織公司合併，正式成立遠東紡織股份有限公司。

3. 響應國家政策，投資水泥工業及航運業

1950 年代臺灣正值重建復興階段，必先滿足民眾最基本的食衣住行需求。徐有庠在致力滿足「衣」的需求同時，也在「住」的方面看見了商機。由於各項設施重建都需要大量水泥與營造業，因此政府對水泥與營造產業予以相當優惠。徐有庠的投資申請計畫於1957 年核准，遂與王新衡、王均道、李澤民等人合作投資水泥產業，爭取美國開發貸款基金（Development Loan Fund，簡稱為DLF），成立亞洲水泥股份有限公司。亞泥選定於新竹設立礦區與工廠，生產同樣以洋房形象為商標的洋房牌水泥，與台泥、嘉泥分庭抗禮。而後由於國內營造大量需求，以及美方因越戰需要而產生的短期外銷訂單，遠東又於花蓮投資設廠，更因水泥運輸的需求而設立裕民運輸公司，將遠東的事業版圖擴展到運輸業。之後為因應水泥事業營運的擴大，以及響應「國輪國造，國貨國運」之宣導，遠東的運輸事業便從陸地延伸至海洋，開啟海上運輸經營，也成為日後裕民海運的前身。

4. 朝人纖工業轉型，向上整合原料端

當臺灣棉紡工業正在起步時，日本的人纖工業早已發展一段時日，全球紡織業的趨勢也漸由棉紡織往人纖紡織移動。1967 年，遠東與日本東麗、三井與歧阜株式會社合資成立東方人纖有限公司，這是遠東首次與外資合作生產，也是從紡織業下游朝上游原料端發展的嘗試。但對遠東來說，這次的跨國合作稱不上愉快的經驗。由於日方控股與營運上的操作，高額的人事差旅費用，以及產品委由日本商社銷售抽取的佣金，使得東方人纖成立後虧損連連。徐有庠遂將東方人纖收回自營，透過指派遠東人員接替日方管理、技術人員以節省人事開銷，由遠東人員直接參與營銷以節省商社佣金等大刀闊斧的改革，終於使東方人纖在一年內轉虧為盈，營業額

成長 24 倍，以優異的成績讓日本人刮目相看。1969 年，徐有庠成立亞東人造纖維股份有限公司，使用瑞士 Inventa 的 TPA（對苯二甲酸）專利製法，成為亞洲首家大量使用 TPA 製造人纖的公司。

　　1975 年，政府將石化工業列為發展重點，由政府發起籌設一家生產 EG 的工廠，當時行政院經建會主任委員俞國華邀請徐有庠與國內其他企業共同出資。徐有庠鑑於紡織業上下游應有所連結，又對人纖生產所需原料 TPA 與 EG 僅能依靠進口，仰人鼻息的情況感到緊張，因而配合國家發展政策，與政府合資在高雄創立東聯化學股份有限公司，生產 TPA 與 EG。而後隨著紡織與石化產業的擴增，遠東企業接連成立亞東工業氣體股份有限公司（1987）、科德寶遠東股份有限公司（1987）等，實現從原料、紡織到成衣的上下游一貫化整合。

5. 往百貨零售業發展，掌握通路優勢

　　由於遠東紡織商品的銷售需求，徐有庠的事業版圖開始往百貨業進軍。過去遠東紡織的產品，多透過零售、批發與百貨公司經銷，價格往往被壓到極低，影響遠紡利潤。在行銷通路有限且受制於人的情況下，徐有庠決定由遠東自行經營銷售通路。1955 年先於中山堂對面的永綏路設立門市部，販售遠東自產商品，銷售成績相當不錯，最盛期更於全臺各地開設 30 多家門市分店。1966 年徐有庠鑑於傳統零售市場終將沒落，結合休閒與購物的消費型態即將興起，又逢政府發展觀光產業，遂將二者結合，派人赴日本伊藤榮堂百貨受訓，學習管理、庫存等制度，又將永綏路門市改建為六層大樓，於 1967 年開張，成立第一家遠東百貨公司，而後更於全臺各主要都市設立分店。1971 年底我國退出聯合國，舉國民心動盪不安，而在寶慶路的遠東百貨公司於隔年元月盛大開幕，絲毫未受退出聯合國的影響。「怕什麼，遠東那麼大的百貨公司都開了。」表現遠東百貨的盛大開幕某種程度上達到安定民心的功用，也可見遠東集團在臺人心目中的分量（徐有庠口述、王麗美執筆，1994：241-242）。

圖 5-3　遠東百貨寶慶店（陳家弘拍攝）

　　遠東百貨初期經銷自產商品，以國貨百貨公司為自我定位。而後面對新光三越、大葉高島屋等外資百貨帶來的壓力，不得不考慮引入外援與之對抗。徐有庠長子徐旭東於 1970 年自美返臺後，即進入遠東紡織擔任董事，為遠紡引入現代化管理制度，成立電腦中心，開啟國內企業使用電腦管理營運資料之先河。擁有留美經驗的徐旭東在思想作風上顯得開放，也較其父更樂於與國際企業共同合作。徐有庠於 2000 年辭世後，由徐旭東接掌經營遠東集團，他於 2002 年取得太平洋 SOGO 百貨經營權，隨即與遠東旗下百貨、零售通路整合，區分以高檔商品為主力的 SOGO，中高階商品的遠東百貨，以及提供低階商品與高度折扣的遠東愛買大賣場，一網打盡各階商品銷售通路。

6. 投資教育，興學儲才

　　臺灣經濟起飛與各項建設的完成，不僅需要強大的實物資源，更需要優秀的技術人才為後盾。機械設備等生產工具能以金錢購得，但培育專業技術人才的「軟實力」則非一朝一夕一蹴可幾，需

要產學研多方有完整配套制度的培養合作，才能造就促進產業發展的幕後推手。徐有庠有感於臺灣技術人才缺乏，無法及時供應國內產業發展之需求，因而起了設立學校培育人才的念頭。1968 年，二年制「私立亞東工業技藝專科學校」成立，教授紡織、電工、機械、電算等專業技術，培養遠東集團與產業界所需技術人才，更隨時代進展與需求增加教授科目，並於 2000 年改制為「亞東技術學院」。1985 年，為因應臺灣產業自勞力密集躍升至技術密集型態，徐有庠便有意成立高等科技人才培育機構，遂在 1989 年於桃園中壢成立「元智工學院」，以其父徐元智先生之名為學校命名。其後陸續增加化學、電機、資訊、通訊與企管等科系，並於 1997 年改名為「元智大學」，成為培育國內技職人才的搖籃。

7. 邁向新時代，跨足金融、通訊領域

1990 年代政府開放民間設立銀行，遠東集團便成立遠東國際商業銀行，正式進軍金融產業。1998 年配合國家電信自由化，又與美國 AT&T 共同成立遠傳電信，與中華電信、臺灣大哥大合稱電信三雄，擁有廣大的行動通訊市占率。2003 年針對「民間參與高速公路電子收費系統建置與營運」計畫，成立遠通電收股份有限公司，承攬建構高速公路電子收費系統，以利用無線射頻自動識別系統技術（RFID）的 eTag 自動扣款收取過路費，達到精省人事成本與人工收費程序之功效，成為遠東集團目前最新發展的事業。

時至今日，遠東集團已自當年帶著棉紗飄洋渡海來臺的紡織廠，成為旗下擁有石化、聚酯人纖（含紡織）、水泥建材、百貨零售、金融服務、海陸運輸、通訊網絡、營造建築、觀光旅館與社會公益（含教育）等十個事業群的集團企業，規模與影響力自然不可同日而語。多角化經營擴大了遠東集團的組織規模，分散投資經營風險，更利於從國內各領域市場中汲取成長能量。在中國開放投資後，遠東除持續投資國內事業外，也將經營版圖跨越到海峽對岸，在中國各主要都市投資水泥、紡織與百貨事業，持續朝國際化企業集團之路邁進。

（二）遠東新世紀紡織事業版圖

　　遠東集團的紡織事業版圖，乃一上中下游連貫整合之完整生產體系。1954 年合併而成的「遠東紡織」是遠東紡織事業的起點，於 2009 年改名為「遠東新世紀」，為目前遠東集團核心事業，業務以生產聚酯粒、聚酯瓶胚、聚酯長短纖、針織布與成衣為主，並致力於機能性纖維與環保回收材質的研發及應用。遠東聚酯人纖與紡織成衣事業之企業與營收詳見以下表 5-1：

表 5-1　2013 年遠東集團聚酯人纖與紡織成衣事業營收表

公司名稱	成立日期	資產總額（百萬元）	營收淨額（百萬元）	董事長
遠東新世紀股份有限公司	1954	185,914	60,682	徐旭東
高雄富國製衣股份有限公司	1971.03	378	1,736	徐旭明
大聚人造纖維股份有限公司	1973	-	-	鄭澄宇
全家福股份有限公司	1976.02	857	1,463	施永發
科德寶遠東股份有限公司	1987	-	-	Bruce Olson
亞東創新發展股份有限公司	1988.06	552	586	曾裕賢
宏遠興業股份有限公司	1988.02	7,214	6,229	席家宜
遠東先進纖維股份有限公司	1995.04	2,040	2,016	徐旭東
遠東服裝（蘇州）有限公司	1996.01	3,343	3,843	胡正隆
遠紡工業（上海）有限公司	1996.09	15,297	27,984	張立德
宏遠興業（泰國）股份有限公司	1998.07	1,367	899	葉清來
遠紡工業（無錫）有限公司	2002.06	4,669	3,555	胡正隆
武漢遠紡新材料有限公司	2003.07	1,853	3,068	張立德
遠紡織染（蘇州）有限公司	2003.01	2,976	2,548	胡正隆
遠紡工業（蘇州）有限公司	2004.03	2,904	4,458	胡正隆
亞東工業（蘇州）有限公司	2005.06	7,519	4,947	胡正隆
宏遠發展（上海）有限公司	2006.07	1,936	1,124	葉清來

公司名稱	成立日期	資產總額（百萬元）	營收淨額（百萬元）	董事長
麥氏卡里萊啤酒貿易（上海）有限公司	2007.01	16	33	胡正隆
遠東服裝（越南）有限公司	2002.07	516	449	李靜傑
中比啤酒（蘇州）有限公司	2007.09	814	57	胡正隆
蘇州安和製衣有限公司	2008.01	121	386	胡正隆
FAR EASTERN ISHIZUKA GREEN PET CORPORATION	2012	-	-	-

資料來源：遠東集團網頁、中華徵信所《2013 臺灣地區大型集團企業研究》、遠東新
　　　　世紀 102 年度年報

1. 技術設備來源：偏好歐美與日系設備

　　1949 年遠東針織廠在臺復廠之初，生產以棉紡織品為主，所使用的紡織設備乃自上海遷移來臺，原產國家不明。早期臺灣為保護紡織業發展，減少國內市場競爭，對新設紡織廠與進口紡織設備有相當程度限制。吳火獅當年為籌辦新光紡織，囿於進口限制，也只能在日本將紡織機械拆卸成數千零件，分批進口入臺組裝，可見當初取得國外紡織設備限制諸多。1953、54 年間，遠東所使用的紡織設備，以日本機種為主流，品牌包括 KAMITSU、HOWA、KANAMARO、TOYOTA，以及德國 HACOBA 緯紗機與美國 WHITIN 精梳機（遠東紡織關係企業遷臺 30 週年紀念特刊編印小組，1979：35）。1956 年遠東紡織又獲准進口日本製豐田牌織布機 160 臺，用於生產萬壽山牌棉布。當時最普遍的紡織設備，以德國製與日本製為大宗。品質上，以德製紡織機效率較高且耐用，日製紡織機則在價格上要較德製品便宜許多。以當時（1950 年代）購買八千枚德製紡錠的價錢，可以購買兩萬枚日製紡錠。基於價格考量，當時國內紡織廠絕大多數使用日製紡織設備（徐有庠口述、王麗美執筆，1994：130）。

　　1958 年遠東紡織廠因電線走火而慘遭祝融，廠房設備付之一炬，其中包括之前進口的日製紡織機械。而後遠東紡織廠房重建，

徐有庠基於工作效率與耐用度，以及西德廠商 Zinser 為開發亞洲市場，提供遠東以五年分期付款支付購買費用，減輕遠東財務負擔，因而決定購買較日製機種貴上許多的德製紡織設備。

此後，遠東紡織及集團旗下紡織廠經過幾次設備更新，進口來源大致來自以下幾個國家（遠東紡織關係企業遷臺 30 週年紀念特刊編印小組，1979：35-54）：

德國：Zinser、Schlafhorst、B.Thies、Lurgi

瑞士：Buser、Benninger、Heberlein、Sulzer、Ruti、Saurer、Rieter

日本：Toyota、Inamoto、Fukuhaka、Kanzaki、Ichikin

比利時：Picanol

美國：Artos、Leesona

義大利：Meccanotessile、Fadis

英國：Parex、Famatex

從以上資料可知，遠東紡織在選擇設備進口來源時，偏好使用日系與歐系機種，其中又以德國、瑞士品牌最多，符合徐有庠對德系機具耐用度高，工作效率強的既定印象。

1960 年代臺灣正式投入人造纖維生產，遠東於 1967 年與日本人纖大廠東麗、專業染整的歧阜株式會社，以及擁有廣大銷售通路的三井物產株式會社合作，共同投資東方人纖公司，為當時唯一專營人纖織物染整的公司，所生產的 T/R 布則以益絲可（Escall）商標行銷海外。1969 年，遠東投資設立亞東人纖公司。在製造技術上，引進瑞士 Inventa 公司的 TPA 製程（直接酯化法）來生產人纖。在當時絕大部分人纖廠都以 DMT（對苯二甲酸二甲酯）作為生產原料時，遠東採用建廠成本較高且高純度原料不易生產的 TPA 無疑是種挑戰，但日後也證明了當初使用 TPA 製程是正確的選擇。由於當時 Inventa 是一家規模不大的公司，為分散風險，減少公司若出問題時可能帶來的傷害，遠東在人纖生產設備上選擇使用在當時已是大公司的西德 Lurgi 公司產品，來與 Inventa 公司製程搭配。其後 Lurgi 與 Inventa 成功開發高速紡織技術，半延伸絲

不需經過伸撚，即可直接假撚加工，速度也較遠東現有技術快上三倍。徐有庠於回憶錄中提到，當時遠東向 Lurgi 與 Inventa 提出技術轉移要求，兩家公司也很樂意將此技術與遠東分享，使遠東成為亞洲最早生產半延伸絲的工廠，與日本公司常在技術上留一手，不願分享的作風大相逕庭（徐有庠口述、王麗美執筆，1994：170-173）。

　　1995 年，遠東採用美國杜邦公司技術，與其合資共同成立遠東杜邦公司（現已更名為遠東先進纖維股份有限公司），生產尼龍66 纖維。又與英國卜內門化學工業股份有限公司（ICI）合作成立卜內門遠東股份有限公司（現已改名為亞東石化股份有限公司），於桃園觀音鄉建廠生產純對苯二甲酸，擴增上游人纖原料端產能。

　　綜合以上，可以得知遠東在進口紡織設備時，初期以日系品牌居多。之後或許因與日資企業合作經驗並不愉快，以及對德系機種工作效率與耐用度的信心，使得遠東在日後的設備擴充上對德國、瑞士與比利時情有獨鍾，日系品牌則居於其次。技術上，由於歐美在技術轉移上較日本來得開放，因而遠東在選擇技術來源時也較樂於與德、瑞、英、美等擁有高端化學工業的國家的廠商交流合作。

2. 營收分析：人纖與紡織為重要營收事業

　　遠東紡織經營事業已由早期生產紗布、成衣，轉而向上游發展，生產人造纖維及其原料，中、下游的紡織與成衣則轉由集團旗下子公司發展，形成一貫化整合供應鏈，也串起了遠東的紡織事業版圖。以遠東新世紀 102 年度年報所揭示，集團旗下各事業體可概括區分為石化、人纖、紡織、電信、不動產開發與投資及其他等六大部門。近兩年各大事業部門的營業金額與所占營業比重如表 5-2與圖 5-4：

表 5-2　遠東新世紀部門營業金額與比重

單位：新臺幣仟元

年度	102 年度			101 年度	
部門別	營業金額	營業比重（%）	年成長率（%）	營業金額	營業比重（%）
石化事業	50,954,029	19%	-6%	54,110,667	20%
人纖事業	77,112,023	29%	-1%	77,785,133	29%
紡織事業	34,292,453	13%	8%	31,614,664	12%
電信事業	89,670,579	33%	3%	86,665,697	32%
不動產開發事業	8,069,809	3%	-32%	11,821,088	5%
投資及其他事業	9,522,803	3%	68%	5,658,300	2%

資料來源：遠東新世紀 102 年度年報

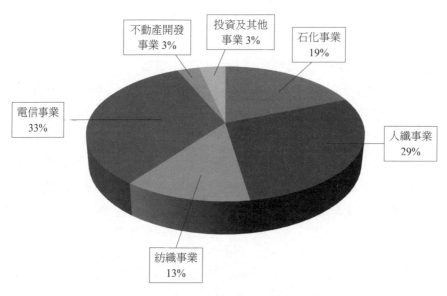

圖 5-4　102 年度遠東新世紀營業部門比重

資料來源：遠東新世紀 102 年度年報，作者自繪

　　其中與紡織相關的部門有人纖事業與紡織事業，兩部門合計101 年度共占集團營業比重的 41%，102 年度則略增為 42%，近全集團營業比重的一半。若再加上石化部門中生產 PTA 等人纖原料的份額，紡織相關部門整體的營業比重將較 42% 來得更高一些。

　　相較於同以紡織起家，同樣朝多角化經營的潤泰集團而言，其紡織與成衣部門合計所占集團營業比重僅 3.39%（潤泰全球股份有限公司，2013：33）。由此可見，遠東的紡織相關部門至今仍是集團重要營收創造單位。

表 5-3　遠東新世紀人纖紡織、人纖製造、成衣與服飾品營收淨額、
　　　　比例與設廠家數

單位：新臺幣百萬元

地區 營業比例 與該廠數	臺灣	中國	海外	合計
人纖紡織 營收淨額（比例）	6,229 （15%）	35,731 （83%）	899（2%）	42,859 （100%）
人纖製造 營收淨額（比例）	62,698 （87%）	9,405 （13%）	0（0%）	72,103 （100%）
成衣與服飾品 營收淨額（比例）	1,737 （26%）	4,378 （67%）	449（7%）	6,564 （100%）
人纖紡織 設廠家數	2	4	1*	7
人纖製造 設廠家數	3	2	0	5
成衣服飾品 設廠家數	2	3	4**	9

*泰國有一廠
**菲律賓有二廠、馬來西亞有一廠、越南有一廠
資料來源：中華徵信所《2013 臺灣地區大型集團企業研究》

　　從表 5-3 可以得知，遠東在人纖紡織部分已大量外移，其中以

移往中國為大宗，高達 83%，移往海外（泰國）生產營收僅占很小份額。國內生產方面，主要營收來自於宏遠興業。宏遠興業創立於 1988 年，1995 年上市，目前以生產加工絲與機能性布料為主，於針平織機能布料研發領域中具有相當實力，為 Nike、Puma、The North Face、Columbia 等國際知名運動品牌提供布料。旗下經營品牌「幸福台灣 Eversmile」，則主打環保與公益，銷售休閒與戶外服裝，於臺灣各大都市均設有實體店面。宏遠總經理葉清來先生堅持 Eversmile 品牌商品 MIT 生產，為臺灣紡織、成衣廠製造就業機會，帶來群聚效益，實踐在地幸福經濟，創造共享價值。

　　人纖製造方面，以在臺公司大聚人造纖維、遠東先進纖維與遠東新世紀所生產者占全體營收淨額的絕大多數。雖有於中國設廠生產人纖，但營收仍輸臺灣許多。生產產品以聚酯粒、聚酯棉、聚酯絲、加工絲、聚酯瓶胚、聚酯膠片與尼龍 66 等為主，其中聚酯瓶胚生產更位居世界前三大製造廠，為可口可樂公司長期合作夥伴，供應臺灣 60% 的可口可樂寶特瓶。

　　成衣與服飾品項目於遠東的紡織、人纖相關部門中，屬於創造營收較少者，說明遠東新世紀將營運重點放在中、上游的紡織與原料端。遠東雖於海外（菲律賓、馬來西亞、越南）地區擁有最多成衣服飾公司，但其所創營收卻為三地區最少者，僅占成衣服飾品總營收的 7%。設於中國的成衣服飾廠雖在數目上略輸海外地區，所創營收比例卻將近海外地區的十倍，亦占總營收比例的 67%。臺灣在成衣服飾廠上的數量雖僅有海外地區的一半，所創營收比例亦超過海外營收近四倍，占總營收比例 26%。由此可知，遠東新世紀已將成衣與服飾品等需要較多勞動力的下游產業移往中國及海外地區，目前則以中國為成衣服飾生產中心。海外地區所設廠數雖居三地之冠，但所創營收卻為三地之末，這或許與遠東對各地區成衣廠定位有關。

　　綜合以上，可以得知遠東的人纖、紡織事業至今仍是創造集團營收相當重要的角色，與近年積極投資的電信事業，同為集團營業金額較高的事業（見表 5-2）。策略方面，屬於紡織中、下游的人

纖紡織與成衣服飾大量移往中國與海外其他地區，其中又以中國地區所創營收最高。海外地區所設廠數雖多，但營收方面無法與中國地區相比，甚至連所占比例最低的臺灣也比不上。屬於紡織上游原料的人纖製造，為遠東人纖、紡織領域營收最高者。或許基於營運考量或避免關鍵技術流出，目前人纖製造生產乃以臺灣為重心，雖於中國設廠生產，但所創營收僅臺灣廠的七分之一。由此可知，遠東在營運策略方面，將上游原料端與需要高階技術者留在臺灣，中低階技術與勞力需求較多的紡織、成衣服飾則移往中國投資設廠，所需技術更低，同樣需要大量勞動力的紡織成衣，則向勞動成本更便宜的海外地區設廠。也因此呈現於圖表數據上，會出現中國創造最多中、下游營收，臺灣公司雖少，卻創造較海外地區更多營收的情況。

3. 品牌策略：自有品牌與授權代理並重

過去在中國時期，遠東紡織即開始生產洋房牌內衣，遷臺後亦以洋房牌內衣而聞名。除生產內衣外，遠東亦生產棉紗與棉布，並以臺灣景點作為品牌名稱，如：阿里山牌棉紗與萬壽山牌棉布，其中阿里山牌的 32 支紗更創下臺產紗支首次外銷的記錄。隨著臺灣經濟的逐步成長，人民消費能力水平逐漸提升，對衣著品質的要求也為之提高，也開始有對西方高品質服飾的需求。此時期遠東紡織的策略在於代理西方品牌服飾，付與對方權利金，由對方提供設計款式，再由遠東生產製造，掛牌出售。遠東最早開始代理美國 PEI 集團旗下的 Manhattan（美好挺），生產美好挺襯衫，之後又與 B.V.D 合作，生產 B.V.D 全家福內衣（遠東之後結束與 B.V.D 合作關係，現由中興紡織代理 B.V.D）。

藉由代理生產美好挺與 B.V.D 的經驗，遠東紡織從中習得歐美國家成衣生產技術，並用於改良原先自有產品的不足，陸續開發 Paul Simon 歐風內衣、Active 比威力內衣、F.E.T 金埃及內衣、如意襯衫等各式品牌。

1976 年遠東成立全家福股份有限公司，初期業務以經銷遠東

旗下內衣為主，之後則轉型為專業化品牌經營公司。目前除擁有前述 Paul Simon、Active、F.E.T 與 Manhattan 外，更擁有 Hart Schaffner Marx 男性西服、歐風西服、Tonia Nicole 寢飾、Charisma 寢飾、La Mode 寢飾、MoNa 寢飾與 Punto Blanco 男性內衣等品牌。銷售管道更自原先的百貨公司專櫃經營，拓展至量販店、便利商店等通路賣場。

　　由此可知，遠東跨足終端消費者品牌的時間相當早，遷臺後亦持續發展。初期以自營品牌打入市場，而後隨著經濟水平與消費水準的提升，改以代理生產西方知名品牌服飾來搶攻市場，並藉此學習、改良既有品牌服飾，開發品質更好的自有品牌。如今遠東將旗下服飾品牌交由全家福股份有限公司經營，仍以自有品牌與代理生產為品牌策略。在機能性服飾當道的今日，遠東旗下品牌服飾亦結合集團研發中心成果，為內衣加入吸濕排汗、發熱、保濕、除臭等機能，使衣服不僅是衣服，更是尖端科技與衣著服飾共同的結晶，也為遠東這個老字號企業注入新生命。

4. 研發成果：享譽全球的環保與機能性纖維

　　在市場商品競爭趨於同質化的時代，要如何自競爭者中脫穎而出？所依靠的不僅是過人的設計，產品背後所擁有的技術更是決勝關鍵。因此在紡織產業中，技術研發一直是兵家必爭之地，各家廠商無不於研發上投注心力，期望在技術上有所突破，增加自家產品的市場競爭力。遠東集團於桃園設有一研發中心，研究領域橫跨紡織纖維、高分子材料、光電與生醫等領域，近年更致力於生物可分解材料與環保回收，利用回收寶特瓶或製成環保回收紗（rPET）或其他材料。2014 年世界盃足球錦標賽中，地主國巴西與美國、葡萄牙等五國參賽球員身上穿的球衣布料，即是來自遠東新世紀以廢棄寶特瓶加工製成的創新環保布料（遠東人月刊編輯室，2014）。

　　以機能性紡織品領域來說，遠東擁有以下幾種技術：TopCool 利用異型斷面纖維特殊的四道凹槽導溝結構，擴大表面積與排水效

果，具有強力吸濕排汗功能。再加上特殊聚合與抽絲織法，讓衣物能夠輕盈且不易變形，且能保持穿著者體感既乾爽又清涼透氣（遠東新世紀股份有限公司，2015）。TopHeat+不同於市面上以短纖搭配天然纖維以達到吸濕發熱效果，其纖維本身即具有優於普通聚酯的發熱效果，是市面上唯一具備吸濕、發熱的長纖素材。Sunex為遠東開發之遠紅外線發熱纖維，有別於傳統生產材料容易損傷織針與機臺，此一新材質不僅具有發熱效果，且能做到不傷織針，降低設備磨耗。Outlast 調溫纖維則可達到溫度緩衝，不會過冷或過熱，讓使用者隨時處於最佳溫度，以節省冷暖氣的使用。Bio-TopCool+則為遠東新世紀獨創之全聚酯涼感纖維，擁有持續涼感、吸濕超快乾與抗靜電等效果，更是全球首見高生物基含量（30%）的機能性纖維，為遠東在生質應用上的具體成果（遠東人月刊編輯室，2014）。

環保方面，TopArgo 乃是將廢棄稻穀殼燒結而成的奈米無機材質，添加至回收纖維中，具有遠紅外線保暖、消臭等機能，為環保與機能性兼具的纖維產品。此外，過去傳統染整由於用水量大，且使用的染劑容易造成廢水問題，如今多已移往海外。遠東新世紀與 Nike 共同合作開發超臨界 CO_2 無水染色技術，以可回收的二氧化碳取代過去染整程序中使用的水，減少水資源消耗與廢水排放，以收環境保護、減少資源浪費之成效（遠東人月刊編輯室，2014）。

（三）遠東集團在臺灣紡織業的角色

紡織業由於所需技術門檻不高，只要有足夠的人力與設備即可投入生產，所生產出來的紡織品不僅能滿足國內所需，更能用以外銷賺取外匯，積累強健國家經濟體質，因而是許多國家經濟起步，或是重建經濟時最先涉足的入門工業，當然臺灣也不例外。國府遷臺後百廢待興，利用紡織業重建經濟乃當務之急，遠東紡織與其他遷臺紡織企業從中國遷移來臺的設備、棉紗與布料便成了臺灣紡織復興的及時雨。

遠東集團在發展的過程中，不論紡織、人纖部門，或是水泥、

電信事業，皆受益於美、日、德、英等國的合作對象。遠東集團憑藉其良好的外商關係，透過與國際夥伴合作的契機擴展其集團版圖，更從中引進、學習先進技術，成為國內各領域首屈一指的領先企業。同時遠東集團事業版圖多角化的過程中，相當程度是配合國家政策制定而投資發展，利用政府各階段需求與對特定產業的支持，巧妙地投入受政府支持的產業，如：紡織、水泥、石化產業等，逐步擴展其集團版圖。在遠東集團積極向外開枝散葉的同時，身為集團核心企業，也是集團起點的遠東紡織，同樣也與時俱進，紡織、人纖事業至今仍為集團重要營收部門，與石化、電信事業相比毫不遜色。遠東紡織從棉紡織走向人纖紡織，更進一步往上發展人纖製造，當面臨能源危機，政府鼓勵自行發展石化產業時，遠東又朝著人纖製造更上游的原料端前進，從而實現上中下游的垂直整合，持續發展至今。

遠東紡織的發展歷程，可以說是一部臺灣紡織產業史的縮影，從遷臺後復興臺灣經濟的一員，隨著各階段紡織業發展的特色而調整其上中下游位置，到強調機能性與環保的今日，遠東紡織都能與時俱變，漂亮地結合了市場需求與產業發展。在諸多與遠紡同期或晚成立的紡織企業均已湮沒於歷史之時，碩果僅存的遠東紡織在邁入新世紀的今日更顯得屹立不搖。

二、力麗集團的奮起與策略

（一）力麗集團發展緣起與升級

力麗集團創辦人郭木生先生，1933 年出生於彰化縣芳苑鄉。自幼家境清貧又弟妹眾多，16 歲時經阿姨引薦，前往二林鎮的謝土虱布店擔任學徒（黃曉玫，2015：26）。從每日開店門、灑水掃地，到學習珠算、辨別布料與商場上的應對進退，郭木生在學徒時期開始累積日後經營布業的相關知識。

1954 年，郭木生與夫人洪蘇女士結婚後，二人於二林市場開設興隆布莊，經營零售布料事業。由於郭木生夫婦認真實在，對潮

流趨勢也相當敏銳，布莊生意日漸興隆，門庭若市，也為郭木生慢慢累積資本，家裡的生活也日愈寬裕。37 歲時郭木生決定擴大經營，和其弟能租、能章與妻舅合資，前往彰化市中正路開設銘隆布行，自零售事業提升至批發層面，也因此頻繁來往當時臺北批發布業中心迪化街，批進貨物與打探商情。

1975 年左右，適逢印花布市場需求量激增，一碼 40 元的印花布回賣到彰化變成一碼 70 元，對布商來說幾乎是賣一碼賺一碼，獲利甚豐。在供應廠無法及時供應市場所需的情況下，郭木生需經常至北部工廠催貨，與工廠老闆、師傅搏感情以確保優先取得貨源。某日郭木生返回二林老家，與親朋好友一同聚餐，席間談到印花布市場的興盛與時常前往北部催貨的情況。他的姪子郭水木當時為印花師傅，認為印花所需設備、資金不多，自己又有印花技術與人脈，便建議郭木生自行開設工廠，掌握穩定貨源。

郭木生拿出兩百多萬元，與其他兄弟姊妹合股投資，共計 470 萬元的創業基金促成了力鵬企業在 1975 年 8 月誕生。現任力麗集團副董事長，為郭木生長年經營夥伴的林文仲也於此時投入力鵬企業的經營。郭木生於 1976 年在土城購地設廠，而後更在鄰近迪化街的西寧北路上承租辦公室。力鵬初期以生產熱轉印花紙與印花布為主，為臺灣第 16 家印花廠。當時生產印花布的利潤相當高，力鵬在 8 月開廠生產，做到年底時就將資本額給賺回來了，以致於有「印布像印鈔」的形容（黃曉玫，2015：125）。

印花布的高利潤，使得許多廠商陸續投入生產，印花布產量大增。在產品供過於求的情況下，隨之而來的就是商品價值的降低。力鵬投入生產時一碼印花工繳[1]大約 20 元，後來跌到 14、15 元左右，利潤減少了 25%，因此使得部分廠商閉廠停產。1978 年，原先供應郭木生布行布源的會豐印花廠老闆，也因印花布利潤不佳而打算出售廠房。郭木生不畏當時印花布市場已經飽和，仍出資買下這座位於臺北新莊的廠房設備，成立了力穩企業。

1　工繳：廠商將白布送交印染，所付出的加工費用。

　　1979 年鄧小平宣布改革開放，中國人民身上的服裝也從黑色、咖啡色的人民服，開始能穿著印花布製的各式服裝，也因此出現對印花布的大量需求。力鵬於同年在桃園中壢購置廠房，成立力麗企業，生產長纖加工絲等原料供力鵬、力穩之用。據林文仲先生所述，大陸改革開放後所需要的印花布，都由臺灣經香港、新加坡轉口貿易過去。需求之大，一個訂單都是幾十萬碼，印花機臺也是一、兩個月從未停過。為了外銷需要，力鵬設計了著名的老鷹商標 Transcolor，當時轉口中國的印花布 70% 都是力鵬的老鷹商標（陳家弘，2014）。1980 年後，力麗、力鵬往加工絲、針織布與染整領域發展，並購買了蕭氏紡織集團拍賣的廠房設備，於桃園楊梅擴充廠區。1987 年力鵬企業於楊梅再擴充設立織布廠，1991 年力麗又在彰化設立加工絲假撚廠，並與力穩企業合併，確立以力麗、力鵬為紡織相關發展核心的態勢，逐步擴大產能，往紡織上下游整合，成為一貫化紡織企業。歷經十餘年的努力，力麗、力鵬分別於 1990 年與 1992 年正式掛牌上市。為拓展集團版圖，力麗集團也開始朝向多角化經營，於 1992 年成立力強實業與力麒建設，朝建築與建案投資規劃發展，並於 1999 年掛牌上市。

圖 5-5　1980 年代的力鵬企業楊梅廠（林文仲提供）

　　1997 年是臺灣紡織業出口、創匯最多的一年，是紡織業最輝煌的年代。也在這 1997 年，力麗、力鵬面臨未來集團要走向何方的抉擇。過去臺灣紡織業存在著一個問題，就是人纖所使用的原料是經過反覆比價，而決定購買哪一家，因此來源上並不固定。雖然聚合後的粒子看起來規格一樣，但不同來源的原料所製的纖維物性、化性，以及收縮力、吸色力都有差別，也因此臺灣所生產人纖難以保持穩定的品質。相較之下，日本人纖製造業起步較早，且於人纖生產上已以幾家大廠為首發展出系統，如帝人、東麗系統等，皆有其固定原料批號。使用某系統的業者長久以來就固定使用與系統相同批號的原料，也因而能保持日本人纖生產的穩定品質。為確保原料規格穩定，以利於生產高品質原絲及加工絲，力麗、力鵬決定向上往原料端發展，生產當時占有率較高的兩項：聚酯與尼龍，也確立了力麗負責聚酯生產，力鵬負責尼龍生產的集團兩大業務。

　　時間往前回到 1996 年，當國內產業一窩蜂地向中國西進投資時，當時總統李登輝先生喊出「戒急用忍」，呼籲企業往南向東南亞、泰國等地投資。面對西進投資旋風席捲臺灣產業，1998 年時郭氏家族做了個關鍵決定：「西進、南進，不如上進。」據林文仲先生所述，「上進」實有三層涵義：第一個上進就是往上游走，因為越往上游所需的資金與技術門檻也越高，越能夠建立不可取代性。第二個上進是加強研究開發，提升產品品質，全面自動化把人為影響降到最低，提升競爭力。最後一個上進則是拓展國際市場，尤其是打進日本市場。從地理位置來看，日本位於臺灣北方，也是地圖位置的上方，同時也是最難打進的高品質要求國家。因此若能夠將產品成功打進日本市場，也就代表擁有能讓日本人點頭的高品質，要銷往世界其他地區也就易如反掌（林佩萱，2011）。

　　1998 年，郭木生開始啟動第二代接掌集團事務的接班計畫，由大兒子郭銓慶升任力麒建設董事長，主掌營建事業。二兒子郭紹儀升任力麗、力鵬董事長，負責紡織相關業務。集團的接班大約在 2001 年時完成世代交替。

　　2000 年以後，力麗集團仍不斷擴充其事業版圖。力麗、力鵬

兩間紡織相關企業在此期間不斷擴充廠房與產能，增加新式生產設備，並於 2007 年成立力寶龍（Libolon），為整合聚酯、尼龍兩大事業群的自創品牌。營建開發方面，2004 年成立綠山林開發事業，承接政府環境工程事業，並取得高雄市楠梓汙水下水道系統建設 BOT 案，次年更成立了儷山林休閒開發與東山林開發事業等公司。為因應臺灣日漸興盛的觀光旅遊事業，力麗集團也在臺北、高雄等都會區，以及日月潭、花蓮、墾丁等風景區設有力麗酒店，接待來自各地的觀光客與旅行團。鑑於臺灣社會高齡化與社會福利事業的需求，亦於宜蘭設有力麗樂活老人安養照護中心、力麗社會福利慈善事業基金會，也成立郭山林教育基金會等慈善事業，提供清寒學生獎勵與急難救助等服務。

2013 年郭木生辭世，享壽 81 歲。集團事務方面也如之前的接班計畫，由大兒子郭銓慶掌營建、飯店與社會福利事業，二兒子郭紹儀負責紡織本業。郭木生由貿轉工，從彰化布店起家，而後投入紡織製造，逐步整合上中下游，將力麗、力鵬發展成一貫化紡織生產企業，其後又往更上游原料端發展，形成力麗負責聚酯、力鵬負責尼龍生產的兩大事業領域。不僅限於紡織，力麗集團又往營建、觀光、社會福利等事業多角化經營，成為今日國內舉足輕重的集團企業，在各所經營領域中發光發熱。

（二）力麗集團紡織事業版圖

力麗集團之紡織事業，最早以力鵬企業為發端，此後奠定以力麗、力鵬二家企業為發展核心，分領聚酯及尼龍生產事業。2007年成立力寶龍則為整合力麗、力鵬聚酯與尼龍事業的共同品牌，旗下又有 GoHiking、FN.ICE 等自創品牌，搶攻戶外休閒與機能流行服飾通路市場。以生產為主體的力麗、力鵬，以及整合集團品牌的力寶龍，構成支持集團的雙核心，將力麗集團建構成為一自原料到品牌通路高度整合的紡織企業。力麗集團紡織相關事業營收，詳見以下表 5-4：

表 5-4　2013 年力麗集團人纖紡織事業一覽表

公司名稱	成立日期	資產總額（百萬元）	營收淨額（百萬元）	董事長
力鵬企業股份有限公司	1975.08	15,426	25,778	郭紹儀
力麗企業股份有限公司	1979.01	14,303	14,100	郭紹儀
力寶龍企業股份有限公司	2010.11	111	67	林文仲
力傑國際股份有限公司	2011.07	156	11	林文仲

資料來源：力麗集團網頁、中華徵信所《2013 臺灣地區大型集團企業研究》、力麗、力鵬 102 年度年報

1. 設備技術來源：日系與歐美設備掛帥

臺灣紡織產業發展過程中不論設備或技術，大致上呈現偏好使用歐美與日系品牌的趨勢，歐美產品中又以德國、瑞士廠牌為多數。力麗集團的紡織事業也不例外，當力麗開始生產加工絲時，所使用的就是三菱生產的假撚機，而後則是使用津田駒工業生產的織布機。高速抽紗方面，則是使用由日本帝人（Teijin）、村田（Murata）與東麗所組成的 TMT Machinery 公司所生產，一分鐘可抽紗 5,600 米，高速運轉下也不會產生震動的精密設備。

圖 5-6　1980 年代力鵬楊梅廠織布機（林文仲提供）

　　力鵬開始往尼龍發展時，第一套尼龍 6 技術設備是向德國 ZEMA 公司購買，一天產能約 200 噸。而後力鵬企業在 ZEMA 設備的基礎上自行修改研發，先是開發出一天 100 噸產能的，到第五套開發時日產能已能達到 300 噸，比日本大廠東麗日產能 80 噸高出三倍有餘。透過 2010 年去瓶頸化技術，日產能自 800 噸提升至 1,100 噸。最新目標為建立日產能達 500 噸的聚合設施，預計 2015 年將完工，屆時六條產線總產能可達一年 58 萬噸（蔡乙萱，2013）。

　　除了高產能設備外，力麗、力鵬亦致力於自動化生產的投資上。1990 到 2000 年間各廠投資總額超過 160 億元，購買德、日、義、美等國先進生產設備，以電腦、機械進行廠房運作，較傳統人力生產來得有效率，廠房可以全年無休不需停機。林文仲表示，中國湖南某廠的尼龍絲產能為每月 300 噸，需花費 1,000 名人力抽絲。力鵬彰化廠每月產能 3,600 噸，在自動化生產奏效之下，只需 205 名員工，生產效率幾乎是對方 60 倍（陳家弘，2014）。也因為如此高效率與產能，使得力麗、力鵬在人力成本上開銷較低，毋須將廠房移往海外。聚酯、尼龍的生產工廠如今仍全數根留臺灣，實屬業者中的異數。

　　由此可知，力麗、力鵬在設備、技術選擇上仍以市面上普遍評價較佳的日製、德製品牌為考量，在取得設備後自行研發修改，開發超越原有產能的設備機具。與這些設備作為搭配，力麗、力鵬將廠房高度自動化，以機械取代人力，提高效率與產能，維持產品高品質。據 2010 年統計，力鵬當時尼龍總產量（38 萬噸）比世界排名第四、第五名的韓國與日本合計產量（26 萬噸）還要高出許多，相當一家工廠抵上兩個國家（林佩萱，2011）。如今力鵬企業在尼龍粒產量上位居世界第二，直逼德國大廠巴斯夫（BASF），且為亞洲最大尼龍 6 製造商。

2. 營收分析：人織事業為集團營收主力

　　據中華徵信所《臺灣地區大型集團企業研究》所錄力麗集團營

收數據，茲將其分類整理後繪製圖表如下表 5-5 與圖 5-7：

表 5-5　力麗集團部門營收淨額

行業	人纖紡織業	批發零售業	旅館業	營建投資業	進出口貿易業	環境衛生業
營收淨額（百萬元）	40,028	1,152	83	7,147	430	1,489

資料來源：據中華徵信所 2013《臺灣地區大型集團企業研究》整理

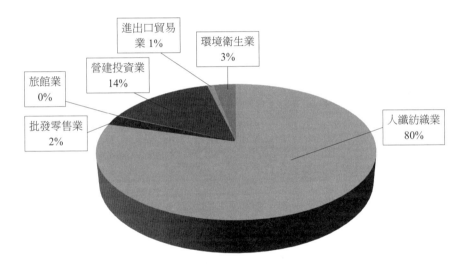

圖 5-7　力麗集團各部門營收所占比重

資料來源：據中華徵信所 2013《臺灣地區大型集團企業研究》整理，作者自繪

　　由此可知，力麗集團的營收主體仍以力麗、力鵬兩大紡織生產企業為主，創造營收占集團營收淨額的 80%，其次才是營建投資，約占集體營收的 14%。與同樣多角化經營的遠東集團相比，遠東的紡織事業約占集團營收的 42%，且集團近年發展重心乃放在遠傳電信、遠通電收等電信事業，與力麗集團仍以紡織相關事業為重點的情況有所不同。

表 5-6　力鵬企業營收淨額比例

	尼龍粒	尼龍絲	平織布	其他
營收比例	79.76%	11.24%	7.62%	1.38%

資料來源：力鵬企業 103 年度年報

　　尼龍粒與尼龍絲的生產是目前力鵬企業創造營收的主力項目，二者合計就占了力鵬整體營收的 90%以上。力鵬企業所生產的尼龍粒，為 TMT（TMT Machinery）機臺試車指定原料，並為德國 BASF 代工，品質深獲世界大廠信賴。預估斥資 20 億的第六條尼龍產線將 2015 年第四季完工試車，屆時尼龍總產量勢必會有更進一步的突破。平織布方面為加工絲下游產物，主要客源為國內外各大品牌商，如 H&M、Jack Wolfskin、Speedo 等，皆與力鵬為長期合作之國際策略夥伴。2008 年中國北京奧運勇奪八面金牌的美國泳將「飛魚」菲爾普斯（Michael Fred Phelps II），締造世界記錄時所穿著的 Speedo 鯊魚裝（Sharkskin），就是用力鵬生產的尼龍 6 與萊卡機能布料所製成的超撥水布，足見國際品牌對力鵬產品深具信心，也使得尼龍成為力麗集團最賺錢的項目。

表 5-7　力麗企業營收淨額比例

	聚酯加工絲及尼龍加工絲	聚酯原絲及聚酯粒	瓶用酯粒	營建收入	其他
營收比例	64.45%	9.94%	21.18%	2.24%	2.19%

資料來源：力麗企業 103 年度年報

　　相對於力鵬以生產尼龍粒、絲為主，力麗企業的營收主力則以聚酯、尼龍加工絲、聚酯絲、粒，以及瓶用聚酯粒為主，三者合計占總體營收的 96%。雖有跨足營建產業，但在整體營收中所占的比例仍偏低，因而力麗企業仍以紡織相關部門為營收主體。目前世界聚酯產能最高者為中國大陸，在中國聚酯產能過剩之下，聚酯在世界市場中已供過於求，加上低價搶市，連帶影響力麗等臺灣聚酯

生產商的營收表現。但中國等新興國家在聚酯品質上仍與臺灣產品有段落差，未來以加強研發、提高品質來確保國際大廠對品質的要求，或許是國內聚酯生產業者生存發展的空間。

綜合以上，力麗集團雖多角化經營，除紡織外亦跨足營建、旅館觀光、貿易批發等領域，但主要營收創造仍以紡織本業為主。紡織領域方面，力麗集團整合上中下游，營收以上游原料端的尼龍、聚酯創造最豐。其中尼龍在產能上為世界第二，未來新開尼龍產線的投產更是力麗集團對外競爭的最大利器。

3. 品牌策略：「力寶龍」整合集團品牌

力麗集團於 2007 年成立力寶龍，為一整合管理力麗、力鵬企業旗下產品的共同品牌。不管是力鵬生產的尼龍絲、粒，連同力麗生產的聚酯加工絲與平織布等，皆冠以力寶龍之名行銷國際。力麗集團以「一個品牌（力寶龍），全心投入」、「兩個事業（力麗、力鵬），跨界整合」之理念，將力寶龍作為集團的共同品牌來推廣，期望建立「力寶龍 inside」的品牌形象，與英特爾（Intel）處理器的「Intel inside」一樣不僅是個品牌，同時也是品質保證（陳家弘，2014）。

終端消費者品牌方面，2010 年力麗集團併購接手「GoHiking 森活樂趣」後，成立力寶龍企業股份有限公司，並於 2013 年將集團旗下力傑公司所擁有的服飾品牌 FN.ICE 交由力寶龍企業經營。目前力寶龍企業擁有 GoHiking 與 FN.ICE 兩大品牌，GoHiking 為主打戶外、環保與機能服飾的概念店，除銷售自有品牌外，亦代理國外知名戶外品牌，如 BLACKYAK、Verno、Fusalo、Overland 等，2015 年更代理引進日系品牌 Phenix 戶外機能服飾，搶攻臺灣日益興盛的戶外休閒市場。過去臺灣的戶外品牌多以歐美品牌為主，在版型方面對臺灣人來說過大且笨重，顏色方面亦較少選擇。因此 GoHiking 在品牌定位方面走日韓路線，強調戶外活動也可以展現時尚風格。此外，GoHiking 也看到了女性運動休閒市場的潛力，推出鎖定女性客群，剪裁合身、顏色豐富的戶外機能衣。以戶

外與時尚融合的設計，產品涵蓋男女客群，加上力麗集團本身專精的機能性服飾，GoHiking 在戶外休閒服飾市場中做出了有別於人的差異化。

圖 5-8　主打戶外機能服飾品牌的 GoHiking 門市（陳家弘拍攝）

FN.ICE 為休閒品牌，主打都會時尚風格，運用集團旗下生產之科技布料，加上日系時尚設計與流行元素，結合 Travel（旅遊）、Urban（都會）與 Outdoor（戶外），在價格上屬中高價位，鎖定 30 歲以上客群，期望以日本品質、臺灣價格來經營品牌，目前於松山文化創意園區設有營銷據點。林文仲表示，創造 FN.ICE 品牌是希望效法日本平價服飾品牌 Uniqlo 與人纖大廠東麗的合作模式，以力麗、力鵬高品質的布料與 FN.ICE 的設計，帶動兩家公司一同成長。FN.ICE 所使用的布料 70%為 MIT，成衣亦有近 80%為臺灣製造，期望能以 MIT 的形象立足臺灣，其後往大陸銷售（Sale In China，簡稱為 SIC），最終銷往全球市場（Sale In

World，簡稱為 SIW），以成為全球品牌為努力的目標（柯玥寧，2012）。

　　力麗集團推出力寶龍為整合旗下的共同品牌，宣誓了欲建立「力寶龍 inside」品牌形象的決心。「力寶龍」之名雖對消費者來說實屬陌生，但對製造商來說卻是某種程度的品質保證，深受國內外廠商信賴。直接面對消費者的終端通路品牌，雖具有最高附加價值，但也是競爭最激烈，同時也最難建立品牌形象的戰場。力麗集團旗下消費者品牌 GoHiking 與 FN.ICE，目前則與國內其他業者品牌一樣，仍處於持續挹注資金培養的階段，未來能否建立自有品牌形象，得到消費者的青睞，則有待觀察。

4. 技術研發成果：環保、發熱與涼感為今日主流

　　力麗集團擁有聚酯與尼龍兩大領域生產，累積數十年研發經驗，在機能性織品市場受到高度重視的今日占有一席之地。其研發成果主要在於以下幾方面（以下整理自力麗、力鵬年報與集團網頁）：

⑴ 清涼節能纖維：奈米級礦石粉帶來涼感

　　清涼節能纖維方面，以聚酯的 CoolBest II 與尼龍的 Secotec II 為主力商品行銷全世界，不僅具有吸濕排汗機能，更於纖維中添加研磨至奈米等級的臺灣豐田玉石粉，以礦物熱傳導快，熱對流與蒸發效果佳的特性調節穿著者體溫，減少室內空調使用，以達到清涼節能之效果，與過去坊間將布料浸泡薄荷水，洗滌幾次即失去涼感機能的布料差距甚遠。

⑵ 蓄熱保溫纖維：奈米竹炭與陶瓷釋放遠紅外線

　　蓄熱保溫方面，力寶龍目前研發有 Litan（竹炭紗）與 NanoRed（遠紅外線）兩項功能性纖維已投入實用化研發成果。Litan 乃將高溫碳化的奈米竹炭添加至纖維中，使纖維不僅有竹炭調節濕氣、抗菌消臭的功能，更有高溫碳化後所具有的遠紅外線，能夠促進血液循環以達到保溫功效，為一具有抗菌、保溫多重功能之纖維。NanoRed 則是將陶瓷研磨成奈米粉體，添加於纖維中，能

夠吸收外界與人體釋放的能量並放射遠紅外線，達到保溫與發熱的
功能。由於兩種纖維都是在製造過程中即添加奈米級遠紅外線粉體
於纖維內部，而非事後加工，因此具有耐水洗性佳、放射率穩定等
優點，並獲得紡拓會檢測認證。

(3) 環保纖維：回收寶特瓶抽紗減少資源浪費

在環保議題受到重視的今日，各家紡織企業紛紛致力於研發環
保相關材質，或是在製程、染整過程中下工夫，減少資源消耗與環
境汙染。對此，力寶龍有一 Eco-family 環保家族產品，期望利用環
保製程，有效運用資源並減少浪費。目前家族成員有寶特瓶回收環
保纖維（RePET），以及原抽色紗（Ecoya）。

力寶龍為國內首家獲得全球回收標準（Global Recycle
Standard，簡稱為 GRS）認證的寶特瓶回收纖維生產廠商，其環保
纖維是經由回收寶特瓶，經過重製成為 PET 粒（聚酯粒）後抽紗
織布，可供家飾、衣著與工業用途。由於纖維原料來自於回收寶特
瓶，因而不需使用新的石化原料，也不需經過繁複的反應製程，能
夠有效減少能源消耗與二氧化碳排放量。

原抽色紗則是於原料段即加入顏色，可省略大部分染整過程，
達到減少使用大量用水、燃料與化學品，以及減少排放二氧化碳及
高汙染廢水。由於 Ecoya 是在原料階段就加入顏色，與事後染整相
比具有更高的日光、耐水與水洗色牢度，不容易因日曬或水洗而褪
色，較一般紡織品具有更優越的性質。

（三）本業深化與集團多角化的平衡

力麗集團從最早的布料印花，而後從事加工絲與織布、染整，
最終確立朝聚酯與尼龍兩大領域的上游原料端發展，成為目前國內
重要的生產廠商，同時在產能與產量上更位居世界第二，深受國際
合作廠商的信賴。

國內多數以紡織起家的企業，如潤泰集團、遠東集團、新光集
團等，其發展皆呈現多角化經營之趨勢，跨足紡織以外的其他領
域。當然力麗集團也不例外，除本業的紡織生產外，亦朝營建、觀

光旅館等不同領域多角化發展，並投入長期照護及社會福利事業，同樣也有不錯表現。

難能可貴的是，力麗集團並未因多方經營而輕忽起家本業，在集團整體營收上仍以紡織部門所創營收最多，於研發上亦有亮眼成果。共同品牌「力寶龍」的推出，整合了集團力麗與力鵬企業旗下產品，更強化了集團建立品牌形象的動力。「力寶龍 inside」不僅是集團對品牌形象的期許，更是對自家產品品質的絕對自信。如今力麗集團已於原料供應面建立良好品牌名聲，以其高品質享譽國內外；面對消費者的通路品牌則仍在培育階段，短期之內似乎難見成效，有待長期的觀察與資源挹注，方能見其發展趨勢。

三、與時俱進的經營與布局

大江東去，時間的巨浪淘盡了多少曾經引領風騷的紡織業者，從棉紡織業朝人纖紡織轉型，從扎根臺灣到放眼海外，一波接著一波的紡織業者進入了這片市場，卻只有少數企業能夠在時間的洗禮下越發燦爛，其餘的不是光彩漸黯，轉往其他領域發展，就是坐困愁城，湮滅於歷史的汰煉之中。

與遠東紡織同為大陸播遷來臺企業，對臺灣紡織發展初期有貢獻的臺元紡織，如今雖非裕隆集團的營運主力，仍默默耕耘紡織領域，朝機能性纖維與自創品牌方面努力。曾經上市發行股票，以「三槍牌」內衣聞名的中興紡織，風光時亦多角化經營，以中興百貨之名跨足百貨業，卻也因經濟不景氣與內部財務問題而沒落，如今已將紡織生產移往中國及越南，國內則繼續銷售三槍牌、宜而爽內衣，靜靜存在人們的生活之中。曾為臺灣人纖生產龍頭，促成國內數家人纖廠商合併的華隆紡織，也因集團內部財務問題而倒閉，與關廠工人的勞資糾紛如今仍未解決，權傾一時的華隆集團負責人翁大銘也於 2015 年 3 月辭世，結束其戲劇化的一生。

歷史的巨輪總是沉默地運行著，不因成功者的榮耀而加速，也不因失敗者的悲哀而減緩。跟得上時代腳步而與時俱變的紡織業者

存活了下來，高度多角化的紡織企業，如遠東集團、新光集團、力麗集團與臺南紡織等企業，為了維持集團龐大身軀的運作，他們對內外環境的變化更加敏感，也更需要自各個事業版圖中，汲取持續發展的動力。

　　遠東紡織（遠東新世紀）憑藉其在中國時期的經驗與設備原料，成為臺灣紡織業發展初期的重要角色。其集團版圖則隨著不同時期政府政策的推行而多角化，往水泥、航運、石化人纖、電信、金融、百貨零售等產業擴張，成為影響人們日常生活的重要集團企業。其紡織本業，則隨著時代推移而往人纖上游前進，成為從原料（EG、PTA）、人造纖維到紡織成衣皆一貫化整合的紡織企業，至今仍在機能性纖維研發與聚酯生產領域上發光發熱。

　　力麗集團早年以印花布生產起家，投入紡織生產事業。在面臨集團體質轉換時毅然決定往人纖上游發展，確立了力麗專攻聚酯、力鵬專攻尼龍生產的兩大路線。今日力麗集團亦與其他集團企業一樣，往其他領域多角化經營，事業版圖橫跨人纖、營建、觀光與社會福利事業。紡織本業方面，在「西進、南進，不如上進」的原則下，力麗集團決定根留臺灣，以高技術、高品質產品搶攻市場，造就力鵬企業的尼龍產量高居世界第二，亞洲第一，以「力寶龍」之名行銷國際。

　　相對於這些龐大的紡織企業集團，臺灣的中堅企業便顯得靈巧具機動性，也成為臺灣經濟奇蹟的創造者。新一代發跡的紡織企業，如以機能性布料傲視全球的儒鴻企業，以及國內成衣龍頭的聚陽實業，與生產占世界水類活動用品首位的薛長興工業，皆專於紡織本業而未朝向多角化經營，卻能在全球化競爭下的紡織市場中取得一席之地。這不僅與其擁有的研發技術、布局管理有關，中堅企業的靈活性、專於本業研發的高階主力商品，或許要較過去多角化經營的集團企業，更利於全球化市場的競爭，也為臺灣紡織產業開啟了新世代。

遠東新世紀

1. 王克敬，1991，《臺灣民間產業四十年》。臺北：自立晚報出版。

2. 王振寰、溫肇東，2011，〈麵粉袋到太子龍：紡織業〉。107-116，收入於王振寰、溫肇東主編，《百年企業・產業百年》。臺北：巨流圖書公司。

3. 中華徵信所，2013，《臺灣地區大型集團企業研究》。臺北：中華徵信所。

4. 徐有庠口述、王麗美執筆，1994，《走過八十歲月：徐有庠回憶錄》。臺北：聯經出版事業。

5. 遠東人月刊編輯室，2014，《遠東人月刊》。臺北：裕民股份有限公司。

6. 遠東集團 60 週年慶籌備委員會，2009，《遠東集團 60 週年特刊》。臺北：遠東集團。

7. 遠東紡織關係企業遷臺 30 週年紀念特刊編印小組，1979，《遠東紡織關係企業遷臺 30 週年紀念特刊》。臺北：裕民廣告公司。

8. 遠東新世紀股份有限公司，2015，「吸濕排汗纖維」。取自：遠東新世紀股份有限公司。http：//www.fenc.com/tw/business/fiber_product.aspx?c=12&p=33，取用時間：2015 年 3 月 26 日。

9. 遠東新世紀股份有限公司，2014，《遠東新世紀 102 年度年報》。臺北：遠東新世紀股份有限公司。

10. 潤泰全球股份有限公司，2014，《潤泰全 102 年度年報》。臺北：潤泰全球股份有限公司。

力麗集團

1. 力鵬企業股份有限公司，2014，《力鵬 102 年度年報》。臺北：力鵬企業股份有限公司。

2. 力麗企業股份有限公司，2014，《力麗 102 年度年報》。臺北：力麗企業股份有限公司。

3. 中華徵信所，2013，《臺灣地區大型集團企業研究》。臺北：中華徵信所。

4. 林佩萱，2011，〈自動化奏效，不必外移也有百億產能〉。《遠見雜誌》299：156-158。

5. 呂國禎，2010，〈拒絕西進，變全球尼龍霸主〉。《商業週刊》1200。取自：商業周刊知識庫，取用日期：2015 年 5 月 16 日。

6. 金萊萊，2010，〈高科技織品驚艷國際〉。經濟日報，C11 版，10 月 13 日。

7. 柯玥寧，2012，〈力麗自創品牌，三年內登陸〉。經濟日報，C6 版，2 月 24 日。

8. 陳家弘整理，2014，〈力寶龍企業林文仲副董事長訪談稿 2014/11/18 14:00-16:00 於力麗商業大樓〉。採訪者：溫肇東、張逸民、熊瑞梅。

9. 許以頻，2012，〈黑衫軍讓白宮窗簾標上 MIT〉。《天下雜誌》493：69-70。

10. 許以頻，2014，〈力鵬：根留臺灣，不怕山寨〉。《天下雜誌》554：129-131。

11. 曾煥智，2012，〈力鵬自創休閒服飾品牌，成果驚人〉。經濟日報，D3 版，10 月 16 日。

12. 黃曉玫，2015，《郭木生織出誠信人生》。臺北：今周刊出版社。

13. 蔡乙萱，2013，〈力鵬臺灣擴廠，挑戰尼龍粒一哥〉。自由時報，C5 版，5 月 13 日。

14. 潘羿菁，2014，〈力麗力鵬衝刺工程塑料〉。經濟日報，C6 版，11 月 10 日。

15. 潘羿菁，2015，〈力麗獲日品牌代理權〉。經濟日報，C5 版，2 月 5 日。

chapter 6
個案分析（三）
中堅企業、隱形冠軍的形貌

溫肇東、許映庭

引領風潮的中堅紡織企業

　　1960 年代，原以內需為主的臺灣紡織業，逐步邁入出口擴張階段。各家業者紛紛積極擴廠，開拓成衣外銷市場。在此同時，日本人纖工業為了消耗過剩產能，不僅透過日本商社協助臺灣成衣出口，亦將資金、技術與設備轉至臺灣投資（王堯洵，2012）。成衣出口的快速成長，加上跨國公司的大舉推銷，逆向帶動臺灣上游紡織業的發展。國內廠商如遠東紡織、新光合纖等相繼投入人纖領域，政府亦藉由管制原料進口、積極投注資源等方式，扶植我國人纖工業的發展。由於臺灣天然資源匱乏，原料多倚賴進口，人造纖維的產製不但擺脫過去原料不足、受制於人的窘境，亦串起臺灣紡織業上、中、下游，完成產業鏈的整合。

　　1970 年代為臺灣紡織業的黃金時期。隨著上游原料到位，臺灣紡織品挾著成本優勢，外銷世界各地，與香港、義大利、韓國並列為世界四大紡織品出口國。臺灣紡織業延續黃金時期的繁榮，在 1980 年代前期日益昌盛，生產總值與貿易順差達到最高峰，而後逐漸衰退。1984 年《勞基法》實施後，國內工資大幅提高，埋下日後中下游勞力密集產業外移的因子。同時，開發中國家以低廉的工資與生產成本，大舉叩關世界各國，引發美國貿易保護主義再次興起。由於我國出口擴張快速，國際收支順差不斷提高，在美方的壓力下，新臺幣急遽升值，造成臺灣貿易競爭力大受影響。

　　在國內外經濟環境變動下，臺灣紡織業者面臨產業轉型之困境。以紡織業起家的臺灣企業集團，在第二代陸續接棒後，一改第一代堅持本業的做法，積極朝向多角化經營，拓展家族事業版圖（王堯洵，2012：117）。其餘的中小企業業者，有些決定黯然退出，有些則選擇轉往成本低廉的東南亞國家設廠。日益險惡的產業環境，淘汰了不少舊時代的紡織

業者，卻也催生出新一代的廠商。本章所介紹的儒鴻企業、聚陽實業與薛長興工業便是其中的案例。其他如以環保咖啡紗聞名的興采實業，以及堅持研發創新，積極布局「工業 4.0」前景藍圖的宏遠興業，以及整合紡織、染整與成衣領域，全球生產布局的旭榮集團等業者，都以其有別於過往紡織業者的發展策略與型態，成為新一代紡織廠商中的佼佼者。

面對全球各地來勢洶洶的新進者，儒鴻放棄在過度成熟的針織品市場打價格戰，轉而專攻高難度、高單價的彈性針織布領域，以少量多樣的策略，突破重圍、站穩利基。透過技術研發，不斷累積核心能耐、持續創新。儒鴻身為紡織類股龍頭，曾創下股價突破500 元大關的傲人成績，徹底顛覆眾人對傳統產業的想像。

隨著新興紡織工業國家的加入，成衣業逐步轉為多國參與的加工網絡。聚陽生於臺灣紡織業風雨飄搖的年代，習於運用其組織的靈活與彈性，並借助新科技的力量，快速回應產業變化，調整全球生產布局。上市十年來，除了 2008 年的金融風暴以外，聚陽皆維持每股稅前盈餘五元左右的好成績。如此亮眼的表現，讓許多同業望塵莫及。

從路邊攤出身的薛長興工業，47 年來始終專注本業，在水類運動服飾領域默默耕耘。為了擺脫被上游供應商左右的命運，薛長興發揮臺灣企業學習的草根精神，自主研發關鍵材料，累積核心能耐，創造競爭優勢。如今，薛長興不僅包辦了全球 65% 的潛水衣相關用品製造，更是第一家垂直整合的潛水服裝製造廠。

江山代有才人出，在舊時代獨領風騷的紡織業者，紛紛淹沒於歷史滾滾洪流之中。面對日益嚴峻的國際競爭舞臺，新一代廠商卻持續壯大，在全球占有一席之地。究其緣由，乃因其選擇專注本業、站穩利基，透過自主研發、垂直整合等方式，不斷累積核心能耐，並善用組織的靈活與彈性，快速回應時勢變化。他們亮眼的成績不但顛覆眾人對傳統產業的評價，亦為臺灣紡織業揭開新序幕。

一、厚積實力、掌握機緣，轉進技術深化的領先者：儒鴻企業

　　臺灣紡織業已走過百年歷史，歷經不同階段與變化，在各個時期所扮演的角色與定位亦隨之不同。在這漫長的過程裡，許多業者因產業環境大幅改變而紛紛退出，但也有少數廠商結合產業趨勢與之成長。其中的關鍵，除了站穩利基外，更需要不斷累積技術能耐、持續創新與改變，才能快速反應市場。而本節所要談的儒鴻企業，便是臺灣少數持續創新、與時俱進的廠商之一。

　　儒鴻企業成立於 1977 年，早期以委外代工的方式，從事布疋、成衣與紡織原料買賣。而後，臺灣紡織業面臨產業升級的困境，在客戶的建議之下，儒鴻放棄在過度成熟的針織品市場打價格戰，轉而專攻高難度、高單價的彈性針織布領域，以少量多樣的策略，站穩利基、突破重圍。隨著產業環境變化，儒鴻在 1993 年成立研發部，專責蒐集流行資訊、開發新布料，以因應快速變動的市場。2001 年後，紡織業進入全球競合的階段。儒鴻開始進行上、中、下游之垂直整合，提供一次購足的服務，成為全球「專業功能性服裝」製造廠。

圖 6-1　儒鴻企業位於五股的總部（陳家弘拍攝）

　　儒鴻為亞太地區最大的圓編彈性針織布製造商，也是亞太第一家榮獲杜邦品質認證的企業，其主要客戶包含 Nike、Under Armour、GAP（Athleta）、Kohl's 和 Lululemon 等國際品牌商。身為紡織類股龍頭，儒鴻的股價曾突破 500 元大關，2014 年的營業額則高達 208 億新臺幣。如此亮眼的表現，徹底扭轉眾人對傳統產業的看法。目前，儒鴻每年開發 3,000 種新布料，每天設計 150 件新樣衣，擁有全臺最大的「快速打樣中心」，生產基地遍及臺灣、大陸、越南、柬埔寨及賴索托等地。

圖 6-2　近年快速竄起的國際運動品牌 Under Armour 為儒鴻重要合作夥伴（陳家弘拍攝）

（一）從布疋買賣起家

　　1960 年代，原以內需為主的紡織業，開始轉變為出口導向，並逐步成為臺灣工業結構中的重要產業之一。歷經 1960 年代的出口擴張，1970 年代的臺灣紡織業，已然具備充裕的外匯與社會資

本，逐漸邁入成熟階段。在此期間，政府推動了許多相關政策，例如 1979 年的「紡織工業加速改進方案」，以提升紡織業的國際競爭力。此時正值臺灣紡織業的黃金時期，市場龐大且商機無限，臺灣紡織服飾產品外銷各地，與香港、義大利、韓國並列為世界四大紡織品出口國。

在產業前景大好之際，原任職於國光染整的洪鎮海，因公司業務往來而結識創業夥伴蔡賢嶔，並與其餘二人共同籌資 50 萬臺幣，於 1977 年成立儒鴻企業（蔡舒安、蔡淑梨，2013：1-24）。起初，儒鴻以接單出口為主，從事布疋、成衣與紡織原料等買賣。不同於一般單純貿易，儒鴻不僅接單、驗貨、出口，更買進原料，委託廠商代織代紡。將加工業務納入買賣一環的舉動，讓儒鴻在無形中吸收許多相關知識，為日後第一階段轉型打下基礎。

（二）轉型為彈性針織布料製造商

臺灣紡織業延續黃金時期的繁榮，在 1980 年代前期日益昌盛，生產總值與貿易順差達到高峰，而後逐漸衰退。1980 年代中後期，開發中國家以低廉的工資與生產成本，大舉叩關世界各國，引發美國貿易保護主義再次興起，而臺灣亦在名單之內。1984 年《勞基法》實施後，工資大幅提高、勞動力短缺，埋下日後中下游勞力密集產業外移的因子。同時，臺灣亦面對韓國、泰國的削價競爭，讓許多廠商苦思產業升級與轉型計畫。

當臺灣紡織業處於躊躇不前的困境時，靠著接單出口站穩腳步的儒鴻，已於 1981 年進行第一階段的轉型。洪鎮海明白安於現狀，容易對競爭者威脅與環境變化的敏感度不夠。但，公司的未來該往哪裡走？當苦思不得其解時，由代理商介紹的一位美國客戶，建議儒鴻可以朝向彈性針織布的領域發展（蔡舒安、蔡淑梨，2013：1-24）。所謂的彈性針織布，是由彈性紗與一般沒有彈性的紗所混織而成，使其既能保持纖維原有的特性，又能增加它的彈性。當時，數十家紡織廠，包含新光、遠東等大集團在內，都曾仔細評估過這項投資。然而，早期的生產技術未臻成熟，不良率高達

六成，任誰也無法保證投資後能否順利量產（歐錫昌，1995：156-158）。

「越簡單的東西，競爭就越嚴峻。」董事長洪鎮海認為，做不一樣的東西才有機會突破重圍（陳家弘，2014a）。因此，儒鴻在1981年便開始投入彈性針織布料的研發。但由於技術不足、缺乏經驗，時常出現翻紗的問題。為了突破困境，洪鎮海一共往返日本十趟，向日本廠商取經。「不懂就實際學習，回來再改造。」洪鎮海說道。經過多年的嘗試與努力，不斷改良機器設備，控制出紗速率與張力，調整染紗的平衡度與柔軟度後，儒鴻所生產的布料品質大幅提升，翻紗的情況也降低許多（蔡舒安、蔡淑梨，2013：1-24）。隨著技術日益成熟，彈性針織布逐漸成為儒鴻的核心產品，也奠定了日後成功的基礎。

（三）與 Nike 結緣

參與工商展覽是廠商能夠直接大量接觸潛在買家的關鍵活動，也是各家產品力拼曝光、獲得各地商業情報的重要機會（王堯洵，2012：163）。在一次參展中，儒鴻與 Nike 的偶然巧遇，開啟了彼此合作的契機。有了生產彈性針織布料的技術基礎，儒鴻取得與Nike 合作開發的機會。然而，由於 Nike 的訂單需求為棉加彈性纖維布料，與儒鴻擅長的布種不同，因此儒鴻花費一年的時間，克服各種困難，開發、改良棉製品，最終生產出品質優良、價格實惠的成品（蔡舒安、蔡淑梨，2013：1-24）。相較於日本、義大利等廠商，儒鴻的單價低廉許多，獲得 Nike 的青睞（陳家弘，2014a）。而與 Nike 結緣，也讓儒鴻動了籌設工廠的念頭。為了擴充產能、滿足國際客戶的需求，1988 年儒鴻在苗栗後龍設置了第一座工廠，從事針織、定型及品檢包裝等項目。

（四）亞太第一家榮獲杜邦認證之企業

早期，日本商社對臺灣外銷而言，擁有舉足輕重的地位。在外銷萌芽的 1960 年代，尚未在國際上打開知名度的臺灣廠商，往往必須透過日本商社的協助，才能取得國外訂單（王堯洵，2012：

163）。又，由於日本工業化的時間較早，擁有的知識及經驗較多，因此臺灣廠商也多倚仗日本的技術支援。

儒鴻發展彈性針織布料之初，也仰賴日本廠商提供協助與織布用的原紗。「日本再強，提供的也只是區域性產品。」洪鎮海表示（陳家弘，2014a）。因此，儒鴻在 1985 年開始與杜邦公司接洽，希望能與之合作。杜邦是生產彈性纖維布料的翹楚，在世界各地擁有商標與專利，其所推出的「萊卡」（Lycra）品牌更是享譽全球。杜邦產品在各地供不應求，要與之合作並不容易。除了產品必須夠高檔，還要有配額。因儒鴻與 Nike 的合作關係，使杜邦願意嘗試從一個月 2,500 公斤開始賣起。「杜邦產品有保證，且與之合作，無形中對小廠也有所提升。」洪鎮海說道（陳家弘，2014a）。

由於肯定儒鴻織、染、整的實力，杜邦公司在 1993 年頒授「Q-Mark」的品質認證，使之成為亞太第一家榮獲杜邦認證的企業。在歐洲，「Q-Mark」象徵的是高品質與高單價。有了「Q-Mark」，儒鴻所生產的每一疋布，都能掛上品質認證的吊牌，增加了不少競爭力（歐錫昌，1995：156-158）。

（五）成立研發中心

因工資上漲、勞動力短缺，加上新興國家紡織工業的興起，臺灣面臨產業升級與轉型的挑戰。1990 年，政府推動「促進產業升級條例」，期望將紡織業從勞力密集轉為資本技術密集的產業。此時，從貿易買賣跨入生產製造的儒鴻，亦察覺產業環境的變化，並著手進行下一階段的轉型。

「大家都有的東西，就是拚價格，但如果你做的產品只有少數人有，就有機會突圍，站穩利基。」洪鎮海說道。（王堯洵，2012：169）儒鴻放棄在過度成熟的針織品市場打價格戰，以少量多樣的策略，搶攻高單價的彈性針織布市場。然而，快速成長的儒鴻，在 1992 年經歷了成立以來的第一次負成長。究其根本，是因為公司體質尚無法適應「少量多樣」的彈性生產方式，以及缺乏掌

握流行資訊的能力（歐錫昌，1995：156-158）。有鑑於此，儒鴻在 1993 年成立研發部，負責蒐集市場流行資訊，以及開發新布種的工作。這項舉動讓儒鴻從一年生產數百種產品，快速增加到 1,000 多種（蔡淑梨，2007）。兩年後，儒鴻併購續龍染整廠，補足原有缺口，強化染整技術，增加競爭力（蔡舒安、蔡淑梨，2013：1-24）。原本只以短纖產品為主的儒鴻，也在這個階段結合臺灣產業趨勢，進入人纖市場，生產聚酯及尼龍類等產品。

（六）拓展成衣業務

　　過去，由於成衣業務勞力密集的特性，使儒鴻對這塊領域一直興趣缺缺。當時儒鴻的成衣規模不大，每年雖有固定營收，但利潤卻不高。直到 1998 年，為了配合 Nike 的需求，儒鴻首度跨出臺灣，到大陸無錫設廠，擴大成衣事業。然而，因為當時仍有配額限制，外資在中國無法分配到配額，導致成品無法出口至客戶指定的國家，迫使儒鴻轉而承接日本訂單。過度樂觀使得無錫廠在五年內將資本額從 680 萬美元虧到只剩 130 萬，所幸配額逐漸取消後，無錫廠才開始獲利（蔡舒安、蔡淑梨，2013：1-24）。

　　隨著紡織品全面自由貿易的時代逐漸來臨，各國業者開始因應環境，調整生產布局，儒鴻亦不例外。「2001 年，配額已經比較透明化。由於太多家來談這個問題，因此我們決定重新找地，準備設廠。」洪鎮海說（陳家弘，2014a）。當時，中國工資已逐漸高漲，洪鎮海在衡量成本、政局與關稅等問題後，決定前往生產條件較佳的越南設廠。2004 年，儒鴻開始全力發展成衣事業，擴增成衣生產基地，大幅提高成衣業務比重。2013 年，成衣占比已超過針織布料，占儒鴻營業比重六成六。

圖 6-3　儒鴻位於臺灣的成衣工廠（陳家弘拍攝）

（七）從 OEM 走向 ODM

「做代工只能拚價格，毛利太低，我不想做。」洪鎮海說（陳家弘，2014a）。為了擺脫 OEM 的削價競爭，儒鴻積極培育創新設計人才，朝 ODM 邁進。洪鎮海求才殷切，每年舉辦儒鴻服裝設計競賽，總獎金超過 150 萬元，吸引學生展現創意（周原，2012：126）。在每位新人身上，儒鴻投入至少三年的時間重新訓練，從認識公司理念、產品製程、電腦系統到最後的出國深造（王堯洵，2012：166），一切都是為了累積更多的設計能力。由儒鴻培養出來的設計師，曾幫世界品牌大廠設計 100 款樣品，結果客戶全部錄用，下了 136 萬件訂單（周原，2012：126），讓他深感不枉花費心力投資人才。目前，儒鴻有九成的布料為 ODM，成衣 ODM 比例則有五成左右。

（八）投資人才，不遺餘力

洪鎮海深知，要突破極限、持續創新並永續經營，「人才」是

成功的重要關鍵。因此，除了設計人才外，他也在行銷、業務等各方面延攬優秀新血。「政大好幾個都是畢業就來。」洪鎮海說道（陳家弘，2014a）。為了吸引更多人才，儒鴻不僅共同分享報酬、不吝於給名，還敢用有想法的年輕人，大方給予舞臺表現。「我們賺的錢不會放在老闆口袋裡面，而是給同仁 bonus。」洪鎮海說（陳家弘，2014a）。在訓練人才方面，儒鴻不遺餘力，一共花掉約 1,000 萬新臺幣（蔡淑梨，2007）。除了送設計師出國深造，亦開設課程提升營業部門人員的語言能力。

（九）垂直整合，一次購足

2000 年後，紡織業進入全球競合的階段。為了提升競爭力，儒鴻進行上、中、下游的垂直整合，一手包辦布料、設計與成衣製造，提供一次購足的服務，節省客戶的蒐尋成本。「儒鴻最大的一個創舉，就是能在一個禮拜內，從紗、織布、染整做成成衣。」洪鎮海說道（陳家弘，2014a）。過去做成衣，客戶與廠商之間來來往往，費時一個多月。現在，儒鴻將這些繁複的過程全部省去，在新北市五股工業區總部建置全臺最大的快速打樣中心，今天做好、試穿，明天便能改好，提供客戶 On-site fitting（現場試穿）與 ODM 的完善服務。如此舉動不但讓客戶滿意，也讓儒鴻累積不少成衣設計的經驗，更提高對客戶的議價能力。

（十）布局全球，再創高峰

新布料的開發與流行預測能力，已然成為彈性針織布業賴以為生的命脈。由於區域經濟興起，將影響未來臺灣紡織業之競爭力。因此，除了臺灣總公司以外，儒鴻在紐約、洛杉磯、香港及上海均設有辦事處，推廣布料與成衣兩項業務，用以貼近市場，掌握消費市場動態，蒐集流行資訊，並就近接單服務客戶。在美國、英國、西班牙、法國、荷蘭、希臘、南非、泰國、新加坡、澳洲、紐西蘭等地皆有長期配合之代理商，從事代理接單及銷售業務。此外，儒鴻每年亦不定期參加德國 ISPO、美國 Outdoor Retailer、法國 Première Vision 等國際紡織展，以提供公司自行研發之布料與成衣

供買主挑選，塑造企業良好的品牌形象。

　　「除非全世界不穿衣服，否則紡織業一定會存在，企業唯有找到自己的發展空間與競爭力才有前景。」洪鎮海說道（王堯泃，2012：159）。是以沒有夕陽產業，只有夕陽產品（歐錫昌，1995：156-158）。目前，儒鴻積極進行全球布局，並計畫與國內生醫科技、奈米科技、化工業等進行異業結盟，期望能在抗菌防疫、奈米布料及成衣領域上有所突破，尋求市場利基，創造新藍海。

二、靠管理、理財靈活應變：聚陽實業

　　1980 年代中後期，工資高漲、新臺幣大幅升值，開發中國家以低廉工資與生產成本，大舉叩關世界各國。長期為臺灣外銷主力的成衣業，陷入前所未有的困境。在眾人紛紛棄守之際，周理平與一群面臨失業危機的德式馬員工，抱著破釜沉舟的精神，在 1989 年成立聚陽實業。透過先進的 ERP 系統、靈活調度的供應鏈管理，以及多元產品的組合能力，聚陽成功做到以最短距離、最低成本、最快速度，提供最適化的產品，並成為 Wal-Mart、Target、GAP、Kohl's 等「快速時尚」國際服飾品牌大廠之供應商。

　　上市十年來，除了 2008 年的金融風暴以外，聚陽皆維持每股稅前盈餘五元左右的好成績，徹底顛覆外界對成衣業的想像，並以亮眼的表現證明，臺灣成衣業的價值已被重新評價，並非昔日人稱的夕陽工業。傳統產業不傳統，唯有與時俱進，才能再創高峰。目前，聚陽是國內最大的成衣製造業者，運籌帷幄亞洲五國、18 座工廠，擁有 28,000 名員工，2013 年的營業額高達 179 億新臺幣。

（一）破釜沉舟，成立聚陽

　　聚陽成立於成衣業風雨飄搖的年代。1984 年《勞基法》實施後，工資上漲、勞動力短缺，對勞力密集的成衣業造成衝擊。而常年為臺灣出口競爭優勢之一的新臺幣，也在此一時期開始有所變化。從 1961 年實施單一匯率以來，新臺幣兌美元大多維持在 36 元至 40 元之間。1978 年改採機動匯率以後，也仍保持在 36 元至 38 元的水準（王堯洵，2012：121）。然而，1986 年，由於我國出口擴張快速，國際收支順差不斷提高，在美國貿易保護主義的壓力下，新臺幣急遽升值，造成臺灣貿易競爭力大受影響。同時，開發中國家以低廉工資與生產成本，大舉叩關世界各國。長期為臺灣外銷主力的成衣業，陷入前所未有的困境。國內業者為了降低生產成本，紛紛開始往東南亞設廠。

　　當時，德式馬成衣在成本日益增加的情況下，決定外移菲律賓，並關閉臺灣所有廠區。成大工管系的周理平，退伍後恭逢其

盛，投入當時最紅的成衣業，奮鬥近 15 年，從福星製衣廠生產部經理，一路爬升到德式馬總經理的地位，卻難抵每況愈下的時勢，面臨中年失業的危機。在沒有退路的情況下，周理平與一群德式馬員工，抱著破釜沉舟的精神，以 800 萬的資本額另起爐灶，於1990 年成立「聚陽實業」。

（二）撿冷門配額，針平兩取

　　2005 年紡織品全面自由貿易之前，配額一直是各國紡織業界關注的焦點。所謂的配額，意指進口國與出口國交易數量的限制。配額的多寡，關係到交易雙方的經濟與產業發展（王堯洵，2012：119）。對各國業者而言，搶到多少配額，就能做多少生意。

　　當時，大型成衣廠握有褲子、Polo 衫等熱門產品的配額數量，而聚陽身為市場後進者，只能專撿訂單量少的冷門配額，如女裝襯衫等，並到工資低廉、配額政策較友善的菲律賓發展。「很多經營思考都與配額有關，有配額才能夠接單，才會有所謂的營收。」董事長周理平說道（陳家弘，2014b）。由於冷門配額的數量較少，為了維持生計，只要有機會拿到配額，聚陽都會盡量做。

　　面對如此惡劣的產業環境，唯有走出一條不同的路，才有突破重圍的可能。當時傳統成衣業者大多承接大量、低價的單一款式訂單，聚陽受限於規模與配額，難以與之抗衡。然而，換個角度思考，聚陽擁有大型業者所沒有的彈性。若能善用自身能耐，發展多元化的產品，培養快速反應的能力，便有機會扭轉劣勢，創造競爭利基。

　　一般而言，由於技術與設備不同，做平織的業者不做針織，做針織的業者不做平織（林孟儀，2007：90-97），但聚陽卻選擇採取「水陸並進」、「針平兩取」的策略。1994 年，以平織成衣起家的聚陽，開始拓展針織業務。雖然這項決策會增加生產成本，但換來承接各種訂單的能力，一次滿足客戶的所有需求。聚陽以「少量多樣」的彈性生產方式突圍，歷經四年的奮鬥與摸索，終於在第五年開始轉虧為盈。

（三）與 Wal-Mart 結緣

對聚陽而言，1996 年是一個重要的轉捩點。由於 Wal-Mart 的代工廠臨時出問題，只好將一張 66 萬件、超過新臺幣一億元的成衣訂單緊急轉給聚陽，並要求在四個月內準時交貨。面對突如其來的大訂單，周理平憂喜參半。能與美國最大成衣零售商合作，是多麼難得可貴的機會。然而，當時聚陽只吃得下一半的量。想要接單，勢必得在短時間內開發出新產能。若延遲出貨，代價高到可能會賠掉公司半條命。當人人都認為應該量力而為時，周理平卻選擇挑戰極限，動員聚陽上上下下，拼命到菲律賓、印尼尋找新的代工廠。四個月後，聚陽終於排除萬難，如期完成這項不可能的任務。

這次經驗不僅讓聚陽取得 Wal-Mart 的信任，也讓周理平看見量大所創造出來的生產效率。他深知，成衣業是一個薄利多銷的產業。過去少量多樣的策略固然讓聚陽得以站穩腳步，卻難以在學習曲線中獲得生產效率（曾寶璐，2004：86-94）。想要做大並承接各種訂單，需要建立完整的生產基地，以及培養靈活調度的管理能力。為了加速開發自有產能，聚陽於隔年併購中國策略聯盟，推動「大而美」策略，擴大營業規模，朝向大型化發展。

（四）跨國建廠，布局全球

2000 年，臺灣紡織業邁入全球競合階段，聚陽也在同時加緊跨國建廠的腳步。「因為配額的緣故，生產布局思考必須要分散，即類別要分散，生產國家要分散。」周理平說道（陳家弘，2014b）。因此，聚陽根據各國紡織配額、成本、專精度等條件，逐步往薩爾瓦多、印尼、柬埔寨等國設廠。由於沒有雄厚資本，聚陽以租廠房、找當地成衣業者代工等方式，代替買地建廠來擴充產能。這項決策不僅能夠省下大筆費用，更便於因應環境變化，快速挪動生產板塊。

在布局全球的過程中，聚陽面臨許多問題，例如海外管理人才不足、當地罷工事件頻傳、薪資逐年上漲等等，但其中最嚴峻的挑戰莫過於如何快速整合資訊、運籌帷幄多國廠房。由於公司版圖迅

速擴張，資料量大幅提升，遠超過人力所能處理的數量。在時間不斷壓縮的情況下，傳統傳遞訊息、安排產能的方式已不敷使用。客戶持續修正訂單要求，海外工廠難以釐清何者才是最新資訊（曾寶璐，2004：86-94）。對聚陽而言，若要繼續進行海外布局，整合資訊為首要之務。

（五）導入企業資源規劃系統

2001 年，聚陽決定導入 ERP，藉由新科技的力量，整合、管理公司內部資訊。對成衣業者而言，導入 ERP 是一項相當艱鉅的挑戰。成衣的加工製造涉及許多布料、色彩、配件、剪裁等變化，一組訂單可能包含不同產品、款式、尺碼與顏色，其資料數量與繁雜程度遠超乎想像。除了原料複雜外，每批訂單的成本公式皆不盡相同，加上為了滿足客戶需求，每張訂單必須容許不斷修正的空間。這些繁瑣的流程與要求，對資訊系統來說，無不是一大負荷。因此，當時從未有過成衣業者成功導入 ERP 的案例。

然而，為了順利整合公司內部資訊，聚陽耗資超過新臺幣7,000 萬元導入 ERP，並培養資訊團隊，規劃客製化的資訊系統。各個部門投入大量時間與心力，詳實畫出標準作業流程，以便後續系統規劃與導入的工作。導入初期，由於害怕系統出錯，聚陽內部整整一年採雙軌併行的方式來傳遞資訊（曾寶璐，2004：86-94）。換言之，在這一年當中，每一件事情都必須做兩次工。業務不僅要依循傳統用手開單的方式，同時也要將資訊輸入公司的電腦系統。

歷經陣痛期、成功讓組織 e 化後，各產區的狀況一目瞭然。ERP 讓聚陽能夠以更有效率的方式運籌全球。只要訂單一進來，業務便能透過資訊系統，迅速了解成本結構。採購人員也能藉此分析產品線的狀況，精確掌控材料的採購成本（江逸之，2003：122-124）。透過 ERP，公司內部人員可以看到未來一年的銷售狀況、訂單狀況、生產狀況與市場反應等等，並藉此即時調度全球工廠產能，追蹤所有客戶的訂單。自此，組織 e 化成為聚陽一大競爭優

勢，公司不但能善用系統進行精確且有效率的管理，還能將無形的經驗、知識轉化為有形的文件與流程，大大有助於日後公司內部進行知識傳承與人事交接的工作。

（六）集中火力，槓桿當地優勢

　　GATT 於 1947 年由美、英、法等 23 個國家共同簽訂，旨在降低關稅、減少貿易壁壘。該協定舉行多次多邊貿易談判，在烏拉圭回合中，談判有了相當重大的進展。一是設立了「世界貿易組織」，二是訂定了「紡織品與成衣協定」。根據 ATC 明文規定，未來十年將分階段逐步減少紡織品配額限制，並於 2005 年全面回歸貿易自由化。

　　隨著配額限制的解除，全球成衣業者逐漸轉變經營策略。在配額時代，歐美客戶受限於各國配額，而被迫分散供應鏈（林孟儀，2007，90-97）。成衣加工製造業者則以配額作為產區布局的主要考量，並大力爭取熱門產品的配額數量。「在配額時代，一個工廠裡要同時做很多東西。」（陳家弘，2014b）各國工廠依配額取得狀況生產各類產品，成本較高且品質不一。「到了後配額時代，就變成集中生產，講究規模。」周理平說道（陳家弘，2014b）。配額取消後，客戶為了增加生產效率、降低控管成本，開始集中供應鏈（林孟儀，2007，90-97）。成衣加工製造業者為了回應時勢，也改以工廠專精的產品類型作為布局之主要考量。而工廠生產其專精化產品，除了成本較低外，品質也比較穩定。紡織品全面貿易自由化的結果，使原本 70 幾個出口國，收縮到 20 幾個競爭力強的國家（陳家弘，2014b）。

　　為了因應產業環境的變化，聚陽開始採取「集中」策略，將海外工廠逐步挪動至印尼、越南、柬埔寨、中國、菲律賓等五大主要生產地區。「我們現在主要國家有三個：印尼、越南與柬埔寨，約占了九成，中國與菲律賓大概各占了 5% 到 6%。」周理平接受本書專訪時表示（陳家弘，2014b）。

　　聚陽在海外布局的節奏相當明快，隨時比較各廠區的績效，藉

此尋找最適地點，不斷做最佳調整（林孟儀，2007，90-97）。「成衣產業的敏感度非常高，容易建立產業群聚，移動性比較好。」周理平說道（陳家弘，2014b）。中國曾是聚陽規模最大的生產基地。然而，從 2007 年起，當地工資卻不斷高漲。為了降低成本，聚陽大幅調整中國廠區之產能，在三年內從 40%快速調降至 8%（陳家弘，2014b）。這個案例清楚體現聚陽明快俐落的布局節奏。一旦環境改變、不符需求，便立即調整、挪動生產板塊。

在聚陽眾多廠區之中，因各自的特性不同，又分為大型專精工廠與多元彈性工廠。大型專精工廠所生產的產品類別較為單純，規模也比較龐大，利於降低成本。多元彈性工廠則不受侷限，可快速接單，利於新市場的開發。「兩種都有各自的價值。」（陳家弘，2014b）聚陽善用各地的專長與能耐，借力使力，運籌全球，以低成本、高效率的方式，滿足客戶多樣化的需求。

（七）首次跨足品牌經營

坐穩國內成衣龍頭的寶座後，聚陽逐漸將觸角伸向微笑曲線的右邊。2006 年，聚陽首次踏上品牌經營之路，推出實體通路女裝品牌「pica pica」與「潘朵拉的甜蜜衣櫥」。前者主攻時尚運動服飾，後者則鎖定少女睡衣市場。

建立一個品牌，需要耗費相當大的心血與資金。對長期專注於成衣代工的聚陽而言，品牌經營無非是一項吃力不討好的工作。但，周理平卻不這麼想。他的算盤打得仔細。若品牌做得起來，便順勢快速發展。若不幸失敗，也能培養相關人才，達到「練兵」的效果（林孟儀，2007，90-97）。無論成功與否，跨入品牌經營都有助聚陽日後往上下游兩端的發展。

然而，歷經三年多的時間，周理平決定認賠殺出，結束自有品牌的計畫。「最主要不成，我想關鍵因素還是在『人』。」周理平說道（陳家弘，2014b）。他認為，經營品牌必須擁有經驗豐富的團隊，才有成功的可能。而這正是當時聚陽所缺乏的能耐。經驗不足的團隊、不夠成熟的品牌操作，加上高昂的店鋪成本，聚陽首次的品牌之征，只能宣告鎩羽而歸。

（八）全員持有，全員經營

　　在管理之中最難的，莫過於管「人」。周理平曾說過，成衣代工賺的是管理財（陳家弘，2014b）。過去，臺灣的紡織公司多為家族企業，人才到最後的發展，往往會受限於家族色彩（萬年生，2013：75-77）。而這項限制，不僅難以留住優秀人才，更會阻礙全球化的發展。有鑑於此，周理平在成立聚陽之初，便提出「全員持有、全員經營」的理念。如今，七成的員工都入股聚陽，唯有周理平所持有的股份越來越少，不到 3%（王堯洵，2012：166）。這項標新立異的決策，不但讓聚陽擺脫外界對成衣業者的既定印象，更加強公司內部的凝聚力，激勵員工一同奮鬥。

　　除了讓員工當頭家外，講究分層負責、充分授權也是聚陽一大文化特色。不同於傳統的經營方式，聚陽將接單與否的決定權下放。亦即，業務在策略考量之下，可以自行決定接不接單，不需要再請示高層（林孟儀，2007，90-97）。如此充分授權的機制，不但能增加組織的彈性與效率，更讓年輕專業經理人擁有表現的舞臺。

　　為了吸引更多優秀人才進駐，聚陽亦積極進行建教合作、籌辦實習計畫。截至 2014 年，聚陽已與 49 間系所進行交流，超過 200 位學生參與實習活動。周理平深知，「人」是企業成功的關鍵因素之一。重視人才，才有源源不絕的創新與活力。

（九）捲土重來，布局網購市場

　　由於網路與電子商務的普及，傳統產銷過程裡的層層角色，開始出現扁平化的現象。增加銷售通路、降低行銷成本、拓展網路族群市場等優點，都增加企業布局網路市場的意願（王堯洵，2012：163）。

　　向來緊緊跟隨產業脈動的聚陽，並沒有在這個新舞臺上缺席。由於看好服飾網購千億市場，聚陽決定捲土重來，在 2012 年推出自有品牌「fisso」。「fisso」定位於平價時尚，以物美價廉為重點訴求，鎖定 20 到 30 歲的年輕人（蔡乙萱，2013）。記取上次教訓，這回聚陽仔細挑選經驗豐富的團隊，推動這次的品牌計畫。然而，聚陽身為成衣代工廠，推動自有品牌不免產生與客戶爭利的疑

慮。周理平則回應，「fisso」的產品路線、主力市場都與代工客戶不同，不會有所衝突。重新打造自有品牌，聚陽看準的不只是臺灣，更是未來廣大的印尼市場。13 年在印尼設廠的經驗，是聚陽未來發展品牌的一大助力（許以頻，2013：42-46）。不過，品牌路不好走。面對接踵而至的挑戰，聚陽這次選擇放慢腳步，從類品牌商開始做起。

（十）與時俱進，再創高峰

近年來，許多紡織業者開始建立完善的供應體系，培養垂直整合的能力。由於印花、繡花、水洗等特殊加工技術在全球流行服飾的製作上日益重要，為了配合產業發展趨勢，聚陽設立特工研發中心，與外部的專業廠商進行聯盟合作，協同研發各項新的技術。「布廠開始往下游走，成衣廠則往上游走。」周理平說道（陳家弘，2014b）。品牌商的思維也逐漸轉變。以往，品牌商會下單給成衣製造商，再由成衣製造商尋找合適的廠商訂購所需布料（韋樞，2014）。但如今，Target、Wal-Mart 等品牌商會選擇先將訂單轉給提供「一次購足」服務的廠商，以增加效率、降低交易成本。

除了產業態勢的改變外，國內機能性布料大廠儒鴻，其股價突破 500 多元的亮麗的表現，也讓周理平動了投資布商、向上整合的念頭。「這讓我們開始思考傳統產業的可能性。」（陳家弘，2014b）成衣加工賺的是管理財，而材料創新則能創造出超乎以往的高附加價值。有鑑於此，聚陽在 2011 年轉投資布料貿易商聚益，以發展布商業務。過去聚陽專做成衣，有一半的成本來自布料。「以前是跟人家買，現在是跟自己買，這樣對我們來講也是好。」周理平說道（陳家弘，2014b）。除此之外，在布料貿易商與品牌通路商接洽的過程中，聚陽可以更快得知市場流行趨勢，對掌握產業生態、提高獲利均有一定的幫助（韋樞，2014）。

聚陽對垂直整合的野心，不只停留在布料買賣。2013 年，聚陽進一步投資越南的南方紡織，以生產短纖類布料，如嫘縈、彈性纖維等等。這些都是高關稅的品項，也是市面上的主要材料（潘羿菁，2014）。「除了研發之外，成衣也跟著，藉由垂直整合來擴大

商機。」周理平表示（陳家弘，2014b）。近年來，「機能性時尚紡織品」大為流行。這種結合「時尚」與「機能」元素的服飾，滿足消費者交互穿用的服裝需求。不同於傳統運動服飾，「機能性時尚紡織品」添加大量流行元素，成功打進都會消費市場。而機能性布料「吸濕排汗」、「抗 UV」、「抗菌」、「抗污」等功能，也讓衣服穿起來更舒服。「目前看起來狀況最好的就是運動品牌。」（陳家弘，2014b）。歷經急遽的產業變化，周理平深知，唯有與時俱進，才能再創高峰。目前，運動品牌市場前景可期，聚陽已抓緊趨勢，摩拳擦掌，準備發展第二條事業成長曲線。

圖 6-4　聚陽生產的機能服飾（聚陽實業提供）

三、冷門出身到全球占有：薛長興工業

薛長興工業成立於 1968 年，早期以販賣雨衣、雨鞋為業，之後利用其對橡膠原料的知識和基礎加以研發與創新，成功轉為生產水類運動服飾與萊卡製品。面對複雜的國際經濟情勢與社會脈動，薛長興始終選擇專注本業，站穩利基市場，藉由自主研發累積核心能耐，創造競爭優勢。如今，薛長興不僅包辦了全球 65%的潛水衣相關用品製造，更是第一家垂直整合的潛水服裝製造廠。

這家從路邊攤出身、矗立於宜蘭縣五結鄉的企業已走過 47 個年頭，稱霸全球水類運動服飾製造業逾 15 年，服務來自 80 多個國家、500 多個品牌。世界前九大的水類運動防寒衣品牌，也都是它的長期客戶。薛長興每年生產 450 萬件潛水衣與 300 萬件浮潛背心，目前在全球共有 11 個生產基地，分布於臺灣、中國、泰國、柬埔寨與越南，員工總數超過一萬人。

（一）從路邊攤到「長興牌」

由於家境貧困，薛長興工業的創辦人薛丕拱年紀輕輕便開始到處做生意，往返各大都市兜售物品賺取價差。然而，因為本錢不夠，能做的生意不多，承擔風險的能力不高，只能從事小本生意，賺到的錢與付出的心力常常不成正比。為了穩定收入，他轉而投身教職，但在通貨膨脹嚴重的年代裡，教師所領到的薪水實在難以養家活口（薛丕拱、吳昭瑩，2012）。幾經思考，薛丕拱最後還是重回老本行，從臺北批布鞋到羅東第一銀行外的亭仔腳擺地攤。除了賣布鞋外，他也因應宜蘭多雨的天氣，賣起雨衣和雨鞋。

1953 年，政府為了整頓交通開始取締路邊攤，薛丕拱只好改變銷售方式，收掉攤子，用賺來的錢買了一輛機車，載著雨衣、雨鞋和布鞋到處兜售。當時正值太平山林業興盛的時代，很有生意頭腦的他，認為其中必定有利可圖。深入了解林場生態後，他發現山徑潮濕路滑，伐木工人為了方便移動，人人腳上都穿著一雙工作鞋。在成本與利潤的考量下，他取得「萬里牌」經銷商的身分，改

做起工作鞋的生意。薛丕拱開始積極拜訪各地林場，提供送貨到府的服務，企圖藉此衝高銷售量。這項差異化的策略果真奏效，成功吸引大量訂單，將萬里牌工作鞋銷遍臺灣北部、中部與東部林場。然而，身為經銷商的他，卻難以獲得與努力同等的利潤。於是他決定自建品牌，委託大同橡膠廠代工，第一雙「長興牌」工作鞋因而誕生（薛丕拱、吳昭瑩，2012：81-98）。

　　在產品品質與行銷通路的雙重努力下，長興牌工作鞋的市場銷售不錯，薛丕拱卻對未來感到相當不安。當時產品品質與價格都掌握在生產者手上，雖然目前雙方合作關係穩定，但難保未來不會產生變化。為了長遠的發展，薛丕拱決定走上自製自銷之路。他買下了宜蘭某糖廠舊址，開始自行生產製造，並於 1968 年成立薛長興工業，從單純的零售批發商，轉變為掌握貨源的製造業者。

圖 6-5　薛長興工業早期雨鞋工廠（薛長興工業提供）

（二）跨入水類運動服飾市場

　　隨著環境變遷，工作鞋的需求大幅減少，薛丕拱也逐漸將生產線移至雨衣、雨鞋等產品上。1979 年，薛長興利用七成的生產線

製造雨衣、雨鞋，剩下三成則放在逐漸式微的工作鞋上。雖然長興牌已在東部站穩腳步，銷售量也持續成長，但始終難敵「達新牌」與「三和牌」等大廠的激烈競爭（薛丕拱、吳昭瑩，2012：166-167）。面臨窒礙難行的困境，薛丕拱深知走向國際是打破僵局的唯一辦法，但光靠製造雨衣、雨鞋似乎不夠，還必須開發新的利基市場。雖知如此，但他一時之間也不知道該往哪裡發展，只能暫時且看且走。

此時，從德國回來的大兒子薛志誠帶來了一線希望。當時全球衝浪運動剛興起，到慕尼黑參加運動休閒用品展的薛志誠，帶回一雙臺灣罕見的潛水鞋。他們將潛水鞋進行拆解，發現其製造原理與雨衣、雨鞋相似，難處在於取得具防寒保暖功能的潛水衣布片（Neoprene Sheets，簡稱為 Neoprene）。與眾人討論後，薛丕拱決定挪出一條生產線，試做這項從未見過的產品。他在日本找到合作的原料供應商，帶回生產所需的布片，開始了自製潛水鞋的摸索之旅。

經過不斷嘗試與製作，薛丕拱在 1979 年底帶著自家樣品到日本接單。他自知土法煉鋼的潛水鞋不如日本生產的來得精緻，因此將價格壓低，企圖藉此吸引客戶下單。低價策略果真讓他接到第一張 500 雙潛水鞋、總金額 3,000 美元的訂單（薛丕拱、吳昭瑩，2012：174），而這也讓薛長興正式跨入水類運動服飾的市場。

（三）自主研發關鍵材料

歷經不斷修正與改進，薛長興潛水鞋的品質逐漸受到市場肯定，訂單數量也不斷增加。到了 1980 年，薛丕拱宣布不再生產雨衣和雨鞋，全心投入潛水鞋的外銷製造。由於技術不斷提升，薛長興也開始生產潛水手套與潛水衣等產品。然而，生意蒸蒸日上的背後卻暗藏隱憂。水類運動服飾的產業結構可分成上、中、下游。上游生產橡膠粒，做成合成橡膠。中游將合成橡膠與人造纖維發泡，做成潛水衣布料。下游則把布料加工成潛水衣、鞋、手套等產品。當時，日本不僅掌控了上到下游的製程，還握有關鍵材料

Neoprene，所有潛水衣、鞋、手套的製造商都得仰賴他們供應。光是掌握在日本手上的原料和布，就占了成本的一半。在完全依靠日本供應商的情況下，不但公司利潤無法突破，只要日本拖延或停止原料供給，便會影響薛長興的接單狀況（黃亦筠，2006：142-146）。

　　薛丕拱深知，若要擺脫被人左右的命運，勢必得掌握原料的關鍵技術。但這項技術只有少數廠商擁有，若要從外引進，一來公司負擔不起高額的權利金，二來也沒有人會願意讓出這塊大餅。二兒子薛敏誠不甘被人掐住命脈，於是向父親提出自主研發 Neoprene 的建議。然而，自主研發談何容易。薛丕拱不是沒有過這樣的念頭，但 Neoprene 的技術門檻相當高，更何況年輕的薛敏誠不但沒有經驗，也沒有化工的相關背景。憑著一股衝勁與熱情，薛敏誠還是投入了 Neoprene 的研發。他買書研讀化學、橡膠等專業知識，到處參加講習、說明會與研討會等。每天利用工人下班後的時間，不斷嘗試與修改，從做中學習。為了幫助薛敏誠能順利研發成功，身為父親的薛丕拱不僅抵押工廠、借了 3,000 萬的貸款，更設法以簽訂單的名義到日本拜訪，希望藉此機會能帶二兒子到工廠看一看。只是日本方面對臺灣廠商存有戒心，三家公司中僅有一家願意帶他們從遠處繞工廠一圈。不諳日語的薛敏誠，只能在短短 15 分鐘內，卯足全力用眼睛記錄所看到的一切。在回程的路上，父子倆人拼命畫圖、討論，一回臺灣便馬上帶著草圖到工廠訂製機器。「如果沒有那 15 分鐘，我們大概會更慢成功。」薛敏誠回想。

　　自主研發代表的不只是辛苦，還有許多未知的風險。薛敏誠曾找了宜蘭當地一家工廠，仿日本設計焊接了一部機器（黃亦筠，2006：142-146）。然而，深夜時分，機器才剛發動，就承受不了蒸氣爆炸，連 3、50 公尺外的石棉瓦都被震破，可見爆炸威力之強大。所幸，當時薛敏誠站在柱子後面，未受波及。這次意外並沒有澆熄薛敏誠的熱情，不論過程多麼辛苦，他從未間斷研發實驗。從機器設備到配方投料，再到橡膠合成，薛敏誠都靠自己摸索，不懂就請教別人。皇天不負苦心人，歷經三年的努力，薛敏誠終於掌握技術，研發出 Neoprene。

圖 6-6　薛長興工業生產的潛水衣在全球具有極高市占率（薛長興工
業提供）

（四）製程一貫化

　　研發成功並不代表能立即量產。在 Neoprene 的生產尚未穩定
前，薛長興仍一如往常，同時向日本不同供應商訂購布片，以因應
拖延或停止供給的突發狀況（薛丕拱、吳昭瑩，2012：188）。
1986 年，薛長興正式擺脫了日本 Neoprene 廠商的牽制，邁入全新
的紀元。掌握 know-how 的薛長興，不僅成本降低、利潤倍數增
加，更因報價比日本業者便宜三成（黃亦筠，2006：142-146），
吸引歐美大廠紛紛轉單。由於價格實惠、品質優良且配合度高，薛
長興逐漸獲得國外顧客的信賴。隨著市場版圖的擴張，人力調配藥
劑的方式開始無法跟上訂單的成長速度，薛敏誠因而向父親建議改
用機器配藥。薛長興的工廠自動化後，製程變得更加流暢，也更容
易管控品質的一致性。

　　「能做的我們就自己做。」成功推出 Neoprene 以後，薛丕拱
非常清楚研發是帶領薛長興不斷向上提升的重要關鍵，也是競爭優

勢的重要來源之一。這種冒險嘗試的精神，也引領薛長興投入紡織
方面的研發工作。持續不斷的研發投入，使薛長興逐步掌握上、
中、下游的製程，成為全球第一家垂直整合的潛水衣服裝製造廠。

（五）危機變轉機

　　在成為全球第一的過程中，薛長興並非一帆風順。雖然製程一
貫化、整合能力強等因素，造就了薛長興在價格上的優勢，卻也為
公司帶來前所未有的危機。1986 年，薛長興開始拓展美國市場。
正準備攻城掠地時，卻被美國公司控告販賣的價格太低，觸犯《反
傾銷法》的規定。當時，薛長興的公司規模不大，營業額也才四到
六億臺幣。若要打國際官司，勢必得花一筆龐大的律師費用，但若
被冠上反傾銷的罪名，則不僅要付上兩到三成的附加稅，也會痛失
拓展美國市場的機會。幾經討論後，薛家決定奉陪到底。在薛總經
理夫人與律師的協助下，一年後法院宣判薛長興勝訴。「如果沒有
打贏的話，也不會有今天了。」總經理薛敏誠表示。這次經驗讓薛
家明白價格制定的重要性，即使成本低廉，也要顧及市場規則。

　　薛長興所面臨的挑戰不只這項。在 Neoprene 成功之際，新的
危機也悄然來臨。1984 年《勞基法》通過後，勞工意識開始萌
芽。直到 1987 年解嚴，工人才得以將想法化為行動，透過工會組
織，展開一波波的抗爭運動。當時工會的主要訴求是向資方爭取
《勞基法》規定卻未確實執行的福利，例如休假、調薪、加班費與
年終獎金等。其中，以「加班費」的追討與否最具爭議（薛丕拱、
吳昭瑩，2012：203）。這場工人運動從南部爆發，一路延燒到東
北角的宜蘭。

　　抗爭運動爆發半年後，薛長興內部成立工會，聯合當地其他工
會，在媒體上批判公司，向資方要求清算過去的加班費，否則就發
動罷工。「《勞基法》開始實施後，我們便按照規定給予加班費，
但若要追討兩、三年前的費用，我們並不接受。」礙於過去年度早
已結算，加上相關資料並不完整，身為資方的薛長興難以答應，雙
方因而僵持不下。最後，總經理薛敏誠出面喊話：「我一直不認為

我們資方與勞方對立，但如果你們堅持要罷工，我們也有關廠的打算。公司現有足夠的資金支付資遣費，絕不會欠員工一毛錢。」在工會成立之前，薛長興便有到泰國設廠以擴大生產的計畫，只是腳步還沒這麼快。

聽完薛總經理的一席話，下午便有員工組成自救會，連署支持公司政策，並主動召開記者會，反駁之前媒體對薛長興剝削員工的報導。在當時，由勞工自發組織支持資方的行動實屬特例。最後，參與罷工行動的少數分子，因受不了同事間的壓力而自動辭職，整起罷工事件宣告落幕。罷工結束後，公司內部反而更加凝聚，也因為罷工事件，讓薛丕拱與薛敏誠提早決定將工廠外移，掌握了海外設廠的好時機。

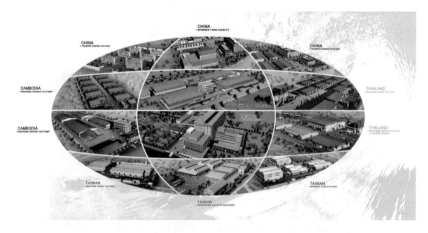

圖 6-7　薛長興工業全球布局圖（薛長興工業提供）

薛長興面臨過最艱鉅的挑戰，莫過於 1996 年的兩場大火。當時，薛長興宜蘭總部連續兩天發生火災，機器、廠房近乎全毀。外界諸傳薛長興即將倒閉的流言，競爭對手則虎視眈眈準備接收訂單。面對如此慘況，薛丕拱父子只是一心想著如何在最短時間內恢復生產。薛敏誠當機立斷，主張將損害情形透明化，並每天更新公司的最新狀況讓客戶安心。薛丕拱則到銀行融資，四處高價收購二手設備，好讓公司早日恢復產能（林欣靜，2014：32-37）。火災

後三天，薛長興的戶外已架好了第一條生產線。七天後，產能已恢復了 15%。短短三個月，薛長興奇蹟似地恢復正常運作，最後的交期只比平常晚了一個半月。

這項奇蹟，除了靠薛丕拱父子的努力，也仰賴公司員工共體時艱的心意。火災後不久，薛長興的員工便主動連署，願以八折薪資、欠薪三月的方式，陪公司度過難關。這份心意讓薛丕拱十分感激，最後薛長興仍如期支付全薪，並加發半個月年終，慰勞大夥任勞任怨的付出。

（六）迎接下一個挑戰

浴火重生後的薛長興，並沒有放慢拓展的腳步。從 1997 年起，薛長興逐步成為全球水類運動服飾的製造龍頭。在重視研發的第二代接班人薛敏誠的帶領下，薛長興早已跳脫傳統「照單全收」的 OEM 代工廠角色，轉成為協助客戶設計新品的 ODM 策略夥伴。除此之外，薛長興亦模仿過往模式，跨入彈性纖維布的生產製造，成為第一家自主研發彈性纖維的公司，現已有兩萬噸的年產能。薛敏誠認為，彈性纖維市場供過於求、競爭激烈，但薛長興可以結合本身優勢，利用既有通路，朝國內廠商尚未涉足的水類活動彈性運動衣發展。擁有冒險嘗試精神的薛長興，已準備好迎接下一個挑戰。

四、躍上國際的臺灣設計品牌：夏姿

2008 年，夏姿（SHIATZY CHEN）首次登上巴黎時裝週的伸展臺。這一刻，王陳彩霞等了 30 餘年。夏姿是少數躋身國際的臺灣時尚品牌，也是大中華地區在巴黎時裝公會的唯一正式會員。夏姿巧妙融合詩意東方與工藝西方的特色，一針一線編織出獨一無二的「華夏新姿」。目前，夏姿在全球共有 66 家分店，遍及臺灣、中國、香港、澳門、馬來西亞、法國、日本等地。

圖 6-8　夏姿門市（溫肇東拍攝）

1951 年出生的王陳彩霞，是夏姿背後的靈魂人物。當時，正值二八年華的她，因不願庸庸碌碌過完一生，而連夜摸黑投靠在臺中開布莊的舅舅，希望能學得做衣服的手藝。以前，當學徒要繳學費，身無分文的王陳彩霞，只好做雜工來抵。聰明的她，在成為學徒的那一刻，便立誓要向最厲害的人學功夫。她仔細觀察每個裁縫

師傅的優點，一一向各領域的箇中好手請教。在學習的過程中，王陳彩霞總是不斷思考如何才能做得更好。對精益求精的渴望，不斷鞭策她更上層樓（王惠琳，2013）。

　　學成之後，20 歲的王陳彩霞到臺中清水王家布莊當駐店裁縫，並與老闆的兒子王元宏結為夫妻。為了蒐集最新資訊、拓展更多市場，夫妻倆決定離開老家，帶著十萬元的創業基金，赤手空拳到臺北打天下（莊素玉，2003）。1978 年，王元宏與王陳彩霞夫婦取「華夏新姿」之意，在臺北成立「夏姿服飾有限公司」，專事國內市場的女裝生產。

　　草創之初，夏姿只是個平凡的成衣商。然而，1984 年的一場時裝展，卻扭轉夏姿的命運。當時，王陳彩霞去東京碰巧遇到著名設計師森英惠的時裝展。森英惠是第一個立足於巴黎時尚服飾圈的日本人。為了一睹大師風采，王陳彩霞千方百計取得入場資格。在那裡，她看見原創設計師所受到的尊敬與寵愛，也看見國際對時尚服飾的高標準（周啟東、李采洪，2003）。這場時裝展，讓王陳彩霞深刻體會到品牌與設計所創造出來的高附加價值，也讓她興起打造國際設計品牌的念頭。

　　自此，夏姿開始朝向時尚服裝品牌的道路邁進。王陳彩霞放棄商機無限的大眾流行服裝，自行設計改良式中國服。然而，創造獨特的中國風時裝談何容易。若民族風太強烈，則不符合現代時裝標準。若添加西方元素，比例拿捏不對，則容易失去風格，變成四不像（周啟東、李采洪，2003）。轉型之初，夏姿吃盡苦頭，虧損高達 5,000 萬元（王惠琳，2013）。公司員工對老闆娘的堅持，也深感不解。但，王陳彩霞並沒有因此放棄。她對服裝設計的熱情與力求完美的態度，不斷驅使她披荊斬棘，往目標前進。為了得到更多人的支持，王陳彩霞與丈夫王元宏一起分享新視野，甚至大手筆分送打版師與銷售人員到歐洲參觀時裝工業（周啟東、李采洪，2003）。經過漫長的摸索與嘗試，王陳彩霞才逐步掌握到設計服飾與打造品牌的重要關鍵。

　　品牌之美，在於獨特的性格與文化。唯有從文化出發，才能打

造令人尊敬的品牌。服裝的設計，從布料、圖案、剪裁等各個環節，都要有自己獨到的見解，才能體現該品牌的不凡。對設計師而言，布料扮演相當重要的角色。王陳彩霞曾比喻，布料猶如繪畫的顏料（麥力心，2006）。設計衣服，原料成功了，便成功了一半。為了開發新布料，王元宏夫妻三顧茅廬，尋求與國外百年老廠合作的機會。國外廠商因為怕被複製，再三拒絕夏姿的邀約。在王元宏夫婦鍥而不捨之下，這項合作才得以實現（周啟東、李采洪，2003）。目前，夏姿的面料有八成以上來自義大利。然而，由於每季的重點不同，所需的布料也不同，因此，夏姿會根據每一季的需求，與義大利布料廠共同開發。

除了品質優良的布料外，恰到好處的立體剪裁也是做好衣服的必備工法。1990 年，夏姿在巴黎成立工作室，延聘法國設計師、打版師，教授西方巧奪天工的時裝技藝。王陳彩霞深知，紮穩馬步才能撐得持久。因此，她下足苦功鑽研，並耗費巨資，支付機票、食宿與薪水，年年送設計師到巴黎長住兩、三個月，接受法國打版師立體剪裁的教學訓練。除此之外，夏姿的設計師還要學法文、參觀美術館，藉由沉浸在美的環境中來開拓視野品味（王惠琳，2013）。王陳彩霞曾指出，她栽培一個設計師要花費六年的時間，但最後這個人能不能用，都是個疑問（莊素玉，2003）。然而，對她來說，培養人才是必要的長期投資。由於臺灣的時尚設計生態未臻成熟，人才短缺成為進軍國際的一大挑戰。因此，在栽培人才方面，王陳彩霞從不手軟。

2011 年，夏姿在巴黎的門市正式開幕，成為第一個進駐歐洲的臺灣時尚品牌。這個店面位於精品大道 Saint Honoré 的後段，沿途有著世界一流的國際精品專賣店。在這個以時尚引領全球的法國巴黎展店，似乎象徵著唾手可得的成功。但，夏姿卻花了 20 多年的時間，才走到巴黎時裝週的伸展臺上。王陳彩霞選擇寧可慢、但要好的策略，因為她深知，上巴黎時裝週要做好萬全的準備，一踏上去就不能回頭。她曾說過：「去，不能只去一次，要一年兩季不斷地去，不能斷。斷了，品牌生命就沒了。」（馬岳琳，2009）。

　　要上時裝週，不只是產品設計成不成熟、創不創新的問題。法國時裝公會主席迪迪埃·戈巴克（Didier Grumbach）曾指出，唯有具國際市場賣點的品牌，才能持續在時裝週上走秀（馬岳琳，2009）。換言之，品牌的銷售能力尤其關鍵。做了秀，能否受到國際買家青睞、拿到訂單？公司是否有足夠的生產力能支持市場銷售？這些都是王陳彩霞遲遲不敢貿然登上巴黎時裝週的原因。進入國際市場後，王陳彩霞的眼界越來越廣，也越明白自己的不足。她步步為營、累積實力，為的就是讓夏姿在國際舞臺上發光發熱。要打造精品品牌，不只要有獨特的設計、優良的品質，還要切入上流社會的晚宴生活。因此，除了站穩腳步、打好地基外，王陳彩霞也努力在法國運籌帷幄、建立關係。當一切準備就緒後，夏姿主動找上法國時裝公會在中國的代表，邀訪、證明自己的品質、資金、設計與銷售能力。2008 年 10 月，夏姿首次登上巴黎時裝週的舞臺。一場只有十分鐘的秀，耗資至少兩千萬新臺幣，卻成功將世界目光聚集在夏姿身上。第一次做完秀後，夏姿便拿到瑞士與義大利買家的訂單，折合新臺幣約 440 萬元（馬岳琳，2009）。從此，夏姿成為巴黎時裝週的常客，在伸展臺上恣意揮灑西方時尚與東方古典風華。

　　當王陳彩霞專注於推廣品牌時，她的小兒子王子瑋正積極開拓海外市場。2003 年，夏姿在上海設立了第一家分店。隔兩年，夏姿更踏入國際精品的奢華舞臺「上海外灘」。對國際精品品牌而言，昔日的十里洋場是揮軍中國的兵家必爭之地。對夏姿而言，與一線品牌一同進駐外灘，則是成為國際品牌的重要布局之一（呂國禎，2012）。面對全球第二大精品市場，王子瑋採取兩大策略。第一，堅持直營、不放代理。夏姿堅持走設計師路線，不用代理、加盟等方式擴大營業規模。他很清楚，夏姿做的是品牌。比起錢，維持精品的品牌形象更為重要。因此，夏姿在中國走得非常慢，但寧可慢，也要好。第二，夏姿只與國際一線品牌開在一起。王子瑋深知，中國消費者會依地點辨識品牌等級。因此，成功的店要開在成功的點。要開，就要開在國際一線品牌隔壁。如果地點不夠好、沒

有國際一線品牌入駐，夏姿也不會跟進。然而，要落實這個策略並不容易。一開始，中國當地僅將夏姿歸類為亞洲品牌，而不願讓出與國際一線品牌相同的櫃位。王子瑋只能靠談判與交涉，努力取得最好的位置。除了開店地點外，人才也是一大挑戰。時尚產業在中國快速發展，人才挖角事件頻傳，人員流動率也相當高。因此，王子瑋寧可讓設計師到臺灣或法國工作，也不願讓他們留在上海（馬岳琳，2012）。

　　夏姿的品牌之路，已走了 30 餘年，在全球設有 66 家分店，其中中國占了 19 家。近年來，中國精品市場不斷成長。特別的是，當地消費族群已被重新詮釋。除了年齡層遠低於其他西方國家外，其重視獨特性、高品質與低調奢華感的思維，與傳統重視 LOGO、高調奢華的價值觀不盡相同。若要搶攻全球第二大精品市場，如何「年輕化」將是夏姿下一個挑戰。

五、快速時尚的臺灣通路品牌：iROO

　　15 年前，對通路品牌業者而言，進駐百貨公司是成功的重要關鍵。劉本謙卻反其道而行，他不但撤出百貨通路，更結束兩個正在賺錢的少女服飾品牌，在 1999 年另創 iROO，重新來過。劉本謙創立 iROO，堅持從街邊店開始深耕，並採取全年不二價的經營策略。如此特異獨行的舉動，除了令眾人深感不解外，其他同業也等著看笑話。然而，如今 iROO 是少數走出臺灣的通路品牌業者。劉本謙以「平價時尚」、「少量多樣」、「全年不二價」等策略，成功打造年營業額高達 15 億新臺幣的流行服飾品牌。目前，iROO 在全球共有 89 家分店，橫跨臺灣、中國、新加坡、印尼等地。

圖 6-9　iROO 門市（溫肇東拍攝）

　　1960 年出生的劉本謙，投入服飾業已 20 餘年。年輕時，他曾在赫赫服裝半工半讀、擔任業務，慢慢從工作中找到樂趣。由於不

喜歡朝九晚五的生活，劉本謙與友人集資五萬元開始創業（劉本謙、邱莉玲，2005）。他先後成立「阿瑪迪斯」與「伊芙」兩個中高價位的女裝品牌，並在百貨公司的少淑女服飾樓層設櫃。這兩個品牌雖然為劉本謙帶來不少財富，但卻賺得很辛苦。百貨公司挾著強大的通路優勢，不斷要求品牌配合折扣促銷（許瓊文，2013）。對品牌業者而言，此舉不但大大壓縮利潤空間，更因為無法預估商品最後會以幾折賣出，而難以掌握公司的獲利率。

　　不甘於受他人左右，劉本謙決定撤出百貨公司，並針對 25 歲到 45 歲的都會女性，重新建立新品牌 iROO。這次，他不到人人爭相擠進的百貨通路，改而從街邊店開始深耕。iROO 創立之初，便在交通要道上設立門市。這種跳過中盤商、自營通路的方式，不但讓經營變得更單純，還能降低不少成本。劉本謙曾表示，街邊店的租金平均僅占成本的 12%至 15%，遠低於百貨通路約三成的抽成（陳怡伶，2013）。除了在街邊設點，劉本謙更將利潤回饋給消費者，直接用產品的三折定價。因此，原為中高價位的流行服飾，折算下來的單價只在 1,000 元到 3,000 元不等。劉本謙更進一步採取「全年不二價」的策略，讓消費者不必苦苦等待折扣季的來臨，隨時到店都可以下手把喜歡的衣服帶回家。

　　以三折定價、全年不折扣的方式，不僅讓消費者感到物超所值，更讓 iROO 省去季節影響銷售的問題。除此之外，當各大百貨公司打出換季折扣或週年慶促銷時，iROO 還可以搶先上市下一季新裝，避開市場上的價格競爭（劉本謙、邱莉玲，2005）。為了做到高品質、低價又不折扣，劉本謙盡可能省去中間成本，減少不必要的浪費，例如不廣告、不展示、不做行銷活動等等。然而，草創之初，由於 iROO 沒有任何知名度，消費者非但對品牌的信賴感不足，也不清楚其產品品質與價位區間，只聽到「不二價」便敬而遠之。因此，iROO 前五年經營得很辛苦，只能盡力與消費者溝通，使其了解 iROO 的定價已為市面上的三折。歷經多次嘗試與努力，直到第六年，iROO 才轉虧為盈（陳怡伶，2013）。

　　劉本謙深知，光靠物美價廉的銷售策略，並不足以長久留住消

費者的心。唯有抓住流行趨勢，展現產品獨特個性，並滿足客戶多樣化的需求，才有永續經營的可能。因此，iROO 推出「輕奢華、週時尚」的口號，每週上架 20 件新單品，並以都會流行（City）、時尚派對（Party）、休閒街頭（Collection）等三種系列滿足都會女性各種場合的穿衣需求。劉本謙藉由建立完整、豐富且搭配性高的商品結構，靈活操作產品品項與賣場經營，成功吸引消費者的目光。

　　然而，要做到「快速時尚」並不容易。除了要掌握最新流行趨勢，也要解決日益增加的庫存成本。為了讓產品更貼近流行趨勢，iROO 在臺北成立研發中心，負責服裝的設計研發，並派設計師到全球各大時裝展蒐集流行資訊，將最新元素融入產品設計之中。iROO 亦與上下游供應商建立穩定的合作關係，以便用更快的速度、更低的成本取得全球流行布料（楊宜蓁，2013）。面對「快速時尚」所造成的庫存壓力，劉本謙除了採用「少量多樣」的策略外，更將銷售不佳的商品適度改造、重新上架，以降低庫存風險。他把商品分成「有效商品」、「普通商品」與「無效商品」，並在 14 天內快速回收銷售低於 20%的「無效商品」，分析滯銷原因，調整商品後再重新上架。這項做法往往讓 iROO 最後只剩下 3%到 5%的「無效商品」，雖然歷經下架、修改、再上架而使產品獲利率幾近於零，卻大大降低了庫存成本（陳怡伶，2013）。

　　琳瑯滿目、物美價廉的產品只是打造流行服飾品牌的其中一環。iROO 對「快速時尚」的訴求，不只體現在豐富的產品品項上，更展現於全球 89 家門市之中。不同於一般統一門市裝潢的做法，劉本謙善用多樣的空間設計，讓消費者到各個分店都能享有不同的視覺體驗，並透過三年一小改、五年一大改的方式，打造各種風情的購物環境。此外，他還將商品依照搭配組合的不同陳列，有別於傳統同一類別歸類在一起的擺設方式（楊宜蓁，2013）。

　　花了十年站穩臺灣流行服飾圈後，劉本謙開始進軍海外市場。2010 年，iROO 在具有東南亞樞紐地位的新加坡，開設第一家海外門市（陳怡伶，2013），以便日後拓展印尼、馬來西亞、泰國等市

場。隔年，劉本謙更加緊腳步進駐中國，在北京設立據點。為了打入亞洲市場，2012 年，iROO 打破以往不做廣告的慣例，邀請藝人小 S 擔任亞洲區代言人（林哲良，2012），並於同年增加男裝系列。走出臺灣、進入新市場後，iROO 能否發揮原有優勢？「平價時尚」、「少量多樣」、「全年不二價」等策略又是否仍然可行？面對不同型態的消費市場與競爭對手，劉本謙已摩拳擦掌，準備好接受挑戰。

六、崛起中的新銳設計師

　　這一百多年來，臺灣的服裝文化受到政治、經濟、社會等影響，而融合了中式、西式、日式等不同風格。在經濟欠佳的時代裡，人們大多只求穿得暖和、穿得整齊，餘裕之餘，才會到裁縫店訂做服裝，逢年過節時偶一穿之。隨著臺灣經濟漸入佳境，人民生活水準提高，對時尚的重視亦與日俱增。此時，人們穿衣不再只是為了禦寒蔽體，而是希望藉由服裝表達自己。在如此氛圍之下，催生出「服裝設計師」。這些設計師巧妙地將各種元素運用在服裝上，並精心安排各個環節，如布料、圖案、剪裁等，以展現獨特的性格與文化。

　　30 多年前，臺灣對「服裝設計」的概念十分陌生，也沒有本土服裝設計師品牌。從香港回到臺灣定居的潘黛麗，在臺北忠孝東路上開設委託行。店裡除了販賣舶來品外，也擺著自己與呂芳智設計的服飾。1979 年，兩人憑著一股熱情，創立杜牧公司，成為臺灣設計師品牌之先驅（彭蕙仙，2005：22-24）。1980 年代，國內服裝市場競爭激烈，自創品牌與設立專櫃成為經營重點。此時剛好正值百貨業興起，各大百貨公司相繼成立。為了與競爭者有所區隔，當時中興百貨（前身為芝麻百貨）的總經理徐莉玲，以本土設計師做為經營特色，將比較好的櫃位留給本土設計師，並規劃名為「Designer Gallery」的設計師服飾賣場。這項舉動鼓勵了本土設計師品牌的發展，臺灣知名服裝設計師，如溫慶珠、林臣英、陳季敏等人，都是在這個時期推出自己的服裝設計品牌（陳妙玲，1998）。1995 年，以都會女性為主要族群的衣蝶百貨，為了吸引消費者目光而設立「解放區」，邀請當時的新銳設計師，如沈勃宏、蔣文慈、徐秋宜、竇騰璜與張李玉菁等人進駐（謝維合，2011：82-91）。當初的服裝設計新秀，如今在時尚圈中占有一席之地，例如臺灣著名設計雙人組竇騰璜與張李玉菁所創辦的DOUCHANGLEE，已成功在亞洲地區建立 18 家據點。

　　近年來，國內新生代設計師相繼誕生，其中幾位更走上了國際舞臺。例如臺灣服裝設計師古又文，在 2009 年 Gen Art Styles 國際

設計大賽中，以「情緒雕塑」系列作品（Emotional Sculpture）勇奪「前衛時裝獎」。Gen Art Styles 國際設計大賽是美國最大藝術設計機構 Gen Art 舉辦的指標性國際服裝設計競賽，更是許多時尚品牌尋找設計新秀的重要管道（彭蕙仙，2005：31-33）。古又文在這次賽事中嶄露鋒芒，聲勢上漲，而他的成功也鼓舞了臺灣的技職教育，因為他是第一個從本土教育體制中培養出來、站上 Gen Art Styles 國際舞臺的年輕人（陳怡伶，2013）。奪得獎項固然對服裝設計師來說意義非凡，但要躋身國際，光靠獎項並不夠。擅於融合臺灣傳統文化與現代創意，並在國際成衣聯盟（IAF）服裝設計競賽中獲得最佳布料運用獎的設計師黃嘉祥認為，自創品牌最大挑戰就是商業經營。「做創意的頭腦卻完全不懂經營市場……我覺得那是最大的挑戰。」他說道（黃嘉祥，2015）。設計師是否深諳商業運作？其產品能否受到國際買家青睞？背後是否有足夠的生產力支持？這些都是服裝設計師自創品牌的重大挑戰。

圖 6-10　黃嘉祥（Jasper Huang）及其設計服飾作品（黃嘉祥提供）

　　臺灣具備充沛的設計能量，時能聽見才華洋溢的新銳設計師在競賽中或時裝秀上嶄露頭角。然而，從設計走入市場，卻山遙路遠。對臺灣設計師來說，其中的兩大難題便是生產與通路。目前臺灣缺乏打樣師、打版師等技術人員，技術斷層相當嚴重。「你是替國外栽培設計師啊，為什麼這樣講，因為他找不到替他做衣服的人，就跑到大陸找人了。」專營孕婦裝的玉美人總經理洪啟峰說道（陳家弘，2015）。玉美人因進口的高價與低價產品兩頭夾殺，出貨量比全盛時期縮減許多。近年來轉型為觀光工廠，而過去配合他們的很多師傅，因工作較少而逐漸凋零。此外，臺灣上游廠商普遍只願接大宗的外銷訂單，對於設計師少量的生產訂單則敬謝不敏。服裝設計師得不到生產製造商的支持，面對國外幾千、幾百件的訂單無力消化，不但痛失走入市場的機會，更砸了辛辛苦苦建立的品牌形象。

　　「你第一次去（參展）客戶很擔心你是不是會一直在，所以可能要連續參加兩三次，才能確保你是個一直存在的設計師。但真的跟你合作的時候，更擔心這一季有產品，下一季沒有開發新產品……其實這是我們參展遇到的問題。那或是說，今天他面對的不再是現在臺灣內銷市場要的 30 件，可能是國際市場的幾百件或幾千件……他們就需要有消化這種產量的配套。」紡拓會紡織品設計處服飾創作基地科科長林怡伶說道（陳家弘，2015）。

　　除了生產之外，通路的選擇也是一大挑戰。過去服裝設計師多是自己獨立開店，「現在整個結構都不一樣了，不是自己開店，而是你要學會怎麼跟這些通路合作。」黃嘉祥說道（黃嘉祥，2015）。基於融合臺灣傳統文化與現代創意的定位，黃嘉祥摒棄一般純商業的經銷通路，選擇與誠品、光點等文化創意相關的通路合作。吳日云、莊承華、蔡宜芬等新銳設計師亦進駐誠品生活AXES，透過展售合一的舞臺，站在第一線接觸不同的消費族群。

　　在臺灣，除了獨立開店、設立專櫃、與通路合作外，還盛行著一種獨特的寄賣文化。不同於國外直接買斷的模式，許多臺灣店家為了降低風險，而採取讓設計師寄賣銷售的方式。換言之，店家不

將商品買斷，而是讓設計師先將商品寄放在店內，等商品賣掉後，再來和設計師結帳。對剛起步的設計師而言，寄賣模式看似少了店租與人力成本，是一種相當理想的銷售方式。然而，事實上寄賣銷售的背後暗藏相當高的風險。由於商品是寄賣而非買斷，店家無須負起銷售責任，因此設計師沒辦法確保商品多久才賣掉，也沒辦法主宰店家的推銷模式，甚至最後可能收不到貨款。寄賣模式不僅讓設計師無法實際掌握銷量、控管金流，更將庫存壓力與風險完全轉嫁到設計師身上。「我自己存了錢，做了 50 件衣服，拿去一家店說拜託你幫我賣，賣剩的再退還給我，有賣掉你再跟我結帳⋯⋯最後沒有賣掉，是我設計的不好，不是你的店不好⋯⋯但其實不是這樣的。有時候店家根本沒有好好在經營你這個品牌，怎麼會好？他沒有去推銷，他沒有去幫你介紹設計師的概念，你再怎麼用心設計還是會死掉。」黃嘉祥說道（黃嘉祥，2015）。此外，寄賣模式亦扼殺臺灣服裝設計師的創意。為了避免庫存，寄賣商品的設計師只好做出迎合市場需求的產品，導致設計出來的服裝越來越偏向成衣（陳文龍，2015：82-83）。

隨著「服裝設計」的概念在臺灣發酵，相關科系如雨後春筍般湧現。對許多從服裝設計系畢業的學生而言，自創品牌是一生最大的夢想。然而，由於這些學生缺乏與業界接軌的經驗，往往只能在家裡把衣服做出來，然後想辦法去外面寄賣。「臺灣偏向技術，如何把東西畫好，如何把衣服做好，如何把你想像的東西做出來⋯⋯可是國外其實不教這些。他只教你概念，然後要你自己去想辦法做出來。那當你要想辦法的時候，你就有很多管道⋯⋯不只是學校老師教你怎麼做，你可能去圖書館找，你可能跟同學討論，想辦法去學習，去把東西做出來，那個時候你就會知道真正在社會上需要的是什麼。」黃嘉祥說道（黃嘉祥，2015）。

目前臺灣的時裝設計生態未臻成熟，設計師無法完整得到市場環境、商家、廠家、製造商的支持與理解（陳文龍，2015：80-81）。對臺灣時裝產業的困境，在英國闖蕩的新銳服裝設計師詹朴抱持不同看法。他認為，別人擁有的資源不一定比臺灣多。臺灣服

裝設計師離紡織產業的源頭很近，擁有許多紡織資源可以利用（陳文龍，2015：76-79）。若能透過跨界合作、連結各界資源與人才，整合設計力、生產力與創新能力，或許能夠解放臺灣蟄伏已久的創意與設計能量，將臺灣時裝設計產業推向國際舞臺。

七、小結

　　從儒鴻企業、聚陽實業與薛長興工業等三家企業的發展歷程中，不僅能看到臺灣人民篳路藍縷的創業精神，亦能捕捉臺灣紡織業數十餘載以來，各個時期的不同風貌。紡織業在新興工業國家一向扮演經濟發展的推動者，臺灣光復後的 30 年來，政府因應整體經濟環境，推動了許多扶植紡織業的多元政策，如獎勵投資、管制進口等等，許多舊時代的紡織業者亦跟隨產業政策的腳步而行。在自由經濟漸趨成熟後，政府的角色逐漸退居幕後，企業各憑己力，追求成長與創新。在全球化浪潮的推波助瀾下，紡織業者面對日益嚴峻的國際競爭舞臺，不少紅極一時的企業或因經營失利，或因無心留戀，而黯然退出市場，淹沒於歷史滾滾洪流之中。然而，在此同時，新一代的廠商應運而生，在險惡的產業環境下持續壯大。

　　究竟這些企業何以逆勢成長，在全球紡織產業中占有一席之地？本章深入探究其發展脈絡後，歸納出三項重要因素：站穩利基、持續研發、布局全球。紡織業全球化加速了產業價值鏈跨國移動的動態過程，新興紡織工業國家紛紛興起，為臺灣紡織業者帶來巨大衝擊。然而，產業全球化的結果，卻也開啟了臺灣紡織業者向新藍海發展的道路。由於全球紡織產業市場龐大，消費者的需求不盡相同，供應鏈的參與者自然也呈現多元差異。在全球競合的階段中，新一代臺灣紡織業者離開以往在過度成熟市場削價競爭的戰場，各自尋找全新的生存利基。越簡單的東西，競爭越嚴峻。薛長興 40 多年來持續深耕水類運動服飾領域，儒鴻選擇投入高難度、高單價的機能性布料市場，做為擴大事業版圖的轉捩點，聚陽則採「針平兩取」的策略，發展多元化的產品，進入不同的市場。

　　除了尋找新市場，如何站穩利基也是重要關鍵。這些企業發揮了臺灣學習的草根精神，靠著眼睛看、嘴巴問、動手做，自主研發出關鍵技術，擺脫被他人左右的命運。在轉型之初，儒鴻便曾往返日本十趟，到當地取經。經過不斷嘗試，終於解決翻紗問題，憑著品質優良、價格實惠的布料，獲得國際大廠的青睞。薛長興藉著土法煉鋼，一步步摸索出 Neoprene 的製作方法，最終成功掌握關鍵材料，擺脫日本廠商的牽制。聚陽則自主研發管理系統，整合公司內部資訊，以快速回應時勢，調整全球生產布局。近年來，聚陽更積極投入機能性布料的研發，以發展第二條事業成長曲線。

　　隨著紡織品全面自由貿易的時代逐漸來臨，各國業者開始因應環境，調整生產布局。如何槓桿各地優勢，快速回應市場變化，是新一代臺灣紡織業者的重要課題。儒鴻與薛長興在衡量成本、政局與關稅等問題後，決定前往生產條件較佳的東南亞設廠。聚陽則隨時比較各廠區的績效，藉此尋找最適地點，不斷做最佳調整，並運用科技的力量，運籌帷幄多國廠房。

　　有別於舊時代的佼佼者，這些新一代廠商專注本業、重視研發，不斷隨著國際局勢做最佳調整。他們亮眼的表現不但為臺灣紡織業揭開新序幕，亦顛覆眾人對傳統產業的想像。如同儒鴻董事長洪鎮海所言：「除非全世界不穿衣服，否則紡織業一定會存在，企業唯有找到自己的發展空間與競爭力才有前景。」（王堯洵，2012：159）唯有回應時代需求、持續創新，才能不斷蛻變重生。

臺灣紡織業

1. 王受之，2006，《時裝史》。臺北市：藝術家出版。

2. 王堯洵主編，2012，《交織與軌跡：走過臺灣紡織一百年》。
   新北市：紡織產業綜合研究所。

儒鴻企業

1. 周原，2012，〈儒鴻不把紡織業當傳產〉。《天下雜誌》
   496：126。

2. 陳家弘整理，2014a，〈儒鴻企業洪鎮海董事長訪談記錄
   2014/09/30 14:00-15:30 於新北市儒鴻企業〉。採訪者：王振
   寰、溫肇東、張逸民、熊瑞梅。

3. 歐錫昌，1995，〈儒鴻彈性交織競爭力〉。《天下雜誌》
   166：156-158。

4. 蔡舒安、蔡淑梨，2013，〈產業環境影響臺灣紡織產業創業家
   創業歷程中隨創力展現之研究：以儒鴻公司為例〉。《創業管
   理研究》8(3)：1-24。

5. 蔡淑梨，2007，〈從傳統產業轉型到高科技產業：儒鴻企
   業〉。資策會「前瞻思維、價值創造。ITIS 產業顧問培育研討
   課程」。

聚陽實業

1. 江逸之，2003，〈周理平 打敗不景氣〉。《遠見雜誌》201：
   122-124。

2. 林孟儀，2007，〈成衣股王的品牌路：聚陽實業 周理平 靠危
   機意識壯大〉。《遠見雜誌》251：90-97。

3. 柯玥寧，2012，〈聚陽攻自有品牌 借道網絡〉。經濟日報，
   C1 版，2 月 8 日。

4. 韋樞，2014，〈聚陽轉投資布商供應品牌通路〉。中央社，6
   月 23 日。http://www.cna.com.tw/news/afe/201406230121-1.
   aspx，取用日期：2014 年 4 月 6 日。

5. 許以頻，2011，〈聚陽 三個月做一千萬件成衣的祕密〉。《天下雜誌》518：42-46。

6. 曾寶璐，2004，〈翻身變股王〉。《商業周刊》855：86-94。

7. 陳家弘整理，2014b，〈聚陽實業周理平董事長訪談記錄 2014/11/19 14:00-16:00 於臺北市聚陽實業〉。採訪者：溫肇東、張逸民。

8. 萬年生，2013，〈聚陽周理平　跟他十年　身價破億。《商業周刊》1341：75-77。

9. 潘羿菁，2014，〈周理平專訪／聚陽雙高著裝 不怕中韓 FTA〉。經濟日報，A5 版，12 月 22 日。

10. 劉嫈楓，2014，〈布局東協，印尼前哨站〉。《臺灣光華雜誌》39(1)：6-15。

11. 蔡乙萱，2013，〈聚陽打造 fisso 再出發〉。自由時報，財經版，4 月 22 日。

薛長興工業

1. 林欣靜，2014，〈薛長興工業：打造全球潛水衣王國〉。《臺灣光華雜誌》39(4)，32-37。

2. 陳家弘整理，2014c，〈薛長興工業薛敏誠總經理訪談記錄 2014/10/20 10:00-12:00 於宜蘭縣薛長興工業〉。採訪者：王振寰、溫肇東、張逸民、熊瑞梅、薛理桂。

3. 彭杏珠，2013，〈全球最大潛水衣工廠，挑戰百億營收〉。《遠見雜誌》325：148-149。

4. 黃亦筠，2006，〈路邊攤變身全球潛水衣王國〉。《天下雜誌》353：142-146。

5. 黃亞琪，2007，〈打造兩個第一：薛長興工業〉。《臺灣光華雜誌》32(4)：44-51。

6. 薛丕拱、吳昭瑩，2012，《敢學：薛長興工業從路邊攤變身潛水衣王國的故事》。臺北市：遠流出版。

夏姿

1. 王惠琳，2013，〈35 歲的夏姿讓世界看見中國服〉。聯合報，G08 版，6 月 22 日。

2. 呂國禎，2012，〈夏姿開店只挑一線精品店隔壁〉。《商業周刊》1258。取自：商業周刊知識庫，取用日期：2015 年 4 月 26 日。

3. 周啟東、李采洪，2003，〈堅持二十三年，國小畢業的女裁縫揚名巴黎〉。《商業周刊》793。取自：商業周刊知識庫，取用日期：2015 年 3 月 20 日。

4. 麥立心，2004，〈夏姿：品牌之美，在建立個性〉。《Cheers 雜誌》71。取自：Cheers 雜誌知識庫，取用日期：2015 年 3 月 23 日。

5. 馬岳琳，2012，〈東方刺繡編織巴黎風尚〉。《天下雜誌》509。取自：天下雜誌知識庫，取用日期：2015 年 4 月 9 日。

6. 馬岳琳，2009，〈夏姿 王陳彩霞 三十年功力 十分鐘決勝〉。《天下雜誌》420。天下雜誌知識庫。取用日期：2015 年 4 月 9 日。

7. 莊素玉，2003，〈夏姿走向世界時尚〉。《天下雜誌》（288）。天下雜誌知識庫。取用日期：2015 年 4 月 12 日。

8. 許瓊文，2009，〈夏姿設計總監王陳彩霞 用一輩子力量，走自己的路〉。《Cheers 雜誌》108。取自：Cheers 雜誌知識庫，取用日期：2015 年 4 月 10 日。

9. 陳慧婷，2012，〈王陳彩霞 我要裁剪自己的人生〉。《親子天下雜誌》31。取自：親子天下雜誌知識庫，取用日期：2015 年 4 月 14 日。

iROO

1. 林哲良，2012a，〈本土平價時尚 自創一片天〉。聯合報，C4 版，7 月 22 日。

2. 林哲良，2012b，〈本土品牌拚業績 iROO 找大明星代言〉。聯合報，C6 版，7 月 5 日。

3. 許瓊文，2013，〈劉本謙用五萬元闖出十五億服裝王國〉。《今周刊》846：138-149。

4. 陳怡伶，2013，〈愈成功，愈要改變勝利方程式〉。《Cheers 雜誌》154。取自：Cheers 雜誌知識庫，取用日期：2015 年 5 月 5 日。

5. 楊宜蓁，2013，〈iROO 劉本謙總經理：專注商品開發與消費者溝通，目標晉升全球 5 大服飾品牌〉。取自：ITIS 智網，取用日期：2015 年 5 月 5 日。

6. 劉本謙、邱莉玲，2005，〈iROO 劉本謙不二價闖出局面〉。工商時報，30 版。

新銳設計師

1. 陳文龍（總編輯），2015，〈吳日云—— 走出屬於自己的路〉。《Design 設計雜誌》184：82-83。

2. 陳文龍（總編輯），2015，〈黃薇——藝術底的時裝女子〉。《Design 設計雜誌》84：80-81。

3. 陳文龍（總編輯），2015，〈詹朴——深知經營品牌細微之處〉。《Design 設計雜誌》184：76-79。

4. 陳妙玲，1998，〈尋找內在的仙杜芮拉—臺灣服裝設計二忙〉。《臺灣光華雜誌》1998(10)。取自：臺灣光華智庫，取用日期：2015 年 5 月 13 日。

5. 陳怡伶，2013，〈古又文：得獎，改變的不是我，是別人的眼光〉。《Cheers 雜誌》155。取自：Cheers 雜誌知識庫，取用日期：2015 年 5 月 13 日。

6. 陳家弘整理，2015，〈西園 29 林怡伶科長暨玉美人洪啟峰總經理訪談記錄 2015/03/17 14:00-17:00 於西園 29 服飾創作基地〉。採訪者：溫肇東、張逸民。

7. 黃嘉祥，2015，〈設計師黃嘉祥訪談錄音檔 2015/03/03 08:30-10:30〉。採訪者：溫肇東、許映庭。

8. 彭蕙仙，2005，〈走過臺灣服飾設計三十年——潘黛麗：這樣的人生真值得〉。《新活水雜誌》29：22-24。

9. 彭蕙仙，2005，〈苦練出來的前衛——古又文要做服裝設計藝術家〉。《新活水雜誌》29：31-33。

10. 謝維合，2011，〈品味流行——臺灣時尚風騷百年〉。《美育雙月刊》180：82-91。

其他

1. 高宜凡，2010，〈寶特瓶變世足球衣，MIT 帥氣登場〉。《遠見雜誌》289。取自：遠見雜誌。http://www.gvm.com.tw/Boardcontent_16359.html，取用日期：2015 年 4 月 18 日。

2. 陳家弘，2014，〈紡織業非走品牌不可嗎？自有品牌與設計代工的選擇〉。取自：臺灣企業史資料庫電子報。http://bh.nccu.edu.tw/epapers/epaper040.html，取用日期：2015 年 5 月 7 日。

3. 國際中心，2014，〈MIT「環保球衣」稱霸球場！法媒：臺灣贏了世界盃冠軍〉。東森新聞雲，6 月 29 日。http://www.ettoday.net/news/20140629/373019.htm，取用日期：2015 年 5 月 7 日。

chapter 7

產學研合作：
支援臺灣紡織業的相關機構

薛理桂、陳慧娉

紡織產業發展背後的支援

　　本書前面章節從紡織成衣業的全球化變遷開始談論，到臺灣內部紡織廠商的因應與轉型，以及各家廠商如何在其利基市場上求新求變。本章三節將從紡織產業發展的側面觀察，從產業（公會）、學界與研究機構的角度切入，分析臺灣紡織產業發展 60 餘年的背後，究竟有哪些沉靜的力量默默支持整體產業發展，提供國際貿易機會、技術研發與紡織人才培育等奧援，奠定臺灣紡織產業發展的良好基礎，在全球紡織市場中發光發熱。

　　本節針對臺灣在過去數十年來，紡織業的產業之間合作及與研究單位之間的研發合作進行探討。國內與紡織業對外拓展業務有關的單位主要是紡拓會，其次在各紡織相關產業之間的協調與聯繫主要是透過各紡織相關的公會。國內與紡織有關的研究機構包括工研院材料與化工所以及紡織所兩個單位。

一、紡織產業與研發法人之互動

（一）紡拓會與國內紡織業的發展

　　透過訪問紡拓會黃偉基秘書長，以及該會的網頁資料，針對該會的成立經過與宗旨、該會的運作與國際市場拓展、與紡織所的關係、臺灣紡織業的優勢與南韓的競爭等項分述於下。

1. 紡拓會成立經過與宗旨

　　1975 年歐洲經濟共同體（the European Economic Community，簡稱為 EEC）為保護其會員國紡織工業，決定對紡織品主要供應國家（包括我國）施行進口設限及諮商談判，由於當時我國與歐體各國無外交關係，無法進行官方層級談判，因此需要有一民間組織為中介，代表業者協調對歐市場配額。國內在有了外貿協會成立（1970 年）的經驗後，即由棉紡公會等 16 家紡織公會，以及 10 家民營企業共同出資 520 萬元，於 1975 年設立中華民國紡織業拓展會（紡拓會，2014），由張敏之（大來紡織，紡拓會首任董事長）、吳舜文（臺元紡織）、徐有庠（遠東紡織）等業界大老出任董事（陳家弘，2014a），歷任董事長與秘書長名單，詳見表 7-1。

　　可知紡拓會成立的主因，乃是為因應歐洲市場限額所設。除了歐洲之外，美國市場因保護美國國內的紡織業者而設立配額，但當時美國仍與我國有邦交，因此配額方面可藉官方管道協調。但歐洲共同市場（包括英國、法國、德國、義大利、荷蘭、比利時、盧森堡等國）與我國並無邦交，無法進行官方層級談判，因此需要有一個民間組織擔任中介者的角色，代表國內業者與歐洲市場進行配額的協調工作。

　　由於紡拓會係民間成立的組織，經費方面非由政府提供。為維持該會業務運作之穩定順暢，因而向參與配額分配的出口廠商收取手續費，以支付紡拓會之營運。此款項即為紡織工業改進基金（簡稱紡改基金），現今紡織所於土城興建的研究大樓即是使用紡改基金所建。此紡改基金於 2002、2003 年左右收歸國庫，但因此款項乃是向出口廠商收取之費用，決議收歸國有時亦引起爭議。如今紡拓會財務來源，除了向客戶端廠商提供服務，收取成本分擔費外，不足部分則由紡拓大樓空間的租金收入予以補貼（陳家弘，2014a）。該會於 2005 年至 2014 年收支餘絀決算，詳見表 7-2。

表 7-1　紡拓會歷任董事長、秘書長名單

董事長	任期
張敏之	1975.11-1988.08
趙諒公	1988.08-1995.01
徐旭東	1995.01-1999.09
黃耀堂	1999.09-2001.11
陳修忠	2001.11-2003.12
何鈞	2003.12-2005.11
王文淵	2005.11-2008.03
蔡昭倫	2008.03-2009.08
王文淵	2009.08-2011.08
葉義雄	2011.08-2014.09
詹正田	2014.09-迄今
秘書長	任期
劉球業	1985.11-1978.01
趙諒公	1978.01-1986.03
陳再來	1986.03-1989.07
陳明	1989.07-1992.12
劉球業	1992.12-1995.06
劉瑞圖	1995.07-2002.12

秘書長	任期
許文隆	2003.01-2005.04
黃偉基	2005.05-迄今

資料來源：紡拓會

表 7-2　紡拓會 2005 年至 2014 年收支餘絀決算表

單位：新臺幣元

年度	收入	支出	餘絀
2005	371,921,651	371,799,170	122,481
2006	360,781,940	360,179,973	601,967
2007	359,711,039	359,325,478	385,561
2008	398,884,337	393,874,548	5,009,789
2009	447,623,381	440,574,923	7,048,458
2010	502,298,643	495,728,251	6,570,392
2011	537,150,149	528,363,384	8,786,765
2012	507,779,276	505,888,241	1,891,035
2013	531,998,099	531,273,985	724,114
2014	545,979,390	542,815,577	3,163,813
總計	4,564,127,905	4,529,823,530	34,304,375

資料來源：紡拓會

2. 紡拓會運作與國際市場拓展

　　紡拓會成立後，為配合國內紡織業發展需要，逐步擴大業務範圍，陸續增加市場拓銷、設計研發、流行資訊分析、產業電子化、人才培訓、經貿商情蒐集研析、機能性紡織品驗證、刊物發行、產地證明書簽發及產業服務等業務。近年來更不斷提升服務品質，並取得港商英國標準協會（BSI 公司）ISO 9001 品質管理系統認證，以確保為國內紡織業界提供最優良的服務（紡拓會，2014）。

　　紡拓會之業務，過去為爭取分配配額，於 1991 年左右，當時若干紡織業界大老即開始要求該會人員開始發展新業務，如開發新市場、蒐集市場資訊、主辦展覽、協助企業設計產品，以及市場定

位與媒合等項業務。直到 2005 年配額制度取消後，紡拓會亦資遣部分員工，但在事務上因及早發展新業務，故能快速轉型（陳家弘，2014a）。

　　紡拓會每年都會組團赴歐、美、亞太地區及東歐等各主要市場參加紡織品專業展覽，或辦理紡織品拓銷團，以協助國內業者拓展國際市場。此外，每年在臺北舉辦「臺北紡織展」（Taipei Innovative Textile Application Show，簡稱為 TITAS），邀請各國重要買主來臺參觀及參加採購商洽會，藉以擴大國際市場領域，並達到拓展全球市場之目標（紡拓會，2014）。

圖 7-1　2014 TITAS 展場人潮（紡拓會提供）

　　近年來，臺灣廠商積極投入機能性紡織品研發已頗具成效。為協助業者生產及行銷高附加價值之機能性紡織品，紡拓會已建立客觀的機能性紡織品驗證制度，核發具公信力之機能性紡織品驗證證書。

　　該會設有紡織品設計處，主要為因應全球產業發展趨勢，積極連結政府與業界資源，以設計創新為主軸，執行流行趨勢發佈、創

新設計開發、設計人才培育、整合設計企劃以及西園 29 服飾創作基地、臺北服飾快速設計打樣中心、服飾工作室等業務，共同推動臺灣紡織產業升級轉型，並提升國內紡織業的國際競爭力（紡拓會，2014）。

該會另設有時尚行銷處，為拓展與推廣國內的服裝與服飾品能與國際接軌，並建立臺灣時尚流行指標，以及搭建臺灣時尚產業與國際接軌之推廣平臺。除了組團參與國際會議，並在全球國際時尚重鎮辦理海外聯合推廣活動。此外，在臺北舉辦「臺北魅力服裝品牌展」（Taipei IN Style，簡稱為 TIS），邀集國內優良服裝服飾品牌業者與設計師齊聚一堂，透過相互觀摩學習，協助國內的服飾品牌業者拓展國內外市場。

「臺灣製產品 MIT 微笑標章」驗證與推廣活動，推動臺灣製MIT 微笑產品驗證制度之輔導政策，辦理紡織類成衣、內衣、毛衣、泳裝及紡織帽子、圍巾、紡織帽子等產品驗證、標章發放與行銷推廣等活動，提升臺灣製 MIT 優質紡織品市場知名度與形象，形塑臺灣製產品「安全健康‧值得信賴」的形象，促進消費商機。另外還有「臺灣機能性紡織品驗證標章」（Taiwan Functional Textiles Logo，簡稱為 TFT）的推廣活動。該會積極規劃推動 TFT市場行銷推廣業務，協助業者行銷高附加價值之機能性紡織品，聯合品牌通路及布料業者，辦理機能性紡織品驗證制度與產品國內外推擴活動，創造國際市場商機（紡拓會，2014）。

3. 與紡織所的關係

1997 年起，日本開始研究遠赤外線（遠紅外線）短纖機能性紡織品，臺灣的遠東、新光等公司嘗試研發遠紅外線長纖織品，經多次實驗與改良，終於成功開拓市場。1999 年，號稱遠紅外線的產品充斥於市面，政府因此希望有第三方公正單位來建立檢驗標準，但當時紡織工業研究中心（今紡織所）未能及時發展此項工作，遂交由紡拓會來建立驗證方法與抽樣方式。待紡拓會建立標準之後，紡織工業研究中心也表達有意參與此項工作。最後是由經濟部協調，由雙方訂立合作協議。

　　過去紡織所與紡拓會皆透過科技專案進行研發，但因當時科專經費有限，最終決定保留了紡織所的研發領域。紡拓會則專注於與紡織品設計與應用、市場開發等任務。前經濟部長陳瑞隆曾經想整合紡拓會及紡織所兩單位合而為一，但最後仍未果。現今紡織所主要致力於技術方面，開發新技術與高科技機能性紡織品；紡拓會則致力於設計行銷方面，接洽國內外廠商，籌辦 TITAS、TIS 與參加國際各項紡織品展覽（陳家弘，2014a）。綜言之，目前紡拓會與紡織所兩者之間的分工已具共識，前者著重於設計與行銷工作，開拓國內紡織界的國際市場；而紡織所則將其重心放在紡織品新技術的研究與開發，共同為國內的紡織業的拓展與研究而努力。

4. 臺灣紡織業的優勢與南韓的競爭

　　為了解臺灣目前在全球紡織業所具有的優勢，以及面臨南韓的競爭，訪問紡拓會黃偉基秘書長，他表示過去臺灣在人造纖維方面的產能高居世界首位（聚酯纖維世界第一、尼龍世界第二），直到中國大陸興起後才易位，產能方面遠遜於中國大陸。現今臺灣在纖維創新技術上領先全球，2002 年日韓世界盃足球賽，Nike 球衣即使用宏遠公司生產的面料，具有快速清除葉綠素的抗汗力，雙層球衣內衣高速吸汗、外衣高速排汗。2006 年德國世界杯足球賽、2010 年南非世界杯足球賽，九支球隊由 Nike 贊助，以及十支球隊由 adidas 所贊助，其球衣都是使用臺灣紡織廠商所生產的機能性布料。2014 年巴西世界杯足球賽球衣，更使用臺灣廠商所研發的環保塑料球衣（陳家弘，2014a）。由此可知，臺灣近年來推陳出新的紡織品，已可與世界紡織業先進國家並駕齊驅。

　　臺灣紡織品雖然在價格上較中國大陸與其他新興紡織國家來得貴，但因臺灣紡織品的品質好且穩定，交貨快速且準時，因而成為國外運動品牌如：Nike、adidas 等大廠的合作對象，並長期供貨。由上述臺灣在近年來世界足球杯球員穿著的球衣所展露的頭角，可知機能性布料是臺灣紡織業的優勢所在。至於流行性服飾所使用的布料，雖非臺灣之優勢，但在結合流行時尚與運動風格的 Lifestyle

服飾[1]市場持續擴大下，臺灣紡織廠商可望在其中具有重要地位。南韓在產業型態上與臺灣相當接近，是臺灣強力的競爭對手。該國於 1999 年起啟動「米蘭計畫」，透過產、官、學三方面力量，期望將大邱市建立成亞洲的米蘭。就黃秘書長的說法，臺灣不能學習韓國。最主要的原因在於我們是個小國，而韓國在平均國民所得上高於臺灣，首爾等大都市的所得更勝於臺北。加上其人口基數是臺灣的兩倍，該國紡織廠商高達兩萬多家，從業人口亦高於臺灣甚多。在根基完全不同的情況下，臺灣由於缺乏成衣工廠，不能以南韓的模式為借鏡，亦難以出現東大門設計廣場（DongDaemun Design Plaza，簡稱為 DDP）之類的時尚設計中心（陳家弘，2014a）。

（二）紡織公會（協會）與國內紡織業的發展

　　國內紡織業發展已有數十年的歷史，由於紡織業涵蓋的領域十分廣泛，也因而產生眾多與紡織有關的行業，例如：人造纖維、織布、紡紗、絲綢印染、製衣、絲織、毛衣編織、棉布印染、毛巾、針織、手套、織襪、地毯、帽子、不織布等十多類與紡織有關的公會。除了上述的公會之外，與紡織有關的協會包括有：中華民國紡織品研發國際交流協會、臺灣產業用紡織品協會、南臺灣紡織品研發聯盟、中華成衣服飾協會等四個與紡織相關的協會，見表 7-3。

表 7-3　臺灣紡織相關公會與協會

公會名稱	成立年代	地點	網址
臺灣區機器棉紡織同業公會	1948.05	臺北市	（後改為臺灣區紡紗工業同業公會）
臺灣針織工業同業公會	1949.11.15	臺北市	http://knitting.org.tw/

1　Lifestyle 服飾係指與最新流行趨勢較為接近，由運動品牌所推出具運動風格，卻非以提升運動表現為主要目的，適合休閒場合與都會生活之服飾。出自巫佳宜，2014，《機能性時尚紡織品形成策略聯盟之市場利基研析》。新北市：紡織所 ITIS 計畫。

公會名稱	成立年代	地點	網址
臺灣區毛巾工業同業公會	1952.01.23	臺北市	http://www.towel.org.tw/
臺灣區毛紡織工業同業公會	1953.03.22	臺北市	http://www.wool.org.tw/
臺灣區絲織工業同業公會	1953.12.09	臺北市	http://www.filaweaving.org.tw/
臺灣區棉布印染整理工業同業公會	1955.09.09	臺北市	http://www.prtdyeing.org.tw/
臺灣區帽子輸出業同業公會	1955.10.28	臺北市	http://www.taiwanhat.org.tw/
臺灣區織布工業同業公會	1955.11.26	臺北市	http://www.weaving.org.tw/
臺灣區絲綢印染整理工業同業公會	1956.03.25	臺北市	http://www.pdf.org.tw/
臺灣區織襪工業同業公會	1957.03.09	臺北市	http://www.hosiery.org.tw/
臺灣區人造纖維製造工業同業公會	1965.02.24	臺北市	http://www.tmmfa.org.tw/
臺灣區地毯工業同業公會	1968.09.27	嘉義縣	http://ttf.textiles.org.tw/Textile/TTFroot/fte04t.htm
臺灣加工出口區製衣工業同業公會	1969.02.05	高雄市	http://ttf.textiles.org.tw/Textile/TTFroot/fte04m.htm
臺灣區手套工業同業公會	1969.07.26	臺北市	http://news.textiles.org.tw/webasso/Modules.aspx?assoID=AU
臺灣區毛衣編織工業同業公會	1973.08.30	臺北市	http://ttf.textiles.org.tw/textile/ttfroot/fte04l.htm
臺灣區製衣工業同業公會	1974.12.09	臺北市	http://www.taiwan-garment.org.tw/
臺灣區不織布工業同業公會	1978.03.18	臺北市	http://www.nonwoven.org.tw/
臺灣區漁網具製造工業同業公會	1988.04.02	高雄市	http://ttf.textiles.org.tw/Textile/TTFroot/fte04v.htm
臺灣區紡紗工業同業公會	2005.08.24	臺北市	http://www.tsa.org.tw/

資料來源：作者整理

由表 7-3 所示，大多數紡織相關的公會都設置於臺北市，除了少數的公會在臺北市以外的縣市，如：臺灣加工出口區製衣工業同業公會與臺灣區漁網具製造工業同業公會設置於高雄市、臺灣區地毯工業同業公會設置於嘉義縣。最早成立的公會是臺灣區機器棉紡織同業公會，成立於 1948 年，其次是 1949 年成立臺灣針織工業同業公會。由各紡織公會成立的歷史，亦可反映出各紡織業發展的軌跡。

（三）國內紡織研究單位

臺灣在過去數十年來與紡織界有關的研究單位，早期的研究單位主要為：中國紡織工業研究中心、紡織產業綜合研究所、財團法人鞋類暨運動休閒科技研發中心、中華民國紡織工程學會、工研院材料與化工所五個單位。這五個單位對紡織業的功能分述於下：

1. 中國紡織工業研究中心

該中心原名臺灣紡織品試驗中心，成立於 1959 年，當時的任務是受臺灣省檢驗局委託，辦理外銷紡織品之檢驗工作。1971 年更名為中國紡織工業研究中心。1980 年進行第二次改組，名稱未改變，任務則有大幅更動，由原有的檢驗工作擴展為推動紡織工業相關的應用科技研究、推動工廠技術與管理顧問、繼續提供訓練與各項技術服務。該中心係財團法人，實驗室位於新北市土城區。

該中心於 1998 年董事長是李模先生，也是當時的經濟部長，1990 年的董事包括：楊世緘（經濟部）、趙諒公（紡拓會）、陳維漁（棉紡公會）、顧興中（毛紡公會）等人。另有董事五人，分別是：黃演鈔（商檢局）、胡德（化工所）、陳慶明（棉紡公會）、翁琳榜（棉紡公會）、黃安中（人織紡紗公會）等人。由上述常務董事與董事的成員可知，包括有官方（經濟部與商檢局）、研究單位（化工所）與民間的公會（棉紡公會、毛紡公會、人織紡紗公會）共同組成。

該中心的組織在董事會之下設有董事長、總經理與副總經理各一名，並設有技術委員會。其下設有秘書處、試驗服務部、工業管

理部、技術服務部、成衣工業部、針織工業部、染整工業部、紡織工業部、技術評估部、企劃部等部門。在 1990 年當時該中心研究人員總數有 95 人，其中研究所及以上學歷的人數 26 人，約占27%。由於該中心擁有紡織方面的相關設備，並進行紡織方面的相關研究，當時該中心獲得多項國內專利權，並將研究成果技轉國內紡織業界，達到研究與實務兩者相結合的目標。

　　經濟部於 1991 年，曾委託臺灣經濟研究院進行一項研究計畫——國內紡織工業升級策略之研究——結合產官學促使產業升級。此項計畫的主持人為劉泰英、陳敦禮，依據該項研究，經濟部計畫自 1991 年度起大幅增列紡織工業科技研究專案經費，主要支援兩個研究單位，其中與中國紡織工業研究中心有關的研究計畫有三項，為期五年，分別如下（劉泰英、陳敦禮，1991：10-11）：

⑴ 紡織製程關鍵技術開發五年計畫

　　該項計畫主要目標是興建研究大樓與實驗工廠、開發革新之前紡織技術與特殊紡紗技術、開發織布工程自動化技術等項工作。預計在五年內共投入新臺幣五點六億元。

⑵ 染整工程技術開發五年計畫

　　該項計畫目標為：建立紡織技術資料庫及技術資料之提供、染整技術開發之研究與技術推廣。該項計畫預計在五年內共約投入新臺幣九點二億元。

⑶ 成衣工業升級技術研究發展五年計畫

　　該項計畫工作項目較多，研究包括：建立紡織技術資料庫及資訊服務系統、紡織品舒適性；工業化毛衣生產方法；針織布工程化生產方法；樣版設計、服裝製作技術；衣著實用、耐用性；製衣生產技術等。該項計畫預計在五年內共約投入新臺幣九點九億元。

　　以上三項計畫在五年內共計約投入 24.7 億元，對於紡織的相關技術研究、製程改善與開發新產品都有助益。此外，對於建立完善的實驗工廠，並成立紡織工業研究專區，開放給業界共同使用，可以將科技研究的成果落實在紡織業界，並進而提升整體紡織工業的水準。

2. 紡織產業綜合研究所

紡織所成立於 1959 年，該中心於 2004 年 9 月更名為紡織產業綜合研究所，簡稱為紡織所。關於該所之發展詳述於下。首任董事長是童致誠（任期自 1959 年至 1961 年），第二任董事長是宋承緒（任期自 1966 年至 1986 年），第三任是李模（任期自 1989 年至 2000 年），該所歷屆董事長與主任名單，詳見表 7-4。

圖 7-2　紡織所夜景（紡織所提供）

表 7-4　紡織所歷任董事長、主任名單

日期	董事長	主任	備註
1959.12-1960.09	童致誠	劉健人	臺灣紡織品試驗中心時期（1959 年12 月），初期名稱為「臺灣紡織品試驗中心」，係由「臺灣區棉紡工業同業公會」所屬之「技術室」獨立成立。當時之主要任務為臺灣紡織品之出口檢驗。
1960.10-1961.05	童致誠	趙星藝	
1961.06-1966.05	童致誠	錢健庵	
1966.06-1971.06	宋承緒	李蓀芳	

日期	董事長	主任	備註
1971.07-1979.01	宋承緒	李蓀芳	中國紡織工業研究中心時期（1971 年 6 月），由 1971 年 7 月起更名為「財團法人中國紡織工業研究中心」。主要任務為執行紡織相關廠商品管檢驗。自 1980 年起，該中心在發展方向，由品管檢驗工作轉型為技術服務及製程研發
1979.02-1986.06	宋承緒	李慶生	
1986.07-1989.09	李慶生	李慶生	
1989.10-1991.10	李模	胡芷江	中國紡織工業研究中心時期（1989 年 10 月），李模先生接掌本所董事長，執行由經濟部所委託紡織相關之關鍵技術研發計畫和技術輔導工作，並在該所土城原址改建研究樓房：大智館、大仁館及大勇館等三棟。期為更能發揮研發成效，服務紡織業界，以促進產業升級。
1992.01-2000.06	李模	姚興川	
2000.07-2001.11	林義夫	姚興川	中國紡織工業研究中心時期（2000 年 7 月），林義夫先生接任董事長，除著力於高科技產業用紡織品及機能性、舒適性紡織品等的製程技術研發工作外，更致力於產業服務的推廣。2000 年 11 月，加蓋五層廠房大義館。期能為紡織產業提供上下游整合的配套製程及技術。
2001.11-2004.08	黃耀堂	姚興川	中國紡織工業研究中心時期（2001 年 11 月），黃耀堂先生以業界代表身分接任董事長，葉義雄先生為副董事長，致力於將該中心研發及服務方向更能與業界需求相結合，並推動中心成為國際級之機能性和產業用紡織品之研發和驗證機構。
2004.09-2007.10	黃耀堂		紡織產業綜合研究所時期（2004 年 9 月），為加速研發及服務多元化及國際化的腳步，該中心自 2004 年 9 月起更名為「紡織產業綜合研究所」。由姚興川先生擔任所長。至此專業的綜合研發機構邁入新的紀元。
2004.09-2007.12		姚興川	

日期	董事長	主任	備註
2007.11-2008.06	施顏祥		紡織產業綜合研究所時期（2007 年 11 月），2007 年 11 月施顏祥先生接任董事長，葉義雄先為副董事長，2008 年 1 月起白志中先生擔任所長，共同致力推動紡織綜合研所成為國際級紡織科技研發及服務的主要機構。
2008.01-2008.06		白志中	
2008.06-2012.10	汪雅康	白志中	紡織產業綜合研究所時期（2008 年 6 月），2008 年 6 月施顏祥董事長辭職，改由汪雅康先生於同年 6 月 20 日起接任紡織所第十三屆董事長。
2012.11	杜紫軍	白志中	紡織產業綜合研究所時期（2012 年 11 月）。

資料來源：紡織所網頁，作者整理

　　紡織所在人員進用方面，以紡織及材料方面之專長為主，但也進用其他不同專業的人員，例如：化學及化工、電機及自動化、工業工程及管理科學、環保及醫學等不同專長的人員。該所人員的專長領域詳見表 7-5。

表 7-5　紡織所人才領域分布表

年度	紡織及材料	化學及化工	電機及自動化	工業工程及管理科學	環保及醫學	其他			合計
2003	128	44	39	15	11	59			296
2004	紡織	化學、化工及材料	資訊及自動化	工業工程及管理科學	生化及生醫	其他			合計
	115	62	28	18	5	48			276
2005	110	69	29	16	5	50			279
2006	105	74	28	16	8	48			279
2007	89	77	34	38	7	44			289
2008	92	92	35	35	12	44			310
2009	94	111	40	37	11	51			344

年度	紡織及材料	化學及化工	電機及自動化	工業工程及管理科學	環保及醫學	其他			合計
2010	紡織	化學、化工及材料	資訊及自動化	科管及企管	經濟及統計	人文/社會	設計及藝術	其他	合計
	88	116	41	35	8	18	16	8	330
2011	紡織	化（學）工及環工	電子/電機/機械/資訊/自動化	科管/企管/經濟/統計	生醫/材料	人文/社會	設計及藝術	其他	合計
	90	63	40	43	60	18	21	7	342
2012	90	65	41	46	64	19	23	5	353
2013	紡織	化工/材料/醫工/環工	電子/電機/機械/資訊/自動化	社會（經濟/管理科學等）	自然科學（物理/化學）	人文/藝術/設計	其他		合計
	90	103	44	49	21	39	7		353
2014	89	100	42	55	17	31	7		341

資料來源：紡織所提供

　　紡織所人員在學歷的分布情況，以具有碩士學歷的人員居多，其次是學士、再其次是專科及其他，而博士層級人員從早期占 8%（2003 年）到 17%（2014 年），可知該所對於博士層級人員已有逐漸增加的趨勢。但該所人員的主體還是碩士層級，從 39%（2003 年）到 54%（2014 年），可知該所近半數都是具備碩士學歷的人員，詳見表 7-6。

表 7-6　紡織所人才學歷分布表

年度	博士	碩士	學士	專科及其他	合計
2003	25	116	77	78	296
2004	29	130	58	59	276
2005	29	131	59	60	279
2006	37	136	53	53	279
2007	35	152	52	50	289
2008	42	166	52	50	310
2009	51	180	62	51	344
2010	50	173	59	48	330
2011	56	178	61	47	342
2012	63	182	62	46	353
2013	63	185	64	41	353
2014	59	187	55	40	341

資料來源：紡織所提供

　　該所在經費收支方面，自 2003 年至 2014 年每年的收支餘絀表年度決算數，見表 7-7。

表 7-7　紡織所收支餘絀表年度決算數

單位：新臺幣仟元

項目／年度	2003	2004	2005	2006	2007	2008	2009	2010	2011	2012	2013	2014
業務收入	721,503	786,421	754,187	873,027	806,069	914,430	907,714	922,566	969,574	968,400	961,076	1,029,531
業務支出	685,577	746,991	729,605	862,727	788,600	896,537	890,342	926,735	979,881	973,229	979,482	1,033,868
業務賸餘（短絀）	35,926	39,430	24,582	10,300	17,469	17,893	17,372	- 4,169	- 10,307	- 4,829	- 18,406	- 4,337
業務外賸餘（短絀）	28,501	24,795	26,290	36,520	18,360	24,959	22,086	26,222	21,034	18,733	19,506	18,050
稅前賸餘	64,427	64,225	50,872	46,820	35,829	42,852	39,458	22,053	10,727	13,904	1,100	13,713
所得稅費用	5,196	5,141	10,434	-399	-4,880	10,948	3,882	948	1,064	975	-1,306	1,219
年度賸餘（短絀）	59,231	59,084	40,438	47,219	30,949	31,904	35,576	21,105	9,663	12,929	2,406	12,494

資料來源：紡織所提供

　　由表 7-7 可看出，該所在業務收入方面自 2003 年的 7.21 億元，呈現逐年成長的趨勢，至 2014 年已有業務收入 10.29 億元，在 11 年之間，業務收入已成長 42.7%。

　　國內在紡織產業研究單位，除了工研院材化所之外，主要的研究單位是位於新北市土城區的紡織所為主導單位（中華民國紡織工程學會，2015）。透過訪問現任的紡織所白志中所長，可進一步了解該所的現況，以下是訪談的整理資料（陳家弘，2014b）。

(1) 紡織所的任務

　　臺灣早期紡織業相當發達，尤以人造纖維產業最為興盛。許多大專院校化學相關科系的高材生，都進入紡織產業之化纖領域，以當時的薪資水平計算，可比擬今日台積電的待遇。與其他國家紡織產業相比較，臺灣紡織產業的上、中、下游供應鏈完整，從源頭的人纖原料（石油），中油的紡紗織布染整等，以及下游的成衣製造等，都有一定的水準。遠東、新光紡織即為供應鏈上下游成功整合的例子。

　　紡織機械方面，臺灣紡織業早期使用日本、瑞士、德國等國外精密機械，因此能夠蓬勃與迅速的發展。現今除了上游人纖製造與全自動機器使用國外製造外，其他中、下游的紡織機、針織機等，多使用國產的機械。但機器設備上的優勢容易被他國取代，許多先進國家也會對關鍵技術進行封鎖，以免技術外流而被取代，因此現在紡織業轉型主要在於技術上。臺灣從早期模仿國外先進技術，之後被技術封鎖，而又自行研發與掌握關鍵技術，紡織所在這方面扮演協助研發技術的重要角色。

　　過去臺灣紡織品外銷以成衣為大宗，現今成衣不敵大陸及其他東南亞國家的低廉價格而大幅萎縮，主要以機能性紗線及布料等為外銷主力。但是成衣卻是最容易賦予高附加價值的商品，義大利、法國等國的成衣所占比例是逐年上升的，原因在於他們重視品牌設計。臺灣在品牌設計方面相當不足，創新和創意與國外品牌相比仍稍顯弱勢，且廠商大多以 OEM 為主。此問題源自於國內教育只重視記憶層面，而較忽略創新思考層面，因此在模仿、代工方面可以

做出高品質且穩定的產品，但卻缺乏創新設計的能力。

臺灣紡織業符合微笑曲線理論，高科技研發與品牌設計正好位於賦予高附加價值的兩端，單純的製造、代工所產生的附加價值最低。紡織所為科技研發的法人單位，致力於協助國內紡織業高科技紡織品及技術的研發，至於推動品牌設計方面則需要政府的幫助。但臺灣品牌較吃虧之處，在於政府未大力推動。以韓國為例，該國政府在被稱為國際時尚成衣集散地的東大門附近設置展示大樓，提供小廠商設計師展示作品的空間，致力為紡織產業提供更多在國際批發、採購商面前曝光的機會。我國政府在這方面未加以著墨，多將資源挹注於電子業，而忽略至今仍是創匯重要項目的紡織產業。

(2) 紡織所與其他單位的合作關係

國內紡織產業相關法人單位除了紡織所外，還有紡拓會、工研院等。紡織所的角色，創立初期在於制定出口檢驗標準，負責檢驗各種出口的紡織品。之後轉型為輔導廠商，主要以紡織業之中小企業為輔導對象。目前則以技術研發為主、輔導中小企業，以及進行目前產業界無法執行的研發，如超細纖維的研究製造。

與產業界合作方面，紡織所主要與中小企業合作；產學合作則與國內大學、科技大學等成立學研中心，由校內老師帶領學生進行研發。可疊織物超級電容就獲得美國 R&D100 百大科技研發獎。

目前臺灣紡織品外銷產值為世界第六，成衣出口已經萎縮，主要以產業用紡織品為出口主力。因此國內紡織品生產所占的比例中，產業用紡織品逐漸上升，如高科技織物、防塵抗菌不織布、戶外運動用服裝布料、人身安全與健康紡織品等。這些產業用紡織品正是高附加價值的所在。

(3) 紡織所的未來發展

紡織所在臺灣紡織產業，正處於一個瞭解所有技術，並且要能瞭解未來生活發展情境的位置。因此目前的最大困境是無法有立即產出，需要很長時間的研發設計。紡織所亦受到立法院監督，受到公務員規範的種種限制，因此在很多方面處處受限。政府方面亦缺乏激勵、獎勵措施，無法鼓勵廠商進行研發，進而導致越來越少相

關人才進入紡織產業。

如今中國大陸紡織產業的崛起有目共睹，兩岸如今該做的，就是使彼此的檢驗標準能夠互相承認與認證。透過大陸的資源與廣大的市場，由臺灣進行研發設計，以及製程品質管理，期望能夠建立華人世界的品牌。

3. 財團法人鞋類暨運動休閒科技研發中心

財團法人鞋類暨運動休閒科技研發中心成立於 1991 年。該中心主要是配合政府發展鞋業、運動休閒及照護器材產業，從事相關產品之技術研發、創新設計、檢驗認證、經營管理、知識服務、行銷體系之研究與發展，及前述成果之技術移轉與相關人才培訓，藉以促進鞋業、運動休閒及照護器材產業升級為宗旨。目前中心主要服務產業包括：鞋／袋包箱、運動休閒及照護輔具等三大產業。現階段任務以協助業界蒐集與分析產業資訊、協助廠商研究開發新產品與新技術、提供產業產品檢測與認證服務為主，該中心服務重點為協助廠商開發多元化商品以增加商機、協助廠商轉型或多角化經營以分散營運風險、減少市場競爭壓力及提供業界國際化優質服務。該中心從產品需求之舒適、美觀、安全、多功能、性能佳、壽命長及低成本等主客觀需求層面，釐定出中心之專長核心技術為材料應用（化工紡織）、流行時尚設計、醫機電整合、服務業資訊應用（RFID、ICT）、檢測認證等項（財團法人財務資訊公開網站，2015）。

財團法人鞋類暨運動休閒科技研發中心每年均有培育紡織相關產業技術與人才培訓計畫，其中可分為長期人才培訓、中長期紡織設計人才培訓、短期人才培訓及其他相關計畫，分述如下。

(1) 長期人才培訓

2009 年，人才培育分為國際創意設計人才培訓國外組、鞋類及手提袋包等配件設計開發國內組。國外組方面針對國內外紡織設計相關科系畢業或具在職經驗者，進行紡織及鞋類／袋包箱等專業設計人才甄試，通過甄試者將送海外學校紡織設計科系進修碩士學程，以培育符合產業需求知專業設計師。而國內組方面也同樣透過

甄選方式，進行鞋樣／手提包相關之專業培訓，配合實際專案進行及業者之實習訓練，培育符合產業需求的專業設計師辦理海外觀摩進修課程，2009 年時國內組學員出國研習 21 至 35 天。至 2010 年時，國外組及國外組各為一班五人次，國內組導入廠商設計開發合作案、海外觀摩進修課程至少 21 天。

　　但 2011 年起，改為長期班紡織相關產業技術與設計人才培訓班，僅一班五人次，透過甄選方式，進行紡織相關產業之專業培訓，導入廠商設計開發合作案，海外觀摩進修課程至少 21 天，以培育符合產業需求且具國際競爭力之專業設計師。自 2013 年起取消長期紡織班的培育計畫（財團法人財務資訊公開網站，2015）。

(2) 中長期紡織設計人才培訓

　　中長期紡織設計人才培訓，針對紡織相關從業人員，或對手提包、鞋樣設計開發有興趣者開設下列課程：手提包設計與樣版工程實務班（一）及（二）、鞋樣設計及樣板工程實務班（一）及（二），自 2009 年起開辦，2010 年時開辦四班 80 人次；2011 至 2012 年時各開辦二班 30 人次。

　　到 2013、2014 年時，中期在職班相關產業技術與設計人才培訓，分為紡織產業整合技術加值系列，開辦二班以上，訓練 30 人次以上；以及時尚設計加值行銷系列，開辦一班，訓練 15 人次以上。然而，到 2015 年時，僅開設時尚設計加值行銷系列，開辦一班，訓練 15 人次以上（財團法人財務資訊公開網站，2015）。

(3) 短期紡織相關人才培訓

　　自 2009 年起針對紡織相關從業人員，或對服務行銷、織物開發、運動休閒、鞋類、袋有興趣者開設下列課程：設計行銷類課程包含內衣、毛衣、成衣、織襪類設計行銷相關課程；運動休閒類課程；鞋類課程；袋包類課程；織物開發與織造技術培訓；產品開發及檢測技術培訓；原料製造應用技術培訓。2010 年至 2015 年每年均開設各類短期紡織相關培訓班，開設類別、班數與人次，詳見表 7-8，開設班次與培訓人數呈現逐年下降趨勢，該中心 2007 年至 2015 年收支餘絀決算表，見表 7-9（財團法人財務資訊公開網站，2015）。

表 7-8　鞋類暨運動休閒科技研發中心短期紡織相關人才培訓統計表

課程類別	年度	班數	人次	備註
鞋類、袋包、運動休閒系列	2010	66	990	
	2011	25	375	
	2012	24	360	
	2013	18	270	
	2014	18	270	
	2015	14	210	
紡織產業技術系列	2010	45	900	分包紡織所
	2011	20	300	
	2012	24	360	
	2013	18	270	
	2014	18	270	
	2015	14	210	
時尚設計行銷系列	2010	20	300	分包紡拓會
	2011	15	225	
	2012	17	255	
	2013	13	195	
	2014	13	195	
	2015	9	135	
高質化紡織之應用技術系列	2010	40	600	分包工研院
	2011	20	300	
纖維材料應用系列	2015	2	30	
總計		453	7020	

資料來源：作者整理

表 7-9　鞋類暨運動休閒科技研發中心 2007 年至 2015 年收支餘絀
決算表

單位：新臺幣仟元

年度	收入	支出	餘絀
2007	128,525	127,620	905
2008	203,546	193,675	9,871
2009	245,780	226,926	18,854
2010	305,406	287,306	18,100
2011	331,140	318,927	12,213
2012	284,237	281,615	2,622
2013	214,504	210,407	4,097
2014	228,735	222,209	6,526
2015	231,473	226,598	4,875
總計	2,173,346	2,095,283	78,063

資料來源：作者整理

(4) 高質化運動休閒產品開發輔導計畫

2009 年至 2012 年起，以新技術應用與結合異機能性產品開發，以強化運動休閒產業之應用發展領域，分為新機能耐燃產品設計應用開發、新機能產品整合設計與開發、整合型系統技術開發應用、建置產品檢測規範等（財團法人財務資訊公開網站，2015）。

(5) 運動休閒課計畫服務創新實驗計畫（i-motion）

自 2009 年至 2010 年推動該計畫，整合現有成熟之資訊通訊科技技術，如無線通訊設備與技術、即時通訊傳述技術、網際網路通訊協定等，並導入無線射頻辨識系統技術，擴大應用相關科技技術，輔導運動休閒服務業者，建立科技化服務的運動休閒模式，並辦理驗證推廣活動（財團法人財務資訊公開網站，2015）。

(6) 紡織及運動用品產業 ICT 加值計畫

自 2010 年至 2013 年推動該計畫，主要內容為推動研究紡織及運動用品產業 ICT 應用加值模式，蒐集紡織及運動用品產業國內

外 ICT 應用現況研究分析；推動紡織產業知識服務平臺，包含客戶鏈加值模式、設計鏈加值模式、供應鏈加值模式；推動紡織及運動用品產業 ICT 服務、紡織及運動用品產業市場拓展等（財團法人財務資訊公開網站，2015）。

(7) 智慧型鞋品技術開發計畫

計畫包含舒適鞋品及智慧型鞋品技術開發，建立鞋品舒適度驗證規範，運用科學方式建立鞋底止滑設計學理，以提升國內製鞋業之結構設計能力及溫度調控智慧鞋的開發。至 2013 年該計畫擴大為三個分項：銀髮族安全舒適鞋品開發、關鍵高值鞋材技術開發、足部與鞋具整合應用服務。2014 年時，僅有二個分項：關鍵高值鞋材技術開發、足部與鞋具整合應用服務。

2015 年，計畫命名為高性能休閒鞋品開發，建立鞋用彈性體性能優化與應用計畫開發、鞋面自動化製程之材料開發及環保綠鞋材開發與應用所需之關鍵技術，促進產業升級與轉型，提供國產鞋品的品質與市場競爭力（財團法人財務資訊公開網站，2015）。

(8) 中小企業創新育成中心計畫

計畫包含培育進駐廠商，協助進駐廠商研發新產品技術；提供智慧財產技術移轉平臺；協助被輔導廠商進行專利、智財權或品質認證申請；協助新創公司奠定初期營運基礎；輔導廠商進行品牌推展、行銷規劃及商情提供；協助進駐廠商將現有產品及技術作多元化應用發展等等，自 2009 年起各年度推動創新育成之成果與目標，詳表 7-10（財團法人財務資訊公開網站，2015）。

表 7-10　中小企業創新育成中心計畫成果年度統計表

項目	年度	次數
培育廠商為創新企業	2009	8
	2010	12
	2011	24
	2012	20
	2014	20
	2015	25

項目	年度	次數
舉辦研討會或講習會	2009	8
	2010	10
	2012	10
	2014	10
	2015	3
成果發表會	2009	2
	2010	4
	2011	6
	2012	6
	2014	6
接待廠商或團體來訪	2009	10
	2010	10
	2011	10
	2012	10
	2014	10
	2015	10
策略聯盟團體	2009	15
	2010	15
企業聯盟交流	2011	5
	2012	5
	2014	5
	2015	3
育成合作案績效	2011	3
	2012	3
	2014	3
	2015	3

資料來源：作者整理

⑼ 矯具義具與行動輔具資源推廣中心

該中心與內政部合作，設計矯具義具及行動輔具各式衛教單及

輔具評估服務小冊，將教育訓練內容結集成冊，以利輔具推廣使用。輔具科技人員每年至北中南東區，挑選至少二個縣市之地方輔具中心，建立全國巡迴教育訓練之服務據點，提供地方輔具中心矯具、義具及行動輔具之諮詢、製作及修改，接受各地方輔具中心轉介特殊性客戶。自 2012 年起開辦初、進階訓練課程各一場，每場次合計至少 20 人，每場受訓時間至少六小時以上，分三年完成地方輔具中心人員訓練（財團法人財務資訊公開網站，2015）。

⑽ 因應貿易自由化，加強輔導型產業之智慧型自動化環境建
構輔導計畫

自 2012 至 2013 年推動此計畫，包含製鞋類產業智慧型自動化打樣中心、袋包箱類產業智慧型自動化打樣中心、毛巾類產業智慧型自動化打樣中心、織襪類智慧型自動化打樣中心、紡織服飾類產業智慧型自動化打樣中心，各中心每年度產出成果詳表 7-11（財團法人財務資訊公開網站，2015）。

表 7-11　因應貿易自由化，加強輔導行產業之智慧型自動化環境建
構輔導計畫成果統計表

中心類型	項目	年度	成果	備註
製鞋類產業智慧型自動化打樣中心	國人足型尺寸資料蒐集	2012	600 筆以上，足型量測分析報告一份以上	
		2013	150 筆以上，足型量測分析報告一份以上	
	足型編修與3D 數位檔	2012	600 筆以上，鞋類技術報告二篇以上	
		2013	150 筆以上，代表性鞋楦建立二款，代表性鞋墊建立三款	
	製鞋廠商開發服務	2012	六家以上	

中心類型	項目	年度	成果	備註
	協助製鞋廠商打樣服務	2012	六家以上	
	機能性關鍵組件快速開發應用	2013	鞋楦結構設計開發40款以上、人因鞋店設計開發35款以上、功能性大底結構設計開發10款以上	鞋類快速打樣中心
	高質化設計開發與廠商輔導	2013	廠商輔導打樣服務10家以上、樣品製作40款以上、提供技術諮詢輔導及服務100次以上	鞋類快速打樣中心
	創意自動化快速反應	2013	協助廠商完成樣品開發製作40款以上	鞋類快速打樣中心
	新潮流美學設計開發	2013	鞋樣設計60款以上、鞋底設計10款以上、鞋款樣品製作40款以上、量產鞋款全尺碼開發製作四款以上	鞋類快速打樣中心
袋包箱類產業智慧型自動化打樣中心	流程趨勢與材料資訊	2012-2013	每年度300筆以上，袋包箱趨勢分析報告二篇以上	
	時尚印花資料	2012-2013	每年度100筆以上	
	袋包箱廠商開發服務	2012-2013	每年度五家以上	
	協助袋包箱廠商打樣服務	2012-2013	每年度10家以上	

中心類型	項目	年度	成果	備註
毛巾類產業智慧型自動化打樣中心（分包紡織所）	樣本快速開發製成毛巾樣布物件	2012-2013	每年度 500 件以上	
	創意圖騰設計	2012-2013	每年度 350 組以上	
	協助廠商	2012-2013	每年度十家以上	
	其他	2012-2013	每年度毛巾市場流行資訊分析報告一篇、毛巾快速打樣製程標準作業程序書一本以上	
織襪類智慧型自動化打樣中心（分包工研院）	多功能異斷面纖維及技術擴散至新襪品開發	2012-2013	每年度 100 款以上	
	緹花高值襪品及紡織相關產品開發	2012-2013	每年度 80 款以上	
	緹花圖騰設計	2012-2013	每年度 20 款以上	
	廠商投入電子型錄	2012-2013	每年度五家以上	
紡織服飾類產業智慧型自動化打樣中心（分包紡拓會）	國人男裝身型資料分析	2012-2013	每年度 2,000 筆以上，國人男裝尺碼量測分析報告一份	
	資料擴散推廣	2012-2013	每年度 60 家以上	
	成衣打樣	2012-2013	每年度 30 款以上	
	專業諮詢服務	2012-2013	每年度 10 家以上	
	其他	2012-2013	每年度技術趨勢資訊與素材分析報告一份	

資料來源：作者整理

⑾ 因應貿易自由化，加強輔導型產業之紡織相關產業輔導計畫——製鞋與袋包箱類產業輔導

此計畫自 2012 年起，包含產業諮詢、訪視與診斷；MIT 微笑標章執行，輔導業者申請 MIT 微笑標章，透過工廠檢驗、品質檢測維護標章安全、信賴與品質的保障；辦理專業技術與設計實務及行銷系列課程，促進產業升級、轉型；舉辦交叉設計營，聘請產業設計大師導入創意能量及前瞻設計理念，以故事行銷品牌，提供產業品牌經營能力等（財團法人財務資訊公開網站，2015）。

4. 中華民國紡織工程學會

該學會原名中國紡織學會，於 1930 年成立於上海，1953 年在臺復會，於 1983 年更改為現名，即中華民國紡織工程學會。該會以研究紡織、學術團結互助、促進紡織工業之發展為宗旨，會員包括紡織業上、中、下游之從業成員（中華民國紡織工程學會，1990：2015）。

該學會設置有七個委員會，分別是：獎章委員會、司選委員會、國際事務委員會、學術委員會、編輯委員會、會員資格委員會、財務委員會（中華民國紡織工程學會，2015）。

5. 工研院材料與化工研究所

工業技術研究院（簡稱工研院）成立於 1973 年，是國內有關應用科技的研發機構，以科技研發，帶動產業發展、創造經濟價值，並增進社會福祉為該院的任務。該院成立至今已有 40 年以上的歷史，累積超過二萬件以上的專利，並新創及育成 260 家公司，包括國內知名的台積電、聯電、晶元光電等上市公司。該院除了持續深化技術前瞻性與跨領域技術整合外，更提供全方位的研發合作與商業顧問服務（工研院，2015a）。

在工研院之下，設有化工所，後更名為材料與化工研究所，該所整合化工與材料研發工作，對於材料科技研發之前瞻者負有重任，並配合新興產業發展及傳統產業競爭力提升。對於國內紡織業使用的新材料研發與應用，扮演關鍵性的角色（工研院，2015b）。

　　前所述，國內於 1991 年，經濟部曾委託臺灣經濟研究院進行一項研究計畫——國內紡織工業升級策略之研究——結合產官學促使產業升級。經濟部計畫自 1991 年度起大幅增列紡織工業科技研究專案經費，除了支援中國紡織工業研究中心外，工研院材化所也是主要的受支援的單位之一。

　　工研院材化所主要偏重於纖維研製與應用技術的發展計畫，工作項目包括衣著用紡織品方面，計畫有：紡絲製程高效率化、高附加價值紡織品開發、紡織品分析鑑定、染整監控技術建立等項。另外，工業用紡織品方面，包括的項目有：超細纖維製造技術、高強力纖維製程技術、分離用中空纖維製程技術、塑膠光纖製程技術、石棉取代纖維研製、活性碳纖維研製等項目。以上項目在五年內將投入約十億元的研究經費，期許帶領國內在人纖紡織業能邁向高科技的領域（劉泰英、陳敦禮，1991：10-11）。

　　近年來，工研院材料與化工研究所對於高值化學材料的研發不遺餘力，與紡織業有關的研究包括有：反射 NIR（NIR 是近紅外光的簡稱）涼爽纖維紡織品的開發，該院運用奈米微粒技術開發出「反射 NIR」涼爽纖維紡織品，可在炎夏促進穿著具有隔熱效果的衣物。另一項相關的研究是紡織用環保耐洗抗菌劑，對於革蘭氏陰性菌、陽性菌及黴菌都具有抗菌的效果。由於此項研發產品具有耐洗性優與成本具有市場競爭力的優點，可提供紡織業運用於定型段加工，且製程簡單與低廢水（工研院，2015c）。

二、紡織人才之養成與培育

　　本節主要針對臺灣在過去數十年來與紡織學界有關的發展。國內與紡織有關的系所，在科系的名稱與學科專業的變化很大，故區分時期敘述國內紡織教育的發展。林宗華（1984）將臺灣早期紡織教育概分為三個階段：一、草創階段（1951 年至 1961 年）；二、蓬勃發展階段（1962 年至 1971 年）；三、健全發展階段（1972 至 1980 年）（林宗華，1984）。由於林宗華所區分的三個階段，係

以 1980 年代以前的發展狀況，筆者將其後的階段稱之為四、邁向嶄新階段（1981 年以後），分述如下。

（一）草創階段（1951 年至 1961 年）

1945 年後，紡織工業配合政府經建需要，各級紡織教育開始發展，包括高職、專科大學，乃至於研究所階段。在戰後初期，政府大力發展民族工業，大量轉投資於工業界，而紡織工業屬於輕工業。1950 年代，尹仲容先生執掌經濟政策，大力發展紡織工業，當時臺灣僅有紗錠 20,000 錠、織布機 800 臺。由於政府在 1950 年代所推行的土地改革後業主所獲得之資金，投資於紡織之人士日多，設廠也與日俱增，但當時在技術人員、工程師等方面人才都欠缺。早期由大陸來臺的少數紡織方面之技工、工程師全數約 50 餘人，可知早期在臺灣的紡織方面人才極為欠缺（林宗華，1984）。

由於戰後初期臺灣要發展紡織工業，但面臨人才短缺的困境，因而紡織業呼籲政府需加速訓練紡織技術人才，以應實際之需求。在此草創時期，臺灣共設有公立高工一校、私立高工二校、工專一校，家專一校，分別設立紡織、服裝設計等科，如表 7-12 所示：

表 7-12　草創階段臺灣紡織學校

校名	設立年代	地點	學制	科系
國立臺北工業專科學校	1952.06.01	臺北市新生南路	三年制	紡織工程科
臺灣省立沙鹿高級工業職業學校	1953.09.01	臺中縣沙鹿鎮	三年制	紡織科
私立六和高級工業職業學校	1956.10.01	桃園縣平鎮鄉	三年制	紡織科
私立南山工業職業學校	1957.06	臺北縣中和鄉	三年制	紡織科
私立實踐家政經濟專科學校	1958.03	臺北市大直	三年制	服裝設計

資料來源：各校網頁，作者整理

由上述表 7-12 所顯示，在草創時期所成立的五所學校，其中

二所為專科學校，三所為高職，當時的紡織教育還未設置大學，可知仍偏重於實務取向，尤以高職的訓練更是期望在三年畢業後，能夠立即投入紡織業的職場，以彌補當時紡織業人力欠缺的困境。

圖 7-3　國立臺北科技大學（前臺北工專）（陳家弘拍攝）

（二）蓬勃發展階段（1962 年至 1971 年）

經由草創時期的發展後，逐漸進入到蓬勃發展階段。在此時期，由於臺灣的紡織工廠日益增加，紡織品外銷的金額已超過砂糖，成為外銷金額的首位。紡織業在臺灣的蓬勃發展，使得國內極需紡織技術人才。教育部在此時也開放專科學校的設立，以及倡導私人興學。在 1962 年至 1971 年之間，國內大學中與紡織有關的科系有二所：逢甲大學與輔仁大學。在專科學校部分，共有：臺南家專、崑山工專、新埔工專、明志工專、南亞工專、亞東工專。位於新竹縣的忠信工商，在單一職校內設立：紡織工程學系、織物服裝學系、服裝設計科、紡織工程科、染色化學科、製衣工程科等與紡織有關的科系，如表 7-13 所示。

表 7-13　蓬勃發展階段紡織學校

校名	設立年代	地點	學制	科系
私立逢甲大學	1964	臺中市	四年制	紡織工程學系
私立臺南家政專科學校	1965.01	臺南縣永康鄉	三年制	服裝設計科
私立崑山工業專科學校	1965.06	臺南縣永康鄉	五年制	紡織工程科
私立新埔工業專科學校	1969.06	臺北縣淡水鎮	五年制	紡織工程科
私立明志工業專科學校	1969.07	臺北縣泰山鄉	五年制	紡織工程科
私立亞東工業專科學校	1969.12	臺北縣板橋市	二年制	紡織技術科
私立南亞工業專科學校	1969.12	桃園縣中壢市	二年制	紡織技術科
私立輔仁大學	1970.05	臺北縣新莊市	四年制	織品服裝學系
私立忠信高級工商職業學校	1971.03	新竹縣新豐市	三年制	紡織科

資料來源：各校網頁，作者整理

由表 7-13 可看出，此時期紡織教育的蓬勃發展，但也導致紡織教育擴張太快，產生師資不足的困境，且發生紡織教育所需的相關設備也不夠充實的情況。

（三）健全發展階段（1972 年至 1980 年）

到了 1970 年代，臺灣的紡織廠設備已達 300 萬錠，織布機也達六萬多臺，紡織品出口額已逾十萬美元以上。但在此時期，國際間經濟發展遭逢重大的變革，亦即於 1973 年及 1978 年兩次石油危機，導致進口石油價格上漲，物價與工資也隨之調升，世界各國的市場購買力減弱，紡織品訂單也隨之銳減，紡織工業在此時期成為艱苦工業（林宗華，1984）。

紡織教育在此時期也受到國際經濟情勢發展的影響，由於紡織品高級化要求日益增高，對於紡織工程教育提出成立研究所的需求，以培養高級紡織科技人才之需。國立臺灣工業技術學院成立纖維工程技術學系，培育人纖抽絲教學與研究。逢甲大學在 1972 年成立國內第一所紡織工程研究所碩士班，復於 1979 年成立博士班。此時期稱之為健全發展紡織教育時期，各校設置紡織相關科系，見表 7-14。

表 7-14　健全發展階段紡織學校

校名	科系名稱	學制與招收人數	備註
私立萬能工業專科學校	紡織工程科	二年制二班：100 名	1972 年創設紡織技術科，1973 年更名為紡織工程科
私立中國文化大學	蠶絲學系	四年制一班：50 名	1986 年創設
國立臺灣工業技術學院	紡織工程技術系	二年制一班：30 名 四年制大學部	1975 年二年制紡織工程技術系 1976 年紡織工程技術系四年制 1979 年工程技術研究所纖維工程組碩士班 1986 年學年度工程技術研究所纖維工程纖維工程組博士班 1993 年學年度纖維工程技術研究所
私立逢甲大學	紡織工程研究所	碩士班一班：15 名 博士班一班：5 名	碩士班 1972 年 博士班 1979 年

資料來源：各校網頁，作者整理

　　由表 7-14 可看出，此時期已有三所大學校院設有與紡織有關的系所，尤其是逢甲大學設立碩士班與博士班，將紡織教育帶領至更高層的學術研究領域。

（四）邁向嶄新階段（1981 年以後）

　　1981 年以後到現階段，臺灣的大學校院中與紡織產業有關的系所共有 13 所，其中設置於原有即是大學的學校共有六所，分別是：國立臺灣科技大學、國立臺北科技大學、逢甲大學、輔仁大學、中國文化大學、實踐大學等六校。系所的名稱也從早期的紡織科系，演變為纖維高分子材料技術、紡織工程、服裝設計等名稱，並設有碩士與博士班（中華民國紡織工程學會，2015）。

　　除了上述的六校是設置於大學外，由原有的專科升格為大學、技術大學與技術學院的學校共有七所學校，分別是：崑山科技大學、臺南科技大學、萬能科技大學、樹德科技大學、屏東科技大學、南亞技術學院、亞東技術學院等七校。這些科技大學或學院也都設有與紡織相關的科系，包括：纖維材料系、高分子材料系、服裝設計及經營管理系等。

　　在高職部分，國內僅有國立沙鹿高工職校一所，係屬與紡織相關較有特色的高職學校。該校設有紡織科及染整科，在設備方面，紡紗、織布與針織機器都很齊全。在此階段上述與紡織有關的學校，詳見表 7-15。

表 7-15　邁向嶄新階段的紡織相關學校

校名	科系名稱	授與學位	學制
國立臺灣科技大學	材料科學與工程系	學士、碩士、博士	四年制 碩士班 博士班
國立臺北科技大學	分子科學與工程系 有機高分子研究所	學士、碩士、博士	四年制 碩士班 博士班
私立逢甲大學	纖維與複合材料學系所	學士、碩士、博士	四年制 碩士班 博士班
私立輔仁大學	織品服裝學系所	學士、碩士	四年制 碩士班
私立文化大學	紡織工程學系	學士	四年制
私立實踐大學	服裝設計學系所	學士、碩士	四年制 碩士班
私立崑山科技大學	材料工程系	學士、碩士	四年制 碩士班
私立臺南應用科技大學	服飾設計管理系	學士	四年制
私立樹德科技大學	流行設計系	學士	二年制 四年制

校名	科系名稱	授與學位	學制
私立屏東科技大學	時尚設計與管理系所	學士、碩士	四年制 碩士班
私立桃園創新技術學院	創意流行時尚設計系	學士	四年制
私立亞東技術學院	材料與纖維系 應用科技研究所	學士、碩士	四年制 碩士班
國立沙鹿高級工業職業 學校	紡織科 染整科	高中	三年制

資料來源：各校網頁，作者整理

　　由表 7-15 所顯示，設置於國內大學校院中共有 13 所學校，以及設置於高職有一所，在學制方面可謂十分完整，從高職、學院、大學到研究所，培育與紡織有關的各方面所需的人才。目前已有三所大學設有紡織相關的博士班（臺科大、北科大與逢甲），碩士班共有八所，藉由這些設有碩、博班的大學系所，可以培育國內所需的紡織相關領域的人才。

　　傳統的紡織業在國內歷經數十年的發展與創新，由各大學紡織科系名稱之更迭可見一斑。從早期的紡織工程系、纖維技術學系，進展到材料科學與工程系、分子科學與工程系暨有機高分子研究所、纖維與複合材料學系等學系名稱，學系名稱已跳脫早期以紡織為主的名稱。

　　另一項改變是除了工程方面的學系外，近年來國內對於服飾設計方面的科系也有增設，在國際間已展現很好的成績，科系的名稱如：織品服裝學系、服裝設計學系、服飾設計管理系、流行設計系、時尚設計與管理系、創意流行時尚設計系等不同的名稱，可知國內在這方面的重視。這階段在紡織產業人才的培育，基於以往的根基，逐漸朝向嶄新階段的紡織教育。國內近年來在紡織產業有傑出的表現，人才培育對此產業的貢獻亦屬於功不可沒。

　　為瞭解國內在紡織相關系所招生情況，查詢到 103 學年度國內與紡織有關的系所新生註冊率，參閱表 7-16。

表 7-16　國內紡織相關系所新生註冊率

學年度	學校代碼／名稱	學制別	科系名稱	新生註冊率（％）	備註
103	0022 國立臺灣科技大學	四技	材料科學與工程系	100	不含高中生申請入學
103	0022 國立臺灣科技大學	四技	材料科學與工程系	93.33	僅含高中生申請入學
103	0022 國立臺灣科技大學	博士班	材料科學與工程系	88.24	
103	0022 國立臺灣科技大學	碩士班	材料科學與工程系	100	
103	0025 國立臺北科技大學	四技	分子科學與工程系	100	不含高中生申請入學
103	0025 國立臺北科技大學	四技	分子科學與工程系	82.61	僅含高中生申請入學
103	0025 國立臺北科技大學	博士班	分子科學與工程系有機高分子博士班	85.71	
103	0025 國立臺北科技大學	碩士班	分子科學與工程系有機高分子碩士班	98.18	
103	1007 逢甲大學	學士班	纖維與複合材料學系	96.23	
103	1007 逢甲大學	博士班	纖維與複合材料學系	100	
103	1007 逢甲大學	碩士班	纖維與複合材料學系	100	
103	1002 輔仁大學	學士班	織品服裝學系	98.71	
103	1002 輔仁大學	碩士班	織品服裝學系	100	

學年度	學校代碼／名稱	學制別	科系名稱	新生註冊率（％）	備註
103	1006 中國文化大學	學士班	紡織工程學系	91.07	
103	1017 實踐大學	學士班	服裝設計學系	100	
103	1017 實踐大學	碩士班	服裝設計學系	100	
103	1024 崑山科技大學	四技	材料工程系	84.44	
103	1024 崑山科技大學	碩士班	材料工程系	50	
103	1051 臺南應用科技大學	四技	服飾設計管理系	95.24	不含高中生申請入學
103	1051 臺南應用科技大學	四技	服飾設計管理系	100	僅含高中生申請入學
103	1026 樹德科技大學	四技	流行設計系	94.44	不含高中生申請入學
103	1026 樹德科技大學	四技	流行設計系	66.67	僅含高中生申請入學
103	0024 國立屏東科技大學	四技	時尚設計與管理系	97.92	
103	0024 國立屏東科技大學	碩士班	時尚設計與管理系	100	
103	1168 桃園創新技術學院	四技	創意流行時尚設計系	35.85	不含高中生申請入學
103	1168 桃園創新技術學院	四技	創意流行時尚設計系	33.33	僅含高中生申請入學
103	1166 亞東技術學院	四技	材料與纖維系	98.63	不含高中生申請入學
103	1166 亞東技術學院	四技	材料與纖維系	100	僅含高中生申請入學
103	1166 亞東技術學院	碩士班	材料與纖維系應用科技碩士班	80	

資料來源：教育部統計處，作者整理

　　由表 7-16 所示，在學制方面主要區分為：四技、學士班、碩士班、博士班四種類型。在四技方面，共有八校設有四技的學程，包括：國立臺灣科技大學（簡稱臺科大）、國立臺北科技大學（簡稱北科大）、崑山科技大學、臺南應用科技大學、樹德科技大學、國立屏東科技大學、桃園創新技術學院、亞東技術學院。在入學方式又區分為：僅含高中生申請入學、不含高中生申請入學兩種入學方式。其中有一校新生註冊率未達 40%，一校未達 70%，其餘學校都在 80%以上，甚至於達到 100%。

　　在學士班方面，共有四所學校，分別是：逢甲大學、輔仁大學、中國文化大學、實踐大學。學士班的新生註冊率都達 90%以上，水準都很整齊，甚至於有一校達到 100%，可知學士班雖僅有四所，但仍深受高中生的喜愛，選讀紡織方面的學系就讀。

　　在碩士班方面，共計有八所設有碩士班，分別是：臺科大、北科大、逢甲大學、輔仁大學、實踐大學、崑山科技大學、國立屏東科技大學、亞東技術學院。在新生註冊率方面，其中有五校都達 100%，實屬難能可貴。此外，僅有一校的註冊率未達 80%，主要是材料工程方面科系。以目前在碩士班的註冊率而言，紡織系所的碩士班的新生註冊率屬於很高的系所，或許可以反映出國內對於此方面仍有市場的需求。

　　在博士班方面，國內僅有三校設有與紡織方面相關的研究所，分別是：臺科大、北科大與逢甲大學。這三校的新生註冊率都達 80%以上，其中有一校達 100%。以國內博士班人才培育供過於求的現況而言，紡織方面的博士班註冊率仍屬高於平均值，亦可反映出在紡織方面的高階人才仍有市場的需求。

三、臺灣紡織之學術研究

　　本節主要為瞭解過去臺灣紡織方面之學術研究成果，以 1950 年至 2010 年共計 60 年之間，國內在紡織方面之研究成果進行分析。以「紡織」為關鍵詞，搜尋「臺灣期刊論文索引系統」，年代

自 1950 至 2010 年，共計有 2,703 筆，扣除與紡織不相關的筆數，
共得 2,643 筆，見表 7-17，紡織文獻累積成長，見圖 7-4。

表 7-17　臺灣紡織方面學術研究成果

年代	文章篇數	累積總數	年代	文章篇數	累積總數	年代	文章篇數	累積總數	年代	文章篇數	累積總數
1951	3	3	1966	10	121	1981	43	636	1996	64	1,280
1952	4	7	1967	8	129	1982	35	671	1997	61	1,341
1953	1	8	1968	13	142	1983	72	743	1998	88	1,429
1954	0	8	1969	12	154	1984	57	800	1999	113	1,542
1955	0	8	1970	15	169	1985	30	830	2000	101	1,643
1956	0	8	1971	40	209	1986	35	865	2001	116	1,759
1957	3	11	1972	35	244	1987	40	905	2002	106	1,865
1958	1	12	1973	30	274	1988	22	927	2003	106	1,971
1959	11	23	1974	21	295	1989	41	968	2004	121	2,092
1960	10	33	1975	41	336	1990	36	1,004	2005	99	2,191
1961	22	55	1976	45	381	1991	36	1,040	2006	119	2,310
1962	15	70	1977	55	436	1992	22	1,062	2007	99	2,409
1963	16	86	1978	50	486	1993	52	1,114	2008	100	2,509
1964	10	96	1979	66	552	1994	46	1,160	2009	77	2,586
1965	15	111	1980	41	593	1995	56	1,216	2010	57	2,643

資料來源：臺灣期刊論文索引系統，作者整理

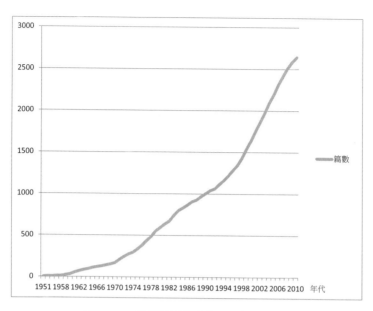

圖 7-4　臺灣紡織文獻累積成長圖

資料來源：臺灣期刊論文索引系統，作者自繪

　　如以五年為區間的統計，臺灣在紡織方面研究之篇數，見圖 7-5。

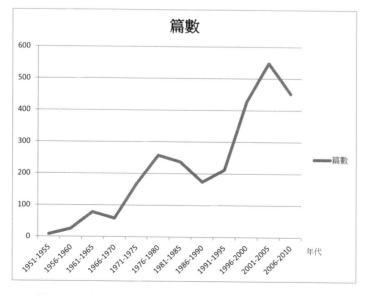

圖 7-5　臺灣紡織方面研究成果（以五年為區間）

資料來源：臺灣期刊論文索引系統，作者自繪

　　如以每五年為一區間之分析，可看出臺灣在紡織方面文獻產量最多是 2001 至 2005 年，共計有 548 篇文章，其次是 2006 至 2010 年之間的 452 篇文章。第三是 1996 至 2000 年之間，產出 427 篇。較特殊之處是自 1996 年開始，臺灣紡織方面的文章由原有的 212 篇（1991 至 1995 年）成長至 427 篇，可謂倍數的成長，此後每五年都有 400 篇以上的文章產出。由於自 1996 年開始，紡拓會開始出版《紡織月刊》有密切的關係。此外，紡織方面文章數量在 2001 至 2005 年之間達到尖峰，除了新增刊物外，與當時的政經環境都有密切關係，見表 7-18。

表 7-18　臺灣紡織方面學術研究成果

年分	篇數
1951-1955	8
1956-1960	25
1961-1965	78
1966-1970	58
1971-1975	167
1976-1980	257
1981-1985	237
1986-1990	174
1991-1995	212
1996-2000	427
2001-2005	548
2006-2010	452

資料來源：臺灣期刊論文索引系統，作者整理

　　以國內期刊的刊出篇數計算，在 1950 至 2010 年間，前 15 名高生產期刊，第一名為紡織產業綜合研究所出版之《紡織速報》，共計出版 391 篇，其次是《紡織月刊》，共有 284 篇，第三名是《新纖維》，計有 179 篇，共列出前 15 名國內紡織方面的刊物，

依總篇數之排名，並列出刊物名稱、創刊年、刊期、出版單位與備註等項，見表 7-19。

圖 7-6　《新纖維》紡織月刊

表 7-19　前十五名高生產期刊一覽表

排名	總篇數	刊名	創刊年	刊期	出版單位 ／ 備註
*	-	紡織界	1952	週刊	本刊原為週刊，後改為月刊（1952-1955），共發行 65 期，因中華民國期刊論文索引系統未收錄此期刊，因此無法統計篇數。
1	391	紡織速報	1993	季刊	紡織產業綜合研究所出版，原為月刊，創刊於 1993 年 2 月，總號 219 期（2011 年 1 月）起改為季刊發行，自第 22 卷第 1 期=總號 237 期（2014 年 1 月）起改刊名為《紡織趨勢》，卷期總號繼續。
2	284	紡織月刊	1996	月刊	紡拓會出版 http://monthly.textiles.org.tw/

排名	總篇數	刊名	創刊年	刊期	出版單位／備註
3	179	新纖維	1959	季刊	新纖維雜誌社出版，第 1 卷第 1 期（民 48 年 1 月）—第 28 卷第 3 期。原為雙月刊，自第 28 卷第 1 期（1986 年 3 月）起，改為季刊。
4	166	絲織園地	1992	季刊	臺灣區絲織工業同業公會出版，第 1 期（1992 年 7 月）—季刊，刊載絲織原料運用、準備織造技術、生產管理、研發設計、市場行銷、流行預測、經營策略等專業文章，目的在提供臺灣區絲織業同業公會會員廠從業人員生產技術、管理實務及行銷技巧，以達到同業間相互交流學習的功能。
5	129	貿易週刊	1964	週刊	臺北市進出口商業同業公會資訊組出版，第 1 期（1964 年 1 月）—第 1,787 期（1998 年 3 月 25 日）；最早刊名為《臺灣貿易月刊》（1947 年 7 月），至 1950 年改為《臺灣貿易週報》，至 1964 年 1 月改為《貿易週刊》，自 1998 年 4 月起，改刊名為《貿易雜誌》。
6	115	紡紗會訊	不明	雙月刊	臺灣區棉紡工業同業公會出版，第 1 期—179 期（2005 年 9 月）本刊發行至第 179 期（2005 年 8 月）止；自 2005 年 10 月起，改刊名為《紡紗會訊》，期數繼續。
7	110	紡紗會訊（人造纖維）=TMSA Quarterly	1987	季刊	臺灣區人造纖維紡紗工業同業公會出版，第 1 期（1987 年 2 月）—第 57 期（2000 年 12 月）。原為雙月刊，自第 13 期（1989 年 3 月）起改為季刊，刊載紡織業市場動向、產業狀況、技術發展趨勢、統計資料等。
8	103	紡織科學=Textile Science	1965	不定期	逢甲大學紡織工程系學會出版，第 1 期（1965 年 6 月）—不定期。

排名	總篇數	刊名	創刊年	刊期	出版單位／備註
9	96	臺灣經濟研究月刊＝Taiwan Economic Research Monthly	1978	月刊	財團法人臺灣經濟研究院出版，第 1 卷第 1 期=總號 1 期（1978 年 1 月）。
10	70	人纖加工絲會訊[革新版] ＝Taiwan texturized Yarns Bulletin Bi-monthly	1991	季刊	臺灣區人造纖維加工絲工業同業公會出版，1991 年到 2004 年，第 1 期（1991 年 9 月）—第 49 期（2004 年 12 月），刊載人造纖維加工絲工業相關技術、國內外發展動態，及相關統計資料，以提供會員掌握資訊及技術提升為目的。
11	61	染化雜誌	1984	月刊	染化雜誌社出版，第 1 期（1984 年 10 月）—月刊，紙本發行至第 267 期（2006 年 12 月）止，之後改為電子版，刊載有關染整技術之學術論文。
12	54	紡織綜合研究期刊	1991	季刊	中國紡織工業研究中心紡織產業綜合研究所出版。 • 《紡織綜合研究期刊》季刊，第 14 卷第 4 期（2004 年 10 月）： 1. 以介紹新近發展的紡織材料與科技之專題報導及相關研究成果與應用之技術論文為主。 • 《紡織中心期刊》＝*Journal of the China Textile Institute*： 1. 原為季刊，自第 2 卷第 1 期起改為雙月刊。

排名	總篇數	刊名	創刊年	刊期	出版單位／備註
					2. 原並列題名：*Journal of CTTRC*，自第 2 卷第 1 期起，改為：*Journal of the China Textile Institute*。 3. 本刊發行至第 14 卷第 3 期止；自 2004 年 10 月起，改刊名為《紡織綜合研究期刊》，期數繼續。 4. 報導紡織及其相關產業技術與活動訊息之專業性刊物。 • 《中華民國紡織工程學會誌》： 1. 第 1 卷第 1 期（1983 年 6 月）—第 22 卷第 2 期（2004 年 11 月）半年刊。 2. 本刊發行至第 22 卷第 2 期（2004 年 11 月）止；自 2005 年起併入《紡織綜合研究期刊》。 3. 刊載紡織學術及技術性論文、專論、書評、讀者專欄以及該會會務通訊等。
13	40	臺灣經濟金融月刊	1965	月刊	臺灣銀行出版，第 1 卷第 1 期=總號 1 期（1965 年 2 月）—月刊，刊載有關經濟金融之論著、翻譯、研究及該行各單位之業務報導等稿件。
14	37	工業簡訊	1971	月刊	經濟部工業局出版，第 1 卷第 1 期（1971 年 2 月）—第 31 卷第 12 期（2001 年 12 月）。
15	36	化工資訊與商情＝Chemical Monthly 月刊	1985	月刊	Industrial Technology Research Institute Union Chemical Laboratories • 《化工資訊月刊》＝*Chemical Information Monthly*： 1. 原刊名為《化學工業資訊月報》（1985 年 9 月至 1986 年 6 月）；自第 11 期（1986 年 7 月）起改刊名為《化學工業資訊月刊》。 2. 第 4 卷第 7 期（1990 年 7 月）起再改為現刊名，期數繼續。

排名	總篇數	刊名	創刊年	刊期	出版單位／備註
					3. 自 2003 年 7 月起與《化工科技與商情》合併成《化工資訊與商情》，期數另起。 • 《化學工業資訊月刊》＝ *UCL Chemical Information Journal*，1986—1990： 1. 第 1 期（1985 年 9 月）—第 10 期（1986 年 6 月），刊名為《化學工業資訊月報》。 2. 自第 11 期起改為：《化學工業資訊月刊》。 3. 第 4 卷第 1 期（1991 年 1 月）起改刊名為《化工資訊月刊》。 • 《化工科技與商情》： 1. 本刊原刊名為《化工商情》，發行至第 30 期（2002 年 3 月）止；自第 31 期（2002 年 4 月）起改刊名為《化工科技與商情》，期數繼續；自 2003 年 7 月起與《化工資訊月刊》合併成《化工資訊與商情》，期數另起。 2. 刊載最新化工研發成果、技術新知、市場現況以及相關熱門新聞、專利知識等。 • 《化工資訊與商情》＝ *Chemical Monthly*，月刊： 1. 第 1 期（2003 年 7 月）—第 80 期（2010 年 2 月）。 2. 本刊由《化工科技與商情》與《化工資訊月刊》合併而成，期數另起。 3. 內容包括奈米、生技、科技新知、大陸化工、產業評析、產品統計等專欄。

資料來源：作者整理

　　由上述的分析，可知臺灣在過去 60 年之間紡織學術研究成果十分可觀。由最初 1951 年的三篇文章，累積至 2010 年已有 2,643 篇文章。在 1950 年代，國內紡織方面的文章由個位數進展到十位數。1960 年代到 1998 年之間，國內發表的紡織方面文章數大都在 100 篇以內。但到了 1999 年之後，篇數則進展到百篇以上，也可反映出此學科在研究量的增長情況。由圖 7-4 與圖 7-5 也可以反映出紡織方面文章係呈逐年增長的現象。如以五年為一區間，表 7-18 也呈現出在 1996 年之後的期刊文章數量呈倍數的成長，由 200 多篇成長到 400 篇以上。

　　在紡織專業期刊方面，產出期刊篇數最多的前三名期刊分別是：紡織產業綜合研究所出版之《紡織速報》，共計出版 391 篇，其次是《紡織月刊》，共有 284 篇，第三名是《新纖維》，計有 179 篇。這三種刊物在過去 60 年之間已產出 854 篇與紡織有關的文章，實為國內在紡織方面重要的刊物。

REFERENCES

1. 工研院，2015a，「關於工研院」。https://www.itri.org.tw/chi/Content/，取用日期：2015 年 2 月 20 日。

2. 工研院，2015b，「材料與化工研究所」。https://www.itri.org.tw/，取用日期：2015 年 2 月 20 日。

3. 工研院，2015c，「高值化學材料」。https://www.itri.org.tw/chi/Content/MSGPic01/，取用日期：2015 年 2 月 20 日。

4. 中華民國紡織工程學會，1990，《慶祝成立六十週年鑽禧紀年專集》。臺北：中華民國紡織工程學會。

5. 中華民國紡織工程學會，2015，「中華民國紡之工程學會」。http://www.紡織.tw，取用日期：2015 年 2 月 13 日。

6. 巫佳宜，2014，《機能性時尚紡織品形成策略聯盟之市場利基研析》。新北市：紡織所 ITIS 計畫。

7. 林宗華，1984，〈臺灣的紡織工業與紡織工程教育〉。《紡織科學》48：24-39。

8. 姚興川，2001，〈紡織教育淺談〉。《紡織速報》9(3)：5-21。

9. 陳家弘整理，2014a，〈紡織產業綜合研究所白志中所長紡談記錄 2014/060/5 09:30-12:00 於新北市紡織產業綜合研究所〉。採訪者：溫肇東、熊瑞梅、薛理桂。

10. 陳家弘整理，2014b，〈紡拓會黃偉基秘書長訪談記錄 2014/070/9 14:30-16:30 於臺北市紡拓會〉。採訪者：溫肇東、熊瑞梅、薛理桂。

11. 黃茂全等，2006，〈提昇傳統紡織教育之探討（III）廠商篇〉。《亞東學報》26：195-202。

12. 劉泰英、陳敦禮，1991，《國內紡織工業升級策略之研究—結合產官學促使產業升級》。臺北：臺灣經濟研究院。

13. 財團法人財務資訊公開網站，2015，「鞋類暨運動休閒科技研發中心」。http://www.moea.gov.tw/CWS/finfo/content/Content.aspx?menu_id=4985，取用日期：2015 年 8 月 25 日。

14. 財團法人中華民國紡織業拓展會全球資訊網，2014。http://www.textiles.org.tw/，取用日期：2014 年 7 月 5 日。

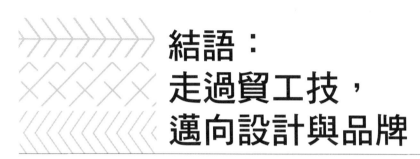

結語：
走過貿工技，
邁向設計與品牌

溫肇東、蔡淑梨

　　本書回顧臺灣紡織業的發展，從清朝時期臺灣人的穿著及其原料、布料的買賣（貿易）開始，到光復後民生紡織的進口替代到出口擴張，接著趕上人造纖維技術興起的風潮。在 1970 年代，投資紡織成衣業三個月回本是常態，最遲也是六個月，其盛況可見一斑。臺灣紡織成衣業的發展見證了臺灣的經濟發展，逐漸從貿易、工廠製造、設計，一直到科技研發，因為這個歷程，臺灣紡織產業的「聚落」逐漸完整，分工細膩化，從原物料製造、紡紗、織布、染整、成衣，4,000 多家廠商以螞蟻雄兵打群架的合作模式，組成超大型的生態鏈，在短短數十公里內匯集產業內技術純熟的高手，提供完整專業的服務，滿足日益縮短的國際品牌交貨期。

　　紡織成衣業在臺灣產業發展中，長期扮演了最大「創匯」的角色，一直到政府政策轉向扶植電子資訊及半導體產業後，紡織業才落到第三位，並被冠上「夕陽產業」。當所有的關愛與焦點轉向電子資訊及半導體產業時，紡織成衣產業每年平均仍有 110 億美元的出口值，位居全球第五位，總產值在 2014 年也超過 4,500 億臺幣，造就近 20 萬個工作機會，對穩定臺灣社會扮演了重大角色。

　　臺灣產業的故事繼續精彩地發展，當高科技代工已淪為「毛三到四」或「保一保二」的光景，且發展品牌又不是那麼順利，大家才又回頭看到紡織這個「夕陽產業」，竟然在一些特定的利基市場，也擁有產業規模與不易被取代的專精技術。臺灣在全世界「機能性」紡織成衣供應鏈中扮演著關鍵角色，左右了全球七成布料的供應，美國每十件瑜珈服就有八件使用臺灣布料，全球超過五成消防隊防火布料也由臺灣供應，全球六到七成的潛水衣也由宜蘭的薛長興工業供應。臺灣更是全球第三大聚酯絲、第三大尼龍纖維生產國，更重要的是有些公司的營運表現，一年比一年優異，例如儒鴻的毛利率是 27.6%，聚陽為 25.9%；另外一些未上市的毛利率更遠高於這些數字。一個沒有天然資源、以人纖為主的產業，在油價大跌之際，紡織類股指數卻創下 25 年以來新高。

　　紡織成衣產業這一路走來「窮則變、變則通」，現在更以幾十年來累積扎實的生產知識與技術做為基底，透過跨國合作及研發創

新，為臺灣紡織成衣的未來找到一個前瞻性領域！前 GE 執行長 Jack Welch 曾說：「能在全球競爭勝出的產業，是那些可以把『最好的』研發、工程、設計、製造、經銷整合在一起，無論他們在世界任何地方，且每一項『最好的』都不會只來自一個國家或一個洲。」臺灣紡織成衣業過去的蓬勃發展，雖然來自時勢造英雄，但未來的成功也會需要因緣際會，天助自助！臺灣中堅企業打死不退的韌性，50 年來累積不少有形無形的資產，因此當機會來臨時，便能把握住。全球發展的趨勢包括經濟的成長、個人主義抬頭、女性運動風潮等等，都是天賜的良緣，因為全球運動服飾市值由 2008 年的 500 億美元到 2014 年成長了 32%，臺灣年產值達 600 億美元！臺灣是這個大環境下最大的受惠者之一，因為運動及戶外的休閒服飾著重於面料，而臺灣紡織出口總值的六成來自於布料；又拜科技創新所賜，其中技術密集的機能布更是主力。

　　另一趨勢是運動和戶外及時尚品牌逐漸和機能布料結合，除了過往吸濕、排汗、除臭等功能外，美感及舒適更是消費者重要的需求。不斷研發的成果，除了成功開發各種不同機能性布料外，甚至走向更尖端科技，直接和穿戴式風潮結合。過去穿戴式的運動、健康及醫療裝置著重在硬體研發，而過去十年來，不斷研發智能服飾，在半導體纖維、傳感器及面料等都有顯著進展。美國市場研究公司 HIS 統計 2014 年全球智慧衣營業額達五點八六億美元，較 2011 年成長三成。美國市調公司 Markets and markets 預測 2018 年穿戴式電子市場產值將達 80 億美元，其中智能紡織品將有 20 億美元。

　　最有名的例如宜進紡織在航太及汽車產業的導電紗；2014 年英特爾 CEO 身上穿的 AiQ 智慧衣也是由南緯實業旗下 AiQ 的不鏽鋼纖維製造出來的；另外，宏遠、遠東新與 3M 更共同合作首創機能性「潑水紗」，新纖、儒鴻、萬九科技也投入智能衣的開發，類似像這樣的例子還很多。「研發獨特產品」或「發展品牌」，似乎是臺灣紡織成衣業未來提升附加價值的兩條路。這也是為什麼臺灣紡織成衣業在國際舞臺上還有一定角色，包括 2014 年世足賽至少

有十支國家代表隊的球衣布料是來自臺灣，NBA 場上以及職網四大公開賽，也都出現臺灣布料製造的球衣。

隨著經濟起飛，人民生活水準提高，對成衣、時尚的需求也不斷增加。自 1980 年代百貨業興起以來，有一群不論是個人設計師品牌或通路品牌皆默默耕耘，試圖開拓另一條高附加價值之路。本書提到的兩個個案，一個是代表「設計師品牌」的夏姿，一個是「通路品牌」的 iROO，風格、路線、定位、價格皆不相同，唯一相同的是他們對服裝的熱情與堅持，終於成功走向國際舞臺。

成功的個人設計師有洪麗芬（Sophie Hong），除了她的「湘雲紗」在國際、巴黎得到好評，且不斷創新加入新元素，合作方面也與不同國內外夥伴，激盪出材料、設計展演各方面的創新。還有王大仁（Alexander Wang），除了自有品牌外，也是精品品牌 Balenciaga 的創意總監，他的創新、效率與冒險成了當代的傳奇，也創造出逾一億美元的年營業額。吳季剛（Jason Wu）二度受歐巴馬夫人的青睞，可說是最幸運的人，但其實也是最努力的人，因為他始終如一堅持實現五歲時要成為設計師的夢想，現在全球通路有 190 個。還有一個極度樂觀、隨和也隨性的陳季敏，用她的柔軟哲學，進行跨界整合，在亞洲實體通路達 14 家。溫慶珠，沒有比她更女人的女人，她的浪漫、懷舊塑造出其獨特的風格，創造出 17 家亞洲實體通路；竇騰璜、張李玉菁的雙人設計，也成功建立了 18 家亞洲通路；針織女王賈雯蘭的「Twinkle by Wenlan」，全球則擁有超過 550 個銷售點。

其他成功的設計師還有潘怡良、徐秋宜、許艷玲、黃淑琦、胡雅娟、張伊萍、林國基、林臣英、陳譓仔、詹朴等。從這些資料不難看出，臺灣是有設計師人才，且新一代的設計人才也不斷產生。更重要的是如何設計建構一套完整的機制，如同當年在推動高科技產業一樣，有完善的配套措施，例如加速器、創投、創櫃板、獎勵條款等，讓他們有足夠的資源，全心發展品牌。畢竟設計師品牌的「原創力」在未來是走出製造競爭生存格局的關鍵之一。

另外在服飾「通路品牌」則有馮聖欽夫婦創立的「獨身貴

族」，目前在臺灣有 79 個營業據點，中國也有九個銷售點；用五萬元闖出 15 億商機的劉本謙，帶領 iROO 在臺灣已有 78 家店，陸續拓及至新加坡、中國及印尼，擁有 12 個海外門市；平價時尚教父郭新踦的「MOMA」也有逾 70 家分店；1969 年詹義雄創立的「五個銅貨」有 35 個營業點；李仲周的「So nice」則擁有 90 個據點；NET 166 家；JOAN 141 家等。這些通路品牌有的已跨出臺灣，有的還在醞釀，但希望未來在全球中占有一席之地，也是大多數本土企業的夢想，除了 Zara、H&M、Uniqlo，韓國的 Forever 21 也來勢洶洶，臺灣通路若想要跨國際經營，人才、資金及管理是最大的課題與考驗。

　　不論是設計師個人品牌或通路品牌，或紡織成衣製造商，他們共通的特質是對事業的熱情、毅力、耐力及堅持，禁得起挫折的勇氣、勇於突破、不斷超越，擁抱挑戰、不怕失敗的全心投入。從過去到現今，紡織成衣業面對的都是全球激烈的競爭，業者都更需要有堅強的團隊，集合各領域人才，整合設計力、生產力、行銷的詮釋力、創新力，重視價值與服務的精髓，設計研發出消費者渴望的獨特產品，才能跳脫「破壞生態環境」的快速時尚，以及避開紅海的惡性競爭。而我們的學校、法人在人才培育及技術支援不遺餘力，業者們本身的國際視野及策略夥伴的連結，這些條件缺一不可，才能延續臺灣紡織成衣業過去 60 年的光榮傳統，再造產業未來。

附錄 1 紡織業上市公司成立時間分布及規模一覽表
（規模包括：營業額、平均值與標準差、獲利率、研發費用占營業額比、資本支出占營業額比）

股票代號	公司名	成立年分	2013營收（仟元）	2012營收（仟元）	成長率	2013 ROA（%）	2012 ROA（%）	資本支出（%）	研發支出（%）	過去10年成長率***
1414	東和紡織	1953	1,340,591	1,424,131	-5.87%	3.11	2.19	0.00%	0.78%	-65%
1718	中國人造纖維	1955	19,711,825	19,313,895	2.06%	1.28	1.19	1,265,608	6.42%	na
1402	遠東新世紀*	1954	111,404,476	109,399,797	1.83%	3.54	2.18	1.87%	0.00%	79%
1440	臺南紡織	1955	21,549,291	21,840,705	-1.33%	1.85	2.01	0.00%	2.51%	33%
1419	新光紡織	1955	1,005,646	936,608	7.37%					9%
萌發期	平均		155,011,829	152,915,136	0.81%	2.45	1.89	2.07%	0.82%	
	標準差		45,991,739	45,123,874						
1441	大東	1958	1,330,597	1,472,550	-9.64%	0.07	-1.3	0.00%	1.15%	8%
1473	臺南企業	1961	9,333,749	10,998,936	-15.14%	1.99	2.11	0.00%	0.84%	26%
1439	中和羊毛	1964	449,636	739,989	-39.24%	0.08	-0.35	0.00%	0.00%	-31%
1423	利華羊毛工業	1964	82,189	104,193	-21.12%	-0.12	-3.41	3.32%	2.72%	-52%
1410	南洋染整	1964	603,295	656,616	-8.12%	6.11	7.6	0.00%	1.52%	12%
1409	新光合成纖維	1967	42,251,225	41,581,259	1.61%	1.95	1.63	1.20%	0.25%	74%
1416	廣豐實業*	1968	135,221	-		13.92	0	0		-68%
1413	宏州化工	1968	4,669,071	3,991,844	16.97%	-7.11		0.00%	0.00%	2%
1452	宏益纖維工業	1968	2,153,516	2,168,682	-0.70%	6.02%		0.00%	0.23%	na
1456	怡華實業	1968	838,805			1.94	13.3	0.00%	0.66%	-49%
1445	大宇	1969	2,087,412	2,044,112	2.12%	2.8	1.11	0.00%	0.30%	-5%

股票代號	公司名	成立年分	2013 營收 (仟元)	2012 營收 (仟元)	成長率	2013 ROA (%)	2012 ROA (%)	資本支出 (%)	研發支出 (%)	過去 10 年成長率**
1455	集盛實業	1969	18,274,707	16,997,480	7.51%	3.06	-0.09	0.00%	0.30%	83%
1417	嘉裕	1969	3,315,949	3,235,309	2.49%	0.41	2.94	0.00%	0.00%	58%
1474	弘裕	1970	3,599,559	3,400,280	5.86%	2.47%	-2.04%	0.00%	0.37%	8%
1418	東華合纖	1970	2,146,324	2,229,081	-3.71%	-5.33	-7.9	0.92%	0.67%	-16%
1443	立益紡織	1972	1,312,733	1,030,161	27.43%	-1.15	-6.59	0.00%	0.00%	-29%
1449	佳和	1972	3,721,136	3,881,230	-4.12%	-2.75	-1.35	0.00%	1.58%	-48%
1465	偉全	1972	2,650,723	2,642,941	0.29%	5.14	3.92	0.00%	0.29%	42%
1459	聯發紡織纖維	1972	2,908,996	3,044,126	-4.44%	3.47	-0.29	0.00%	0.68%	38%
發展期	平均		5,361,308	5,895,223	-2.47%	1.29	0.67		0.29%	
	標準差		9,870,267	10,110,110						
1432	大魯閣	1973	897,937	913,751	-1.73%	-4.07	27.59	0.00%	0.00%	-45%
1454	臺灣富綢纖維	1973	2,076,865	2,152,655	-3.52%	1.85	-0.87	0.00%	0.26%	-3%
1434	福懋興業	1973	47,755,823	50,289,486	-5.04%	3.07	3.45	0.59%	0.58%	51%
2915	潤泰*	1976	2,595,956	-						na
1447	力鵬	1975	26,473,872	25,778,000	2.70%	6.48	0.54	0.45%	0.00%	92%
1476	儒鴻	1977	18,141,803	13,566,148	33.73%	24.35	20.84	8.09%	0.56%	149%
4414	如興	1977	2,942,660	2,799,649	5.11%	4.84	3.45	0	0.00%	5151
1453	大將	1978	296,319	694,255	-57.32%	1.75	11.04	0.00%	0.00%	-39%
1446	宏和精密紡織	1978	770,879	754,929	2.11%	-0.33	-1.04	0.00%	0.00%	-64%
1467	南緯實業	1978	7,239,346	7,110,483	1.81%	2.31	4.24	0.00%	0.31%	47%
1444	力麗企業	1979	12,262,808	14,464,301	-15.22%	4.53	6.5	0.31%	0.00%	-22%

股票代號	公司名	成立年分	2013營收 (仟元)	2012營收 (仟元)	成長率	2013 ROA (%)	2012 ROA (%)	資本支出 (%)	研發支出 (%)	過去10年成長率**
1457	宜進實業	1981	4,416,877	4,734,743	-6.71%	3.23	1.95	0.00%	0.00%	-6%
1468	昶和纖維	1982	766,219	806,181	-4.96%	-0.99	-9.12	0.00%	0.88%	-43%
1464	得力實業	1982	4,589,039	4,426,947	3.66%	-0.33	1.51	0.22%	2.81%	91%
1463	強盛染整	1983	929,510	674,869	37.73%	1.81	-1.47	0.00%	1.34%	-39%
1469	理隆纖維工業	1985	515,311	597,465	-13.75%	0.56	1.42	0.00%	1.01%	-6%
1470	大統精密染整	1986	669,101	696,712	-3.96%	2.87	1.48	0.00%	0.00%	2%
1451	年興紡織	1986	13,877,507	13,169,160	5.38%	5.83	5.86	0.00%	0.44%	-1%
	成熟期 平均		8,178,768	8,448,808	-1.18%	3.40	4.55		0.57%	
	標準差		12,285,456	12,883,133						
1460	宏遠興業	1988	6,251,205	6,229,493	0.35%	3.95	7.33	2.81%	0.00%	26%
1466	聚隆纖維	1988	5,230,464	5,233,837	-0.06%	3.7	3.7	0.00%	1.47%	73%
1475	本盟光電紡織	1990	221,673	318,821	-30.47%	-19.01	-10.29	0.00%	2.60%	-57%
1477	聚陽實業	1990	17,910,935	15,866,859	12.88%	15.03	15.2	1.81%	0.70%	55%
	轉型期 平均		6,161,730	5,734,662	-0.14%	2.85	5.21		3.92%	
	標準差		7,051,205	6,218,440						
	整體		434,903,156	425,436,967	2.23%	2.35	2.84			

* 因紡織業占該公司營業額比例小於50%，只列出該公司紡織業營業額

** 過去10年成長率若為na，表示該公司網站已經沒有揭露過去10年資料，無法取得過去10年資料

資料來源：各上市公司102年度年報，本章研究整理

附錄2　紡織業上市公司歷年營收與10年長期成長率

單位：新臺幣億元

排名	成立年份	公司名	2013年	2012年	2011年	2010年	2009年	2008年	2007年	2006年	2005年	2004年	10年成長率
1	1977	儒鴻企業	181.42	135.66	106.49	85.41	61.94	67.09	60.43	57.99	57.67	54.11	149%
2	1997	利勤	11.94	10.24	6.19	7.04	5.3	5.14	4.2	3.94	4.03	4.1	135%
3	1975	力鵬企業	265.03	258.1	254.25	240.78	182.08	207.08	223.62	171.11	134.25	98.91	92%
4	1982	得力實業	45.89	44.27	47.68	42.71	32.78	37.08	39.23	31.62	16.66	23.85	91%
5	1969	集盛實業	182.75	169.97	189.67	172.84	128.27	137.06	152.24	121.56	91.23	83.39	83%
6	1954	遠東新世紀	2,388.41	2,362.05	2,355.61	1,997.54	1,654.24	1,699.22	1,618.14	1,402.27	1,360.08	1,214.61	79%
7	1967	新光合成纖維	417.41	410.09	424.2	382.31	298.13	322.52	321.63	273.64	236.17	208.37	74%
8	1988	聚隆纖維	52.3	52.34	58.71	56.67	31.87	37.37	41.19	32.4	33.17	28.73	73%
9	1969	嘉裕	33.16	32.35	25.15	22.06	18.33	17.2	16.54	19.7	18.86	18.85	58%
10	1990	聚陽實業	179.11	158.67	151.23	141.35	133.11	131.85	148.45	125.56	103.77	85.65	55%
11	1973	福懋興業	477.56	502.89	532.06	492.68	395.5	423.66	413.76	379.09	338.62	283.53	51%
12	1978	南緯實業	72.39	71.1	74.67	69.61	63.4	71.87	63.83	57.98	48.47	42.12	47%
13	1972	偉全實業	26.51	26.43	30.67	27.23	23.2	25.71	25.16	22.66	22.67	13.38	42%
14	1972	聯發紡織纖維	40.89	39.53	44.32	47.11	30.91	27.39	35.7	30.56	27.52	32.56	38%
15	1955	臺南紡織	215.49	218.5	244.3	227.75	171.01	159.21	167.51	154.66	175.1	181.04	33%
16	1988	宏遠興業	76.43	73.79	75.17	61.49	55.49	61.34	72.9	57.92	54.05	66.4	26%
17	1961	臺南企業	93.34	104.94	103.08	93.66	91.73	93.15	95.61	89.85	77.99	71.52	26%
18	1968	宏益纖維工業	21.54	21.69	22.86	21.53	14.99	18.83	23.08	18.58	20.06	20.39	12%
19	1964	南洋染整	6.03	6.57	6.56	6.36	4.77	4.97	5.5	5.6	5.5	6.02	12%
20	1955	新光紡織	10.06	9.37	10.59	8.89	7.78	6.93	6.64	7.04	12.93	7.68	9%
21	1970	弘裕企業	36	34	40.76	41.55	27.25	33.19	39.81	35.45	32.32	35.08	8%

排名	成立年分	公司名	2013年	2012年	2011年	2010年	2009年	2008年	2007年	2006年	2005年	2004年	10年成長率
22	1958	大東紡織	13.31	15.93	19.61	18.13	13.68	19.25	19.23	17.02	12.83	15.55	8%
23	1968	宏州化工	46.69	39.92	43.15	42.55	32.56	35.9	49.08	41.86	37.42	47.57	2%
24	1986	大統精密染整	6.69	6.97	7.89	8.11	7.09	7.54	6.61	6.42	7.64	7.06	2%
25	1986	年興紡織	138.78	131.69	131.07	128.51	120.49	136.23	149.24	147.63	123.56	133.19	-1%
26	1973	臺灣富綢纖維	20.77	21.53	26.37	25.4	20.42	23.47	25.17	21.8	22.87	26.19	-3%
27	1969	大宇紡織	20.87	20.44	23.09	21.68	18.96	20.97	24.64	21.11	22.35	24.02	-5%
28	1981	宜進實業	44.17	47.35	60.48	50.26	42.8	47.11	57.35	51.96	58.48	50.65	-6%
29	1985	理隆纖維工業	5.15	5.94	8.14	7.38	6.07	6.09	6.21	7.04	6.88	6.64	-6%
30	1970	東華合纖	21.46	22.29	30.79	32.98	29.16	23.18	33.95	30.99	29.27	28.51	-16%
31	1979	力麗企業	123.68	141.11	132.15	100.82	75.97	76.64	283.39	229.59	197.67	81.46	-22%
32	1972	立益紡織	22.74	24.04	28.42	40.05	27.68	29.64	40.69	39.73	33.06	33.15	-29%
33	1964	中和羊毛工業	4.5	7.4	6.94	4.93	3.03	3.88	4.64	6.73	10.02	10.6	-31%
34	1983	強盛染整	9.3	6.75	6.82	7.4	10.33	7.52	10.03	11.08	12.03	14.11	-39%
35	1978	大將開發	2.96	6.94	2.19	4.6	3.71	6.74	6.83	4.46	4.51	10.76	-39%
36	1982	昶和纖維	7.66	8.06	11.26	9.57	9.96	14.49	17.81	17.43	16.68	13.25	-43%
37	1973	大魯閣纖維	8.98	9.14	11.59	25	11.76	18.61	26.02	23.35	16.35	14.39	-45%
38	1972	佳和實業	37.21	40.16	46.26	44.5	49.27	64.61	75.6	79.05	83.97	74.28	-48%
39	1968	怡華實業	8.39	18.4	21.58	21.53	19.03	30.12	31.58	31.12	29.99	34.25	-49%
40	1964	利華羊毛工業	8.22	10.42	13.96	10.99	9.31	15.63	24	21.03	20.64	25.64	-52%
41	1990	本盟光電紡織	2.22	3.19	5.48	12.37	10	17.3	18.34	10.27	7.98	6.83	-57%
42	1978	宏和精密紡織	7.71	7.55	8.61	12.09	11.55	13.35	15.63	16.85	17.65	31.95	-64%
43	1953	東和紡織	13.41	14.22	12.97	13.66	35.74	39.65	42.59	39.29	37.23	40.19	-65%
44	1968	廣豐實業	3.31	18.47	8	7.36	4.05	4.79	4.78	5.9	73.93	13.98	-68%

資料來源：各上市公司 102 年度年報，本章研究整理

附錄3　紡織業各上市公司之事業內容

公司名	成立年分	事業內容	特殊產品	其他
		萌發期		
東和紡織	1953	混紡紗 92.54%		7.46%
遠東新世紀	1954	化纖事業 29%、紡織事業 12% 棉紗、混紡紗、聚酯紗、OE紗、功（機）能性特殊紗。棉布、混紡布、先染布、長織布、針織布、工業用布。	工業用布（輪胎）	電信 33%、石化 19%、其他 6%
中國人造纖維	1955	化工產品（乙二醇、環氧乙烷、主酚）63%；化纖產品（聚酯粒、聚酯絲）37%		
臺南紡織	1955	紗 52.96%、聚酯棉 14.88%、聚酯粒 8.89%、聚酯原絲 11.91%、加工絲 4.09%		7.27%
新光紡織	1955	紡織商品（高機能襯衫布料、滑雪衣布料、羽絨衣布料、泳衣布料等）57.45%、品牌成衣 20.99%		租賃收入 21.56%
		發展期		
大東	1958	紡紗 71.8%、織布 28.08%		0.12%
臺南企業	1961	成衣代工 77.6%、自有品牌 22.4%		
中和羊毛	1964	毛條 64.74%、防縮毛條 23.11%、防縮散毛 9.84%		2.31%
利華羊毛工業	1964	毛條 54.68%、防縮毛條 35.55%、炭化毛 5.31%、羊毛脂 3.34%		
南洋染整	1964	染整加工 40%、銷售布匹 4%		租金 6%、半導體封裝測試 50%
新光合成纖維	1967	聚酯粒 44.3%、聚酯棉 12.3%、聚酯絲 6.6%、工程塑膠 19.6%		17.20%
三洋	1968	聚醯胺纖維-NYLON45.89%、聚醯纖維-PET3.53%、聚丙烯纖維-PP 33.57%、布+針織布/平織布 13.95%		
宏洲化工	1968	聚酯絲 55.94%、加工絲 43.68%、聚酯粒 0.38%		

公司名	成立年分	事業內容	特殊產品	其他
宏益纖維工業		聚酯加工絲 100%		
怡華	1968	棉紗 7.77%、毛紗 1.53%、成品布 2.17%、染料 1.56%		不動產 86.97%
廣豐實業	1968	家紡類（毛巾、浴巾）40.88%	家紡	營建 48.38%、餐飲類 0.05%、投資 10.69%
大宇	1969	合成纖維布 48%、加工絲 52%		
集盛實業	1969	加工絲 27.755%、尼龍絲 19.3%、尼龍粒 50%、模材 2.8%		0.30%
嘉裕	1969	成衣 100%		
弘裕	1970	原紗 9.37%、短織物 4.72%、長織物 86.50%、醫療用布 0.46%、代工 0.14%	醫療	
東華合纖	1970	聚丙烯腈纖維（亞克力棉）之生產、銷售 100%		
立益紡織	1972	棉紗 75.44%、物流通路 19.37%		副產品 5.19%
佳和	1972	先染織物 49%、長纖織物 31%		
偉全	1972	長纖梭織布 96.21%、針織布 1.35%、加工絲 0.13%、加工收入 2.31%		
聯發紡織纖維	1972	聚酯纖維加工絲 100%		
成熟期				
大魯閣	1973	色布 92.57%	家紡（寢具）	7.43%
臺灣富綢纖維	1973	特多龍加工絲 53.14%、特多龍成品布 4.74%、特多龍胚布 11.99%		0.13%
福懋興業	1973	尼龍布 27.38%、輪胎簾布 17.20%、特織布 1.57%、紗支 1.17%、棉布 0.75%	工業用布（輪胎簾布）	油品 31.84%、構裝 10.22%、測試 5.78%、模組 2.76%、PE 塑膠袋 0.89%、其他 0.44%
力鵬	1975	平織布 7.62%、尼龍絲 11.244%、尼龍粒 79.76%、其他 1.38%		
潤泰	1976	紡織業（格子布、疋染布）1.59%、零售成衣 1.8%		投資收入 92.06%、量販業 4.04%、營建業 0.27%、電信收入 0.25%

公司名	成立年分	事業內容	特殊產品	其他
如興	1977	成衣 100%	牛仔布	
儒鴻	1977	針織 33.45%、成衣 66.47%		0.08%
大將	1978	混紡紗及特殊紗產(彈性紗) 63.97%		營建產品 36.03%
宏和精密紡織	1978	成品布 35%、成衣 64%、胚布及其他 1%		
南緯實業	1978	染紗 19.53%、織布 12.49%、成衣 67.82%		0.16%
力麗	1979	聚酯加工絲及尼龍加工絲 64.45%、聚酯原絲及聚酯粒、瓶用酯粒 21.18%		2.19%
宜進	1981	加工絲 69.48%、聚酯粒 0.48%、聚酯絲 20.21%、平織布 9.83%	牛仔布	
昶和纖維	1982	成衣用布 91.27%	工業用布(環保布)	8.73%
得力	1982	短纖織物 27%、長纖織物 62%		11%
強盛染整	1983	紡織品 100%		
理隆纖維	1985	花式粗紗 43.32%、花式細紗 4.07%、買賣原料 35.13%		17.48%
大統	1986	染整代工 55.51%、布買賣 44.49%		
年興紡織	1986	成衣 65%、環錠紗 5%、牛仔紗 23%、牛仔布 7%、休閒布 7%	牛仔布	
轉型期				
宏遠興業	1988	成品布 81.87%、加工絲 15.17%		2.96
聚隆纖維	1988	尼龍原絲 42.8%、尼龍加工絲 47.8%、聚酯原絲 0.2%、聚酯加工絲 4.9%、複合加工 2.1%		代工 0.9%、終端產品 1.3%
本盟光電紡織	1990	紡織品 94.83%		光電產品 5.17%
聚陽實業	1990	成衣 99.9%		勞務 0.1%
利勤	1997	三層網布 95.7%	立體織物(運動鞋)	4.3%

資料來源:各上市公司 102 年度年報,本章研究整理

附錄 4　紡織業各上市公司之海外布局

公司名	成立年分	特殊產品	臺灣	中國	越南	柬埔寨	緬甸	菲律賓	泰國	印尼	馬來西亞	南亞	寮國	中南美	非洲	其他
東和紡織	1953		臺南													
遠東新世紀	1954	工業用布（輪胎）	觀音/內壢/湖口	1996 上海												
中國人造纖維	1955		高雄													
臺南紡織	1955		臺南		1995											
新光紡織	1955		桃園													
							萌發期									
大東	1958		中壢/臺中		2013											
臺南企業	1961		臺南	1994T宜興/2006T青島		1998T/1999T				1993T/1996T					1994T/約旦	
中和羊毛	1964		基隆													
利華羊毛工業	1964		基隆/桃園													
南洋染整	1964		桃園													
臺灣化學纖維	1965		彰化/宜蘭/嘉義/臺林		2002											
新光合成纖維	1967		桃園	1993T杭州					1994							
三洋	1968		桃園						2007							
宏洲化工	1968		桃園													
							發展期									

公司名	成立年分	特殊產品	臺灣	中國	越南	柬埔寨	緬甸	菲律賓	泰國	印尼	馬來西亞	南亞	寮國	中南美	非洲	其他
宏益纖維工業	1968		鶯歌													
怡華	1968		臺南													
廣豐實業	1968	家紡	桃園													
大宇	1969		桃園 彰化													
集盛實業	1969		桃園													
嘉裕	1969		桃園													
弘裕	1970	醫療	彰化													
東華合纖	1970		新竹													
立益紡織	1972		桃園													
佳和	1972		臺南													
偉全	1972		桃園 新竹													
聯發紡織纖維	1972		竹北	2008 杭州												
							成熟期									
大當閣	1973			1996 濟南 2008T 山東						1992 印尼						
臺灣當綢纖維	1973	家紡（寢具）	桃園													
福懋興業	1973	工業用布（輪胎簾布）	雲林	1989M 香港 1992M 廣東 1994M 廈門 1995 中山 2001 香港	1999 2002 2004											1992M 義大利
力鵬	1975		彰化 桃園	2006M												

公司名	成立年分	特殊產品	臺灣	中國	越南	柬埔寨	緬甸	菲律賓	泰國	印尼	馬來西亞	南亞	寮國	中南美	非洲	其他
潤泰	1976		桃園	2004MT 山東 2013MT 上海										2000 尼加拉瓜、薩爾瓦多		
如興	1977	牛仔布	苗栗	2011TM 上海	1994	1997 1998										
儒鴻	1977		苗栗 桃園 五股	2008T 無錫	2007 2013	2013										
大將	1978		雲林													
宏和精密紡織	1978															
南緯實業	1978		臺南	2008T 上海 2007T 江蘇 2012T（信陽）	2006T 2013	2013								1998T 1999T 2000T 墨西哥	2007T 史瓦濟蘭 2012MT 南非	2000MT 2001MT 美國
力麗	1979		中壢 彰化													
旭榮	1981	牛仔布	彰化 臺南													
祖和纖維	1982	工業用布（環保布）	桃園	2001 紹興												
得力	1982		臺南	2008 杭州 2009T 上海												
強盛染整	1983		桃園		1998D											

公司名	成立年分	特殊產品	臺灣	中國	越南	柬埔寨	緬甸	菲律賓	泰國	印尼	馬來西亞	南亞	寮國	中南美	非洲	其他
理隆纖維	1985		中壢													
大統	1986		桃園													
年興紡織	1986	牛仔布	苗栗		2007T	2011								1997/1999 墨西哥 2001 尼加拉瓜	2002 賴索托	
宏遠興業	1988		臺南													
聚隆纖維	1988		雲林 彰化													
本盟光電紡織	1990		桃園													
聚陽實業	1990		嘉義	2006T 揚州 2007TM 上海	2002D 2006T 2007T 2013T	2004T 2006T		2001TD		1998D 2003T 2007T 2013		2004D 斯里南卡,孟加拉		1999 薩爾瓦多		2000M 美國
利勤	1997	立體織物 (運動鞋)	彰化													

（中段標示：轉型期）

M：貿易或行銷公司
T：轉投資
D：策略聯盟／海外代工
資料來源：各上市公司 102 年度年報，本章研究整理

附錄 5　紡織業各上市公司價值鏈分析

公司	成立年分	上游			中游		下游	
		石化原料	天然纖維	人造纖維	紡紗	織布	染整	成衣
東和紡織	1953				V			
遠東新世紀	1954	V		V			V	V
中國人造纖維	1955							
臺南紡織	1955			V	V			
新光紡織	1955					V	V	
萌發期		1	0	2	2	1	2	1
大東	1958				V			
臺南企業	1961				V			
中和羊毛	1964		V					
利華羊毛工業	1964		V					
南洋染整	1964						V	
臺灣化學纖維	1965			V	V	V	V	
新光合成纖維	1967							
三洋	1968			V		V	V	V
宏州化工	1968			V	V			
宏益纖維工業	1968			V				
怡華	1968		V	V	V	V		
廣豐實業	1968				V	V		V
大宇	1969					V		

公司	成立年分	上游		中游		下游	
集盛實業	1969	✓					✓
嘉裕	1969						✓
弘裕	1970				✓		
東華合纖	1970	✓					✓
立益紡織	1972			✓		✓	
佳和	1972	✓		✓	✓	✓	
偉全	1972	✓		✓	✓		
聯發紡織纖維	1972	✓					
發展期		3	9	8	7	4	3
大魯閣	1973			✓	✓		✓
臺灣富綢織纖維	1973			✓	✓	✓	
福懋興業	1973			✓	✓	✓	
力鵬	1975	✓		✓	✓	✓	
潤泰	1976						
如興	1977				✓		✓
儒鴻	1977						✓
大將	1978			✓			
宏和精密紡織	1978				✓	✓	✓
南緯實業	1978	✓		✓			✓
力麗	1979	✓				✓	
宜進	1981	✓		✓	✓	✓	✓
昶和纖維	1982	✓		✓	✓	✓	✓

公司／期別	成立年分	上游			中游		下游	
得力	1982			✓	✓	✓	✓	✓
強盛染整	1983				✓	✓	✓	✓
理隆纖維	1985				✓			✓
大統	1986						✓	
年興紡織	1986			✓	✓	✓	✓	✓
成熟期		0	0	5	8	8	10	7
宏遠興業	1988			✓	✓	✓	✓	✓
聚隆纖維	1988			✓	✓			
本盟光電紡織	1990						✓	
聚陽實業	1990							✓
利勤	1997				✓	✓		
轉型期		0	0	1	1	2	2	2

資料來源：各上市公司 102 年度年報，本章研究整理。分類根據：臺灣證券交易所

附錄 6　統計資料表

民國	人口數（人）	平均匯率（元/美元）	經濟成長（%）	國內生產毛額（GDP）百萬元	百萬美元	平均國民所得 元	美元	出口總值（百萬元）	進口總值（百萬元）	出(入)超（百萬元）	紡織業出口值（百萬美元）	紡織業進口值（百萬美元）	紡織業創匯值（百萬美元）	西元
38 年	7,397,000	--	--	--	--	--	--	--	--	--	--	--	--	1949
39 年	7,554,000	8.8	--	--	--	749	85	819.2	1,080	-260.6	--	--	--	1950
40 年	7,758,202	10.3	--	12,648	1,228	1,582	154	959	1,447	-488.4	--	--	--	1951
41 年	8,046,915	10.3	11.84	17,623	1,711	2,127	207	1,231	2,132	-901	--	--	--	1952
42 年	8,333,009	10.3	9.85	23,422	1,506	2,725	175	1,337	1,963	-626.3	--	--	--	1953
43 年	8,645,264	18.78	9.96	25,746	1,656	2,862	184	1,837	3,831	-1,994.4	--	--	--	1954
44 年	8,967,001	24.78	7.84	30,685	1,973	3,268	210	3,306	4,711	-1,404.9	--	--	--	1955
45 年	9,289,545	24.78	5.3	35,194	1,420	3,607	146	2,931	4,799	-1,868	--	--	--	1956
46 年	9,597,690	24.78	7.35	41,096	1,658	4,054	164	3,675	5,258	-1,583.5	--	--	--	1957
47 年	9,920,227	36.38	6.86	45,990	1,856	4,366	176	5,668	8,229	-2,561	--	--	--	1958
48 年	10,288,327	36.38	7.96	52,980	1,456	4,846	133	5,708	8,418	-2,710.3	--	--	--	1959
49 年	10,667,705	36.38	6.87	63,765	1,753	5,653	155	5,966	10,798	-4,831.2	--	--	--	1960
50 年	11,030,385	40.03	6.32	71,389	1,785	6,103	153	7,814	12,894	-5,079.8	--	--	--	1961
51 年	11,392,513	40.03	8.04	78,539	1,963	6,489	162	8,735	12,173	-3,438.6	--	--	--	1962
52 年	11,762,101	40.1	9.81	88,714	2,218	7,124	178	13,301	14,500	-1,198.9	--	--	--	1963
53 年	12,137,143	40.1	11.57	103,488	2,587	8,082	202	17,363	17,163	200.5	--	--	--	1964
54 年	12,511,863	40.1	10.85	114,359	2,859	8,645	216	18,033	22,296	-4,262.6	--	--	--	1965

民國	人口數 人	平均匯率 元/美元	經濟成長 %	國內生產毛額(GDP) 百萬元	百萬美元	平均國民所得 元	美元	出口總值 百萬元	進口總值 百萬元	出(入)超 百萬元	紡織業出口值 百萬美元	紡織業進口值 百萬美元	紡織業創匯值 百萬美元	西元
55年	12,874,153	40.1	8.72	127,675	3,192	9,381	235	21,506	24,958	-3,452.6	--	--	--	1966
56年	13,210,344	40.1	10.41	147,463	3,687	10,526	263	25,692	32,313	-6,620.5	--	--	--	1967
57年	13,548,537	40.1	9	171,817	4,295	11,926	298	31,647	36,222	-4,575.4	--	--	--	1968
58年	14,068,984	40.1	8.66	199,154	4,979	13,289	332	42,081	48,629	-6,548.4	--	--	--	1969
59年	14,582,944	40.1	10.6	229,390	5,735	14,767	369	59,404	61,112	-1,708.3	409	192	217	1970
60年	14,913,564	40.1	12.45	266,594	6,665	16,777	419	82,452	73,950	8,502	618	257	361	1971
61年	15,220,495	40.1	13.15	319,573	7,989	19,640	491	119,897	100,824	19,073	816	273	543	1972
62年	15,505,121	38.1	11.83	415,111	10,853	24,842	649	171,546	145,146	26,400	1,293	467	826	1973
63年	15,784,817	38.05	1.86	556,303	14,640	32,214	848	215,423	265,686	-50,263	1,534	523	1,011	1974
64年	16,075,128	38.05	5.43	597,660	15,728	33,497	882	203,170	226,849	-23,679	1,557	408	1,149	1975
65年	16,401,413	38.05	13.45	717,089	18,871	39,355	1,036	311,874	289,662	22,212	2,330	518	1,812	1976
66年	16,730,895	38.05	10.88	840,846	22,128	45,278	1,192	356,971	324,710	32,261	2,279	529	1,750	1977
67年	17,042,272	36.05	13.49	1,006,669	27,244	53,696	1,453	471,028	409,109	61,919	2,976	656	2,320	1978
68年	17,372,779	36.08	3.01	1,215,395	33,761	63,450	1,763	581,640	533,812	47,828	3,544	735	2,809	1979
69年	17,704,538	36.06	7.32	1,519,946	42,221	77,386	2,150	714,624	712,414	2,210	4,327	891	3,436	1980
70年	18,029,982	37.89	6.46	1,810,829	49,221	90,314	2,455	832,515	779,951	52,564	5,021	877	4,144	1981
71年	18,354,855	39.96	3.97	1,941,169	49,621	95,622	2,444	867,847	737,411	130,436	4,818	889	3,929	1982
72年	18,653,146	40.32	8.32	2,168,143	54,122	104,784	2,616	1,008,790	815,050	193,740	4,987	886	4,101	1983
73年	18,929,866	39.52	9.32	2,414,377	60,938	116,768	2,947	1,209,578	872,242	337,336	6,145	1,105	5,040	1984

民國	人口數 人	平均匯率 元/美元	經濟成長 %	國內生產毛額(GDP) 百萬元	百萬美元	平均國民所得 元	美元	出口總值 百萬元	進口總值 百萬元	出(入)超 百萬元	紡織業出口值 百萬美元	紡織業進口值 百萬美元	紡織業貿匯值 百萬美元	西元
74 年	19,191,510	39.9	4.07	2,517,129	63,149	121,375	3,045	1,226,718	803,382	423,336	6,260	970	5,290	1985
75 年	19,411,454	35.55	11	2,943,997	77,781	142,498	3,765	1,509,630	917,546	592,084	7,635	1,161	6,474	1986
76 年	19,617,046	28.55	10.68	3,291,857	103,290	157,673	4,947	1,710,000	1,114,418	595,582	9,477	1,635	7,842	1987
77 年	19,839,704	28.17	5.57	3,488,550	121,935	170,183	5,948	1,735,138	1,424,243	310,895	9,790	1,773	8,017	1988
78 年	20,055,492	26.17	10.28	4,003,227	151,580	188,419	7,134	1,751,226	1,387,023	364,203	10,329	1,954	8,375	1989
79 年	20,278,946	27.1	6.87	4,430,055	164,747	205,105	7,628	1,808,420	1,473,688	334,732	10,287	1,924	8,363	1990
80 年	20,503,568	25.7	7.88	4,958,220	184,870	227,244	8,473	2,051,049	1,698,335	352,714	11,990	2,602	9,388	1991
81 年	20,704,227	25.4	7.56	5,534,544	219,974	247,655	9,843	2,064,353	1,825,784	238,569	11,838	2,731	9,107	1992
82 年	20,899,019	26.6	6.73	6,110,101	231,531	270,335	10,244	2,261,835	2,043,494	218,341	12,045	2,761	9,284	1993
83 年	21,086,645	26.2	7.59	6,685,505	252,665	292,861	11,068	2,489,032	2,270,895	218,137	14,005	3,253	10,752	1994
84 年	21,267,653	27.2	6.38	7,277,545	274,728	314,748	11,882	2,994,173	2,755,095	239,078	15,532	3,521	12,011	1995
85 年	21,441,432	27.5	5.54	7,906,075	287,912	338,582	12,330	3,221,533	2,830,309	391,224	15,502	3,631	11,871	1996
86 年	21,634,124	32.6	5.48	8,574,784	298,773	363,109	12,652	3,541,490	3,291,194	250,296	16,616	3,655	12,962	1997
87 年	21,835,703	32.2	3.47	9,204,174	275,080	382,087	11,419	3,760,473	3,522,508	237,965	14,559	3,164	11,395	1998
88 年	22,010,489	31.4	5.97	9,649,049	299,010	396,244	12,279	3,986,374	3,592,789	393,585	14,170	2,874	11,296	1999
89 年	22,184,530	33	5.8	10,187,394	326,205	415,336	13,299	4,729,286	4,391,226	338,060	15,220	2,949	12,271	2000
90 年	22,341,120	33.8	-1.65	9,930,387	293,712	399,665	11,821	4,254,285	3,644,181	610,104	12,630	2,396	10,234	2001
91 年	22,463,172	34.6	5.26	10,411,639	301,088	417,639	12,077	4,670,404	3,918,415	751,989	12,150	2,505	9,646	2002
92 年	22,562,663	34.4	3.67	10,696,257	310,757	431,947	12,549	5,172,958	4,409,978	762,980	11,880	2,431	9,449	2003

民國	人口數	平均匯率	經濟成長	國內生產毛額(GDP)		平均國民所得		出口總值	進口總值	出(入)超	紡織業出口值	紡織業進口值	紡織業貿匯值	西元
	人	元/美元	%	百萬元	百萬美元	元	美元	百萬元	百萬元	百萬元	百萬美元	百萬美元	百萬美元	
93年	22,646,836	33.4	6.19	11,365,292	339,973	454,718	13,602	6,097,235	5,656,672	440,563	12,540	2,714	9,826	2004
94年	22,729,753	32.1	4.7	11,740,279	364,832	463,778	14,412	6,374,496	5,877,163	497,333	11,810	2,635	9,175	2005
95年	22,823,455	32.5	5.44	12,243,471	376,375	478,968	14,724	7,279,318	6,604,337	674,981	11,790	2,730	9,060	2006
96年	22,917,444	32.8	5.98	12,910,511	393,134	498,912	15,192	8,087,934	7,211,791	876,143	11,630	2,674	8,956	2007
97年	22,997,696	31.5	0.73	12,620,150	400,132	479,214	15,194	8,010,379	7,551,084	459,295	10,910	2,702	8,208	2008
98年	23,078,402	33	-1.81	12,481,093	377,529	471,254	14,255	6,708,884	5,757,178	951,706	9,350	2,190	7,160	2009
99年	23,140,948	31.6	10.76	13,552,099	428,186	521,925	16,491	8,656,832	7,943,487	713,345	11,310	2,902	8,408	2010
100年	23,193,518	29.5	4.19	13,709,074	465,187	524,925	17,812	9,041,593	8,280,371	761,222	12,720	3,570	9,150	2011
101年	23,270,367	29.6	1.48	14,077,099	475,257	530,029	17,894	8,899,965	8,021,456	878,509	12,010	3,321	8,690	2012
102年	23,344,670	29.8	2.09	14,560,560	489,132	546,939	18,373	9,042,805	8,015,617	1,027,188	11,710	3,306	8,404	2013

資料來源：經濟部統計處、《自由中國之工業》

附錄 7　紡織產業大事記

年代	民國 40 年以前	民國 40-50 年	民國 50-60 年	民國 60-70 年	民國 70-80 年	民國 80-90 年	民國 90-100 年	民國 100-103 年
政策／事件	35 年成立日產處理委員會，處理日人在臺資產	40 年成立美援會及經合署設「管理・管制」紡織小組，處理日人住臺資產分配美援原料	50 年成立臺灣棉紡工業外銷促進委員會	60 年退出聯合國	70 年「生產事業購置機器設備投資抵減辦法」	80 年經濟部通過部份產業引進外籍勞工辦法	90 年經濟部完成紡織工業國家政策	100 年紡拓會成立時尚配飾創新中心、西園 29 服飾創作基地、快速設計打樣中心
	35 年禁止棉紗及棉織品出口	40 年實施公地放領	50 年「第三期四年經濟建設計畫」	60 年中美棉紡品質貿易協定	70 年經濟部中小企業處成立	80 年終止動員戡亂時期	90 年輔導大學及研究機構設立技術移轉中心	100 年 ECFA 第一波降稅優惠啟動
	38 年行政院「臺灣省獎勵發展紡織辦法」	40 年行政院「管制棉布進口辦法」	51 年臺灣證券交易所正式營業	60 年中美人造纖維羊毛織品貿易協定	70 年經濟部頒布「生產事業購買機器設備投資抵減辦法」	80 年實施促進產業升級條例	91 年加入世界貿易組織 (WTO)	100 年經濟部擬定 2020 年產業發展策略
	38 年實施三七五減租	40 年代紡織維進口限制辦法 (40 年到 42 年)	51 年人造纖維進口限制	61 年經濟部「紡織工業現代化計畫綱要」	71 年行政院「紡織工業改進方案」	80 年實施六年國建計劃	91 年通過促進產業升級條例修正案	101 年經濟部「三業四化計畫」：「製造業服務化」、「服務業科技化及國際化」、「傳統產業特色化」
	38 年財政部「暫改進口稅率」，調降棉花進口關稅	40 年成立美援聯合委員會花紗布小組	51 年美國對臺灣輸美紡織品設限	61 年謝東閔推動「客廳即工廠」	71 年工研院成立材料與化工研究所	80 年勞委會准紡織業引進外籍勞工	93 年紡研中心更名為現今「紡織產業綜合研究所」	102 年貿易局與商品整合行銷與研開發計畫」

年代	民國 40 年以前	民國 40-50 年	民國 50-60 年	民國 60-70 年	民國 70-80 年	民國 80-90 年	民國 90-100 年	民國 100-103 年
政策／事件	39 年毛紡品限制進口	40 年「臺灣省紗布管理暫行實施行辦法」	52 年臺灣省對外貿易首次出超，開始有計外匯累積	62 年工業技術研究院成立	73 年行政院《勞動基準法》	80 年經濟部成立產業研究發展推動小組	94 年配額制度解除，回歸自由貿易	
	39 年成立臺灣區生產管理委員會紡織小組	42 年「第一期四年經建計畫」紡織業列為優先發展產業	52 年加拿大對臺灣紡織品設限	62 年第一次石油危機	73 年美國公布《輸美紡織品產國規定》	80 年工業局紡織工業技術幹部五年培訓計畫	94 年工業局「紡織與時尚設計開發與輔導計畫」、「新穎尼龍纖維開發與機能性聚酯纖維及紡織品推動 2 年計畫」	
	39 年管制紡織品及毛巾進口	42 年暫停棉紗進口	52 年內銷補貼外銷方案	63 年多種纖維協定 (MFA)	74 年推動經濟自由化	80 年經濟部紡審會建議全面開放紡織業赴中國間接投資	94 年紡拓會「紡織業全球運籌電子化深化計畫」	
	39 年複式匯率將棉花與紡織機進口列為第一優先	42 年實施耕者有其田	54 年「第四期四年經濟建設計畫」	64 年中華民國蠶絲協會成立	74 年經濟部頒布「計劃性配額重新核配實施辦法」	80 年工業局建立紡織技術資料庫	95 年經濟部「品牌臺灣發展計畫」	
		43 年行政院經濟安定委員會「管產紡織品外銷辦法」	54 年美援經濟援助終止	64 年中美紡織品雙邊貿易協定	74 年行政院通過「工礦業或業創立或擴充獎勵標準」	81 年實施《公平交易法》	95 年推動大投資、大溫暖計畫——產業發展專案	
		43 年頒布外國人投資條例	55 年紡織業首次出現貿易順差	64 年經濟部「紡織品出口配額處理辦法」	74 年紡織工業發展基金管理要點	82 年開放間接投資大陸	95 年首屆臺北魅力時尚展 (TIS)	

年代	民國 40 年以前	民國 40-50 年	民國 50-60 年	民國 60-70 年	民國 70-80 年	民國 80-90 年	民國 90-100 年	民國 100-103 年
政策/事件		43 年財政部設「外銷品退還原料進口稅辦法」	55 年經濟部「紡織工業發展小組」	64 年歐洲市場對臺灣紡織品設限	74 年改進紡織工業發展基金管理規則	82 年頒布輸出品退稅辦法、紡織工業加速改進方案、紡織品出口配額處理辦法	95 年臺灣紡織時尚週	
		43 年限制設立紡織廠，減少市場競爭 46 年解除	59 年美方對我國非棉製品設限	66 年加入國際紡織聯盟 (ITMF)	74 年經濟部推動產業發展諮詢委員會成立	83 年工業局紡織工業五年發展計畫	97 經濟部推動三個千億倍增計畫：「產業用紡織品倍增計畫」、「機能性紡織品開發推廣聯盟計畫」、「時尚臺灣發展計畫」	
		43 年經濟部成立紡織小組	59 年經濟部工業局成立	68 年中紡織品雙邊貿易協定	75 年降低紡織品進口關稅	84 年 WTO 紡品及成衣協定 (ATC)、84 年到 94 年十年間逐步解除配額	97 推動愛臺 12 建設	
		43 年行政院經濟安定委員會「獎勵棉紗、棉布出口辦法」		68 年「紡織工業改進方案」	75 年新臺幣大幅升值 (75 年 35.55→76 年 28.55)	84 年亞太營運中心計畫	97 工業局「高值化時尚設計產業推動計畫」	

年代	民國40年以前	民國40-50年	民國50-60年	民國60-70年	民國70-80年	民國80-90年	民國90-100年	民國100-103年
政策/事件		44年外銷品退還稅捐辦法		68年經濟部紡織工業改進委員會	75年行政院討論紡織品機動降低關稅方案	86年紡拓會主辦首屆臺北國際紡織成衣暨服飾展(TITAS)	97年工業局「高值化紡織產業開發與輔導計畫」	
		44年華僑回國投資法案		68年經濟部技術處開始實施法人科專	75年加入國際成衣聯盟(IAF)	87年在大學及研究機構設立創新育成中心	98年推動六大新興產業	
		45年輸入原料加工外銷輔導辦法		68年臺美斷交	76年行政院「輔導中小企業方案」	88年行政院通過振興傳統產業方案	99年發署兩岸經濟合作架構協議(ECFA)	
		45年經濟安定委員會成立紡織工作小組		68年第二次石油危機	77年經濟部「分散市場擴大進口五年計畫」	88年經濟部工業局擬定再造紡織產業競爭力推動計畫	99年公布產業創新條例	
		46年臺灣區紡織品管制辦法		69年行政院經建會「中華民國臺灣紡織工業發展計畫」	78年行政院經濟部(紡織所前身)經濟部技術處專科計畫	89年紡拓會開始辦理機能性紡織品驗證服務		
		46年經濟部成立紡織品外銷委員會			78年行政院「加強對歐經貿工作計畫綱要」			
		46年「第二期四年經濟建設計畫」			78年行政院「中小企業發展條例」			

年代	民國40年以前	民國40-50年	民國50-60年	民國60-70年	民國70-80年	民國80-90年	民國90-100年	民國100-103年
政策/事件		46年外銷低利貸款辦法			78年美國控告我方人纖、針織毛衣傾銷(83年平反)			
		47年實施外匯貿易改革方案			78年工業局將提升染整業訂為紡織業升級優先項目			
		49年出口擴張策略、行政院「獎勵投資條例」			79年經濟部「小歐洲計畫」			
					79年行政院「促進產業升級條例」草案			
					79年經濟部「核准赴大陸間接投資正面表列」			
					79年經濟部「加速製造業投資及升級方案」			
					79年化工所五年國家紡織科技研究發展專案			

年代	民國 40 年以前	民國 40-50 年	民國 50-60 年	民國 60-70 年	民國 70-80 年	民國 80-90 年	民國 90-100 年	民國 100-103 年
企業事件	31 年遠東針織廠股份有限公司設立於上海	40 年臺元紡織成立	51 年聯合耐隆公司成立	60 年品試驗中心更名中國紡織工業研究中心	71 年遠東合併名更東方人織	80 年臺灣紡織業界開始開發能性紡織品	90 年遠東轉投資新世紀資通股份有限公司並自創品牌「速博 sparq」	100 年遠東投資興建之花博館吸引國際媒體報導
	34 年中國紡織建設股份有限公司成立（國營）	40 年中紡公司在臺復廠	53 年聯合耐隆公司開始生產尼龍纖維	61 年臺灣紡織公司板橋紡織廠及雍興實業公司內壢紡織廠	73 年臺南紡織購入生產聚酯絲之世代興業公司並改名為太子廠	80 年臺化推出縷縈超細纖維，獨步亞洲	90 年化纖實業與 NESTER 合作導入「人工智慧排馬克系統」	100 年聚陽轉投資成立聚益實業股份有限公司
	35 年臺灣區紡織工業同業公會成立	40 年臺北紡織公司成立（國營）	53 年逢甲工學院紡織工程系設立	61 年萬能紡織技術學院成立	75 年紡拓會正式公布自行創設品牌	81 年力鵬公司與遠東等廠商合作研發紡織關鍵技術	90 年聚陽實業與中衛中心合作推展供應鏈管理系統	100 年聚陽北越廠通過 ISO 9001：2008
	35 年新光紡織成立	41 年新光實業公司成立	53 年崑山工專紡織工程科設立	64 年臺灣技術學院紡織工程技術系設立	75 年臺南紡織購入南亞紡織廠改名為新市廠	81 年紡研中心與臺灣證券交易展供市場掛牌買賣	90 年力麗彰化一廠取得三合一認證	101 年遠東於揚州成立遠紡工業及遠東聯石化
	36 年臺灣工礦公司成立	42 年臺灣區毛紡織工業同業公會成立	54 年臺灣化學纖維公司成立	64 年文化大學蠶絲系設立	77 年成衣業出口比率下降，紗布纖維成為主要出口品	81 年臺化・遠東・中紡開發防燃紡織品成功	91 年力鵬公司成立東・中紡織製品事業部・紡織產業垂直整合	101 年聚陽北越廠取得人權認證（WRAP）
	36 年臺灣工礦公司王田紡織廠開工生產	42 年臺北工專（今臺北科大）成立三年制紡織工程科	54 年臺灣區絲織維製造工業同業公會成立	64 年力鵬公司成立	77 年網具製造工業公會成立	82 年儒鴻獲杜邦公司頒發「Q Mark」品質認證	92 年儒鴻於上海成立廷鴻有限公司	101 年儒鴻合併續寶實業股份有限公司

年代	民國 40 年以前	民國 40-50 年	民國 50-60 年	民國 60-70 年	民國 70-80 年	民國 80-90 年	民國 90-100 年	民國 100-103 年
企業事件	37 年遠東針織廠股份有限公司在臺復廠 38 年臺灣區毛巾工業同業公會成立 38 年臺灣針織工業同業公會成立 38 年大陸紡織廠隨國民黨遷臺 38 年中興織造廠成立(58 年更名中興紡織) 38 年雍興實業在臺復廠(國營)	42 年臺灣唯一設有紡織科系的技職學校——沙鹿高工成立 42 年臺灣區絲綢公業同業公會成立 43 年遠東針織工業股份有限公司成立 43 年中國人造纖維公司成立 44 年臺灣成衣首度外銷(遠紡外銷成衣至加拿大) 44 年新光紡織成立	55 年臺灣區毛衣編織工業同業公會成立 56 年臺灣區人纖工業同業公會成立 56 年遠東紡織股份有限公司股票上市 56 年新光合成纖維公司成立 56 年華隆成立 57 年臺北紡織廠出售，更名「臺灣新紡織」	64 年中華民國紡織業外銷拓展會成立 66 年僑鴻企業股份有限公司成立 66 年華隆、國華、聯合耐隆、鑫新、實業合併為華隆紡織 67 年遠東合併亞東化學纖維公司，成立化纖廠 67 年臺灣區不織布同業公會成立 67 年退包輸出業同業公會	77 年遠東結合宏和紡織、成立宏遠興業股份有限公司 78 年國內投資環境惡化，成衣業者往海外投資 78 年興采實業成立 79 年南亞等廠商開發超細纖維 79 年華隆案爆發 79 年聚陽實業成立	82 年新光合成纖維於大陸杭州設立華春公司 83 年力麗產品取得國際認證合格登錄 83 年新光合成纖維於泰國設立泰新工業公司 83 年力鵬公司興建汽電共生廠設備 84 年遠東與美國杜邦合資成立遠東杜邦股份有限公司 84 年遠東與卜內門化工合作，成立卜內門遠東股份有限公司	92 年新光合成纖維於大陸杭州設立華杭(杭州)公司 92 年聚陽實業成立上海辦事處 92 年聚陽實業進行「產業全球電子化」科專計畫以及「安全舒適防護衣設計與開發技術整合計畫」 93 年中國紡織工業研究中心更名為紡織綜合研究所 93 年聚陽成立柬埔第一廠 93 年儒鴻於香港成立玳欣姿公司	101 年聚東柬埔寨特工產能投產 102 年遠東於日本設立公司，經營 R-PET 生產與銷售 102 年遠東透過遠東新世紀標下上海世博會地區 A09B-02 土地使用權 102 年聚陽自有品牌 fisso 推出 102 年力麗引進「流體化床」熱煤鍋爐 102 年儒鴻取得越南隆安廠及發展鵬廠購買和慶廠

年代	民國 40 年以前	民國 40-50 年	民國 50-60 年	民國 60-70 年	民國 70-80 年	民國 80-90 年	民國 90-100 年	民國 100-103 年
企業事件		44 年臺南紡織成立	57 年臺灣區地毯工業同業公會成立	68 年華隆公司與工研院合作成功開發超細纖維	79 年力鵬公司成為公開發行公司	84 年力鵬公司各廠所生產之產品均取得 ISO-9001 國際認證合格登錄	93 年新光紡織增設品牌事業部	102 年聚陽投資經營越南南方紡織公司
		44 年臺灣棉紡工業同業公會成立	57 年亞東工專紡織科成立	68 年力麗公司設立	79 年力麗公司股票正式在臺灣證券交易市場掛牌買賣	84 年臺南紡織總廠一二廠停擺，設備移轉越南以籌設南紡越南公司	94 年聚陽建立北越生產基地	102 年聚陽建置印尼 Demak 廠
		44 年臺灣區棉布印染整理工業同業公會成立	57 年臺塑公司開始生產聚丙烯睛棉			85 年遠東於上海浦東新區成立「遠紡工業」	94 年棉紡紗公會與人纖紡紗公會合併為「臺灣區紗工業同業公會」	102 年聚陽籌置企業營運總部
		44 年臺灣區帽子輸出業同業公會成立	58 年亞東化纖成立			85 年新光紡織桃園廠紡紗部門全面停產	94 年儒鴻出售部分美國廠國際股份以結束投資	103 年遠東獲得遠見企業雜誌「第十屆企業社會責任獎」
		44 年臺灣區紗工業同業公會成立	58 年華隆公司開始生產聚酯絲			85 年儒鴻於美國紐約和香港設立辦事處	94 年儒鴻取得子公司績龍實業公司股權，持股比例 100%	
		45 年臺灣區絲綢印染整理工業同業公會成立	58 年臺灣區加工製衣工業同業公會成立			86 年儒鴻吸收並合併儒傑實業股份有限公司	94 年儒鴻與臺南紡織合作，於越南紡織成衣廠立儒鴻紡織成衣廠	

年代	民國 40 年以前	民國 40-50 年	民國 50-60 年	民國 60-70 年	民國 70-80 年	民國 80-90 年	民國 90-100 年	民國 100-103 年
企業事件		45 年臺灣區纖維造紗工業同業公會成立	58 年臺灣區紡紗工業同業公會成立			86 年僑鴻推出自創品牌 Eclon（愛克隆）	94 年聚陽參與經濟部技術處「紡織成衣業 e 盟計畫」	
		45 年臺灣區製衣工業同業公會成立				88 年中華民國紡織業外銷拓展會更名中華民國紡織業拓展會	95 年退通電收正式啟用	
		46 年臺灣區織織工業同業公會成立				88 年聚陽實業於薩爾瓦多成立 Leader Garments El Salvador, S. A. de C. V.	95 年力鵬於大陸成立孫公司力寶龍（上海）國際貿易有限公司。	
		46 年中國人造纖維公司開工生產縲縈絲，為人造生產之開端				89 年力鵬公司彰化紡織廠取得三合一認證	95 年聚陽成立自有品牌「pica pica」	
		48 年臺灣紡織品試驗中心成立				89 年聚陽實業研發「工業工程分析系統」	95 年聚陽獲天下雜誌票選：最佳聲望標竿企業_紡織業第一名	
						89 年聚陽實業成立邁阿密子公司	96 年僑鴻於越南設置染整、織布廠	

年代	民國40年以前	民國40-50年	民國50-60年	民國60-70年	民國70-80年	民國80-90年	民國90-100年	民國100-103年
企業事件						89年聚陽實業合併成康股份有限公司	96年聚陽建立南越生產基地	
						89年儒鴻成立杜邦萊卡認證檢驗中心	97年遠東取得英威達遠東石化公司以及遠東英威達公司，並更名為亞東石化以及遠東先進纖維公司	
							97年遠東轉投資中比啤酒公司	
							97年聚陽導入多語系 E-Learning 系統，榮獲經濟部工業局頒發【初次導入企業應用獎】	
							97年聚陽參與經濟部商業司【商業 e 化示範性輔導推動計畫】，獲評為特優計畫	
							98年聚陽獲天下雜誌：最佳聲望標竿企業_紡織業第二名	

年代	民國 40 年以前	民國 40-50 年	民國 50-60 年	民國 60-70 年	民國 70-80 年	民國 80-90 年	民國 90-100 年	民國 100-103 年
企業事件							99 年聚陽負責設計與生產臺北花博志工背心	
							99 年聚陽獲天下雜誌：最佳聲望標竿企業_紡織業第二名	
							99 年人纖加工絲公會合併為臺灣區人造纖維製造工業同業公會	
							99 年力麗成為臺灣第一家獲得 GRS 全球回收標準的寶特瓶回收纖維生產廠商	

資料來源：編輯小組整理